好事，问前程

李鹏——著

中国出版集团 现代出版社

追随是改变的开始

追随是一个人的官能。它是你的触觉——在困顿无助之际扶到一根坚实的砥柱；它是你的听觉——在人声鼎沸之处辨听穿越时空的回响；它是你的视觉——在黯淡无光之所发现一缕希望的曙光；它是你的嗅觉——在茫然失措之时闻到出口的花香；它是你的味觉——在酸甜苦辣之中品享独特的人生。

追随是一个人的本能——当你不能独立的时候，它就是一种模仿；追随是一个人的技艺——当你要实现某个目标的时候,它就是一种学习;追随是一个人的品格——当你要塑造和实现自我的时候，它就成为一项事业。

我们每个人从呱呱坠地就开始了追随。追随我们的父母、我们的师长、我们的朋友、我们的偶像。追随就成了我们每个人一生的宿命。我们用自己的脚步，循着历史的痕迹去印证。

在历史的泥土里，总会有一些深沉、坚定的足迹，风沙不能掩埋，岁月不能消磨，记忆不能腐蚀。那串足迹不仅仅是路标，更是人类智慧取之不尽的宝藏、用之不竭的珍存。它属于每个人，却注定只有少数人才知道它的珍贵。

这串足迹就是支撑起人类文明的伟大的名字，就是亘古常新的传奇，就是代代相传的故事，就是铭刻青史的符号。这串足迹的主人，有开疆拓土、文治武功的王者，有驰骋商海、纵横财富王国的英雄，有守护高贵、播种思想的圣徒。正是这样一群人，放大了我们作为追随者的意义，使得我们的追随超越了偶然选择，而内化为人生孜孜以求的必然命运。

追随他们，就是要我们学会模仿——学会模仿就是学会谦卑，在高贵的精神面前我们必须学会低下自己的头颅；追随他们，就是要我们学会学习——学会学习不是记住简单的结论，而是学会认识自己，以人为镜，照出自己的缺失；追随他们，就是要我们学会完善自我——就是学会把自己的一生当成严肃的事业来经营，没有任何一项工作和一个职业能比得上这项事业。

当我们走在这条追随的路上时，我们会发现这既是一条康庄大道，也是一条布满荆棘的坎途。那一个又一个伟人和他们的成就，既给我们的前行树立了路标和指灯，又给我们的行进设置了障碍和阻挠。他们代表着高远的目标、执着的追求、不折的毅力、坚强的意志，同时也代表着严苛的标准和超凡的要求。他们是狂风暴雨，涤荡我们的灵魂，也摧折我们的信心；他们是迷狂的烈酒，催化我们的勇气，也醉惑我们的清醒。我们聆听他们的训教，也经受他们的考验。只有在这种双重的洗礼中，我们才能获得纯粹的升华。

记住那些伟大的名字吧！他们尽管情趣各异，个性分殊，生活在不同的时代，说着不同的语言，却都有一个共同的本质——那就是他们都是人类文明史上的伟人和丰碑！

他们是为了崇高的目标而奋斗的人，是切实地影响和塑造了我们人类文明的人，是指明了历史前进方向的人，是让自己的影响深入人心的人。而在这之中最重要的又是，他们都是有坚定信仰的人，是能够为了信仰献身的人，是献身而不求名利的人，是不求名利却能流芳千古的人。

今天，信仰似乎离我们越来越遥远并且越来越模糊，听起来甚至显得有些空洞，如果这真的是我们今天的现实写照，那么可以断言：这样的生活将越来越卑微而琐碎，这样的世界将越来越功利而无情，这样的文明将越来越黯淡而失去光彩。

无论对于一个人还是对于一个民族，甚至人类世界，信仰都将是洞彻千古、烛照四方的“太阳”，它照亮心灵，也照亮历史和文明。缺乏信仰的头脑就犹如没有蜡烛的灯笼，丧失信仰的文明也将犹如神像缺位的寺庙。

在朝向信仰的路上他们举步维艰，却从未放弃目标和行走，每一步都那么坚定，每一步都那么深沉，在历史的长河中激荡着永久而凝重的回音，像轰鸣来自寂静的远方……

作家普鲁斯特说过：“幸福的岁月是失去的岁月。”同样，最值得我们追随的人就是那些逝去的先贤。像云追随着风，像小溪追随着海洋，我们追随着人类历史上最伟大的人，追随着信仰，最终会找到我们心灵的家园，找到我们理想的终点。

目　录

CONTENTS

安德鲁·卡内基

ANDREW CARNEGIE

在巨富中死去，是一种耻辱

(1835—1919)

……

他曾经是一个谜，现在也仍然是个谜。

他是钢铁大王，

然而人们都因为他的慈心善行而记住了他。

因为他敛财有道，

有些人仍然固执地将他视为“强盗资本家”，

然而如今只要是哪个人捐赠出大笔的财富，

不管用于哪里，人们都会称他为“现代的卡内基”。

有人说，这个世界上曾有两个一模一样的卡内基，一个是家资巨富的商人，一个是倾尽家产的慈善家，两者却又和谐地附着在一个人的躯体上。他，安德鲁·卡内基，一个用财富造福于社会的圣徒，他俨然以上帝的模样，为世间的富豪们定下了慈善行为的准则。

他曾经是一个谜，现在也仍然是个谜。他是钢铁大王，然而人们都因为他的慈心善行而记住了他。有些人仍然固执地将他视为“强盗资本家”，然而如今只要是哪个人捐赠出大笔的财富，不管用于哪里，人们都会称他为“现代的卡内基”。他只是一个来自苏格兰的穷小子，却在美利坚的国土上“指手画脚”；他也曾剥削曾和他一样贫穷的工人，却又变成了一个热情而慷慨的理想主义者。他散尽了他所有的财富，他甚至说：“在巨富中死去，是一种耻辱。”他在财富的王国肆意妄为，却又以一颗高贵的心舍弃财富。

然而卡内基并非四处散财的“圣诞老人”，而是一个浪漫主义者，还是作家，是旅行者，是交际家，是敏感忧郁的凯尔特人，是热爱生活的人。有的人是被财富终身囚禁，而他却将财富判了“有期徒刑”，必须在死之前倾其所有奉献给社会。他这样写道：“我认为一个富人的职责是：成为谦逊谨慎、生活朴实、不骄不奢的典范；有节制地满足那些依赖于他的人们的合理要求；接着是将多余的全部收入完全视为信托基金，并按自己认为的最好方式进行管理，以便让其充分地造福社会。这样，富人就完全变成了贫苦兄弟的财产信托人和代理人。”这颗高贵的心的确做到了，英雄般的他亲力亲为，把毕生聚敛的财富变成了整个社会的福音。

他是一个深深扎根于18世纪的苏格兰而活在19世纪的工业家，到了如今的21世纪，我们都还为之感动着。他的慈善行为成了当今世界慈善活动的典范，他也是人类高贵良知的启蒙者。

今天的《福布斯》杂志评论卡内基说，“他是世界上第一个真正理解财富意义的人”。在他传奇的一生中，他堪当一个民族的建设者，思想的领袖，工人的朋友，学者，甚至一个政治家，他是平凡和非凡的结合，是崇高和谦卑的结合，是唯利是图的富商和慷慨的慈善家的结合。因为贫穷，他懂得了金钱对于生存的意义；又因为富有，他懂得了金钱对于生命的意义。在那个拜金的年代里，他的选择让被上帝之爱眷顾的富人们没有了偏颇和迟疑，直到今天，人们还铭记着他的声音。

他的一生就是传奇

出身的卑微也许只是懦夫前进路上的障碍，真的英雄不怕出身太难堪。卡内基的第一份工作是锅炉工，每周的薪金只有 1 美元，而到了 45 岁时，便已成为世界钢铁大王，身家亿万美元。他简直是一台赚钱的机器，他的财富似乎只有通过想象才能挥霍完毕，可是这位声名显赫的富人，在剩下的日子里，把一生的积蓄和时间全部献给了人类公益事业，他的一生就是一部传奇。

1835年的11月25日，在苏格兰丹佛姆林的一栋平房里，威廉·卡内基的妻子玛格丽特生下了一个男孩，夫妻两人给他取名为安德鲁·卡内基。就如安德鲁·卡内基自己所说的那样，他“拥有贫穷却诚实的父母、良善的亲戚和朋友”。他的父亲威廉·卡内基是一个制造手摇纺纱机的作坊主，但随着工业时代的来临，蒸汽纺纱机彻底淘汰了手摇纺纱机，他父亲的纺纱机大幅度贬值。这对安德鲁·卡内基一家无疑是一个打击，然而，他的父亲却十分固执，拒绝去工厂工作，这让一家人饱受贫穷的煎熬。母亲玛格丽特则是一个勤劳朴实的女性，她为了家里的生活而开始努力奔波。

卡内基12岁那年，他的母亲作出了一个惊人的决定，准备全家移居美国。经过两个月艰苦的旅行，卡内基全家终于到达了匹兹堡，并在当地一个叫作艾里黑尼的小巷里安顿了下来。初到美国的卡内基先是在一个锅炉房中找到了一份工作，每星期的报酬只有1美元。不久之后，安德鲁·卡内基经人介绍成为匹兹堡一家电报公司的一名送信员。卡内基所做的第一件事就是熟悉匹兹堡闹市区的每一条街，以及街上的每一个人和每一幢房子，这些他都熟记于心，所以他送电报的速度比其他人都快。由于工作努力，安德鲁·卡内基很快被提升为全职操作员。

后来父亲的去世让他更加明白金钱对于他以及他的家庭的意义。卡内基的工资成为家里唯一的经济来源，虽然压力很大，但卡内基对未来并不感到恐惧。他知道，只靠自己微薄的收入是很难改善生活的，于是他作出了一个改变他一生的决定。

19世纪50年代初，美国正处于扩张的热潮中，铁路不断向西延伸，卡内基意识到这将给自己带来好运。敏锐的头脑，让卡内基借来了600美元，购买亚当斯快运公司的股票。虽然第一次分红卡内基只拿到了10美元，但他从中得到了很大启发。之后，卡内基把分得的红利和一部分工资投资到各种各样的公司。他意识到铁路工业的发展必将改变人们的旅行方式，长途旅行将取代短途旅行，于是他开始投资伍德卢夫睡厢公司，而这也成为卡内基积聚财富的开始。

卡内基一方面在投资中寻找机会，另一方面他总是对那些新技术投入更多的精力。当时科技的飞速发展给卡内基提供了发展的机会，后来他成为基础桥梁公司的合伙人之一。这是他成为钢铁大王的起点。1865年，卡内基的投资已经获得了巨大的成功，他辞去了在宾夕法尼亚铁路公司的工作，这是他最后一份拿薪水的工作。

当横穿美国大陆的新铁路竣工时，卡内基又把目光盯在了钢铁生产上。卡内基重视人才，善用人才，这是他成功的关键。他总是说：“你可以把我的铁路、钢厂和钱都拿走，但只要留下我的人，我就能在4年时间内重建公司。”安德鲁·卡内基手下的经理们通常都是终生为他工作，他们管理着一批又一批新到的移民者。在短短24年间，曾经当过童工、饱受磨难的卡内基，已在他日渐庞大的钢铁帝国里统领着成千上万的廉价劳动力。他不断追加投资，向他的合伙人包括弟弟汤姆施加压力，要求他们进一步扩大生产。他努力降低成本，任何新技术都会被立刻采用。

在他辞掉工作的第15年后的春天，45岁的卡内基已经成为一个百万富翁，而30年前他还是一个身无分文的穷孩子。正当事业如火如荼的时候，上帝似乎和他开了一个玩笑，这是卡内基一生当中最黑暗的时期：先是弟弟汤姆在匹兹堡病了，接着母亲玛格丽特又患了肺炎，几天之内他们相继去世。弟弟和母亲的死对卡内基的打击非常大，直到两个月后才稍有好转。工作似乎才是最佳的良药，为了忘却痛苦，他再次投入工作中。

之后的30年，安德鲁·卡内基把工作时间压缩到几个小时，偶尔会在午餐或晚餐时工作，但他这几个小时的工作成果相当于大多数人一周的工作成果。对此，他感到十分骄傲。他还喜欢写作，在代表作《财富的福音》中第一次系统地披露了他自己的金钱观，这本书也成为众多富人效仿的慈善界的圣经。

20世纪的第一年，安德鲁·卡内基作出了一个惊人的决定，他将自己在卡内基钢铁公司的股份以4.8亿美元的价格卖给了金融家J.P.摩根。从那一刻起，安德鲁·卡内基成为世界上最富有的人。

然而，这位富翁并不是独善其身的人，他深深理解一个富人身上的责任和担当。于是他几乎将所有的时间和精力都投入慈善事业中，先后捐助建设了3000多座图书馆，还设立了多个慈善基金会。每一个基金会都被赋予了一项特定的任务。其中包括：为苏格兰大学学生免除学费，为美国高等院校教师提供养老金，在华盛顿特区建立一个科学研究所，在匹兹堡修建图书馆、音乐厅、艺廊和自然历史博物馆，为平民成立一个英雄基金，设立一个“和平基金会”，等等。

1919年4月22日，卡内基陪着当新娘的女儿走进教堂，这是他最后一次公开露面。8月11日，84岁的卡内基在美国雷诺克斯市的别墅中因肺炎而谢世。这位出生于苏格兰的不名一文的移民成长为堪称世界首富的“钢铁大王”，而在功成名就之后，他又将几乎全部的财富捐献给了社会。他生前捐赠款额之巨大，足以和死后设立诺贝尔奖的瑞典科学家、实业家诺贝尔媲美。他的后代都一直遵守着卡内基的信条，没有一个继承家族的财产。

卡内基给这个世界留下的宝贵财富，并没有因为他的离去而受到丝毫影响。妻子路易丝继承了他的慈善事业，直到1946年去世。事实上，卡内基留给后代的遗产比任何人都要丰富，他创建的22个慈善机构中有20个依然存在且运行良好，这是极为伟大的成就。

今天的卡内基基金会致力于帮助全世界的儿童，其资产超过10亿美元。以卡内基的名字命名的机构如卡内基梅隆大学，或是全世界3000多所图书馆，都牢记着卡内基有关教育的信条。美国的大多数人很可能不知道卡内基当年创造的财富正在给他们今天的生活带来的种种好处，但卡内基却以巧妙的方式默默无闻地影响着成千上万人的生活。

财富的福音

一个人的高贵，不仅在于他创造了多少财富，而更在于他如何使用这些财富；一颗良心的高贵，也不仅在于他给予了社会多少金钱，而在于他为这个社会呈现了怎样的美德。安德鲁·卡内基就拥有这样的美德，他让世人听到了财富的福音。

安德鲁·卡内基是美国金融市场的拓荒者。他所走过的路，就是美国乃至国际金融市场的形成之路。他经历的历史，也是一部美国金融史。在那个财权胜于君权的年代里，他的话语比任何君王都更有分量。尽管在当时他极力保持低调，但人们还是能在各种杂志封面上一睹这位苏格兰裔美国富豪的尊容：他那既慈祥又严肃的面孔，印在人们心中的却是“完美的财神”的称颂，从他温暖而坚定的眼神中，可以找到一股莫名的力量——反正是与专注、果敢、坚韧、才思敏捷这样的词汇联系起来的。然而，安德鲁·卡内基也不是一个完美的人，他曾为击败对手而不择手段；霍姆斯特德大罢工事件让他获得了“暴君”的坏名声，而他本人也被大众评价为“无耻虚伪之人”，“他只是一个迟钝的、直率的苏格兰人”，“如果抛开所有的金银，他不过是一个花花太岁”……也许这是他一生中最不光彩的一幕。然而这个曾经被人们称为“强盗资本家”的人，却成为美国历史不可或缺的一部分。

任何一个富裕的家庭或者个人，都应遵循勤俭的准则来生活，因为一个把大笔财富都花在自己身上，通过极尽奢侈的浪费来标榜自身的人，都是极为可耻的。

一个真正富有的人，应当在教养方面表现得富有。安德鲁·卡内基简直就是按照这样的准则来生活的。除此之外，他还提出了慈善捐赠的准则，尤其是要救助那些积极进取、力求上进的人。安德鲁·卡内基与拿破仑·希尔的故事便是最好的证明，在安德鲁·卡内基的授意和资助下，拿破仑·希尔用了25年时间，总结出了一套完整的致富秘诀和成功哲学。他的财富不只是救济穷人，也救济了精神上的落荒者。

财富并不能帮助社会进步，让社会进步的是人。因此，做一个肩负使命、改善他人命运、有益于社会的人，才是安德鲁·卡内基的最终目的。正如爱因斯坦在《关于财富》一文中写到的那样："我绝对深信，世界上的财富并不能帮助人类进步，即使它是掌握在那些对这事业最热诚的人的手里也如此。只有伟大而纯洁的人物榜样，才能引导我们具有高尚的思想和行为。"显然，安德鲁·卡内基正是这样的人。

历史上从来没有人因为富甲一方而长久地被人们纪念。相反，人们常常提起的是他对待财富的态度及相关的细节。在这个商业发达的社会中，富人已不仅仅是一个有关金钱数字的概念，而更带有象征和寓言的意味。安德鲁·卡内基对财富的解读，不再是商业范畴的话题，而更带有生命审视的意味。他对人生的解读，给了我们永久的警醒。

"在巨富中死去，是一种耻辱。"这是安德鲁·卡内基留给富人的忠告。他以一个富人的身份告诉我们怎样去赢得一个成功的人生，也让这份领悟更加难能可贵。使财富成为人们真正的福音，卡内基带给世人真正启迪：是奋斗，是积累，是博爱，是救世主的情怀。

让氢气球飞上天的是里面的气体

爱嫉妒的人总是说：别人的成功是来自外力，是上天的眷顾，对他本人来讲是上天不公平啊！可是真正让一只气球飞上天的，不是风，不是气球的颜色，而是气球里面的气体。

小时候的卡内基常常穿着破烂的灰色衣服，更谈不上有什么玩具。一次，母亲带他去买东西，恰巧碰到一个卖气球的推销员。生意稍差时，他就会放出一个气球。当气球在空中飘浮时，就有一群新顾客聚拢过来，这时他的生意又会好一阵子。他每次放的气球颜色都不同，起初是白的，然后是红的，接着是黄的。过了一会儿，卡内基拉了一下推销员的衣袖，望着他，并问了一个有趣的问题："先生，如果你放的是黑色气球，会不会上升？"气球推销员看了一下这个小孩，就以一种理解的口吻说："孩子，那是气球内所装的东西使它们上升的。"

卡内基的母亲拉过卡内基说："孩子，你记住了，让一个人成功的，也不是穿戴、玩具的好坏，而是自身的品德和修养。"卡内基似懂非懂地点点头，可是眼睛还是盯着那些气球，那位推销员走过来说："孩子，我送你一只吧，你要什么颜色的？"卡内基高兴地说："黑色的，跟我一样很穷的色彩，可是一样可以飞得很高。"他的确也做到了，从一个穷孩子变成了世界钢铁大王。

真正让一个人成功的，不仅仅是先天的条件，或者是上天的恩赐，更多的还在于个人的努力，以及在人格上的修养。成功的人总有一套为人所羡慕的习惯，那就是一种被融化进骨子里、成为内涵的修养。一个成功者的修养不是刻意的行为，更多的时候，是在不经意间透露出来的，就像一次呼吸，一个理所当然的动作。

在一次盛大的记者招待会上，坐在前排的美国传媒巨头ABC副总裁麦卡锡突然蹲下身子，钻到桌子底下去了。大家目瞪口呆，不知道这位大亨为什么会在大庭广众之下作出如此有损形象的事情。不一会儿，他从桌子底下钻了出来，扬扬手中的雪茄，笑笑说："对不起，我的雪茄掉到桌子底下了，母亲告诉过我，应该爱惜自己的每一分钱。” 麦卡锡是亿万富翁，照理说，应该不会在乎这根掉在地上的雪茄，但他却给了人们意想不到的答案。

这是一种人格修养，这种修养就算是不顾形象地去捡起地上的雪茄，也有着高人一筹的魅力；这是一种财富修养，这种修养正是他们创造巨大财富的源泉所在。再想想如今的我们，一边在嫉妒别人的奢华生活，一边却忽视了他们高人一筹的修养。技能可以获得财富，但是只有修养才能获得尊敬。钱财能够买到很多东西，却买不到修养，它是内敛的，不可模仿的。

我们总是在强调成为一个有修养的人，可是我们常常不知道到底什么才是修养。因而我们在多数情况下所表现出来的修养也是一种刻意的行为，是模仿来的，所以显得幼稚而可笑。真正的修养是一个日积月累的过程，或者说是一个水滴石穿的过程。修养不仅仅停留在外表穿着与言语的得体之上，更多的是体现在无人监督的时候，一种自省与洒脱，集合了最高尚的道德，最真诚的感受，一切的想法与作为都是理所当然的，那就是修养。

多送一些好名声给别人

名声是一种甘甜的滋味，所以我们热爱自己接触到的与它有关的一切——甚至死亡。名声还是一种私藏的财产，所以我们会竭尽全力维护自己的名誉。一切好名声都有一种难以置信的力量，所以一个聪明的人应该多送一些好名声给别人。

安德鲁·卡内基年幼时家境贫寒。父母刚刚移民至美国定居，供不起卡内基读书，卡内基只能辍学在家。有一次，别人送给他一只母兔，很快，母兔又生下一窝小兔。这下，卡内基开始犯难了，因为他买不起豆渣、胡萝卜等饲料来喂养这窝兔崽。他拍脑袋一想，计上心来——请左邻右舍的小孩子都来参观这些活泼可爱的兔娃娃。

小朋友大都喜欢小动物，卡内基趁机宣布，谁愿意拿饲料喂养一只兔子，这只兔子就用这个小朋友的名字命名。小朋友齐声欢呼赞同卡内基的“认养协议”。于是，小兔子都有了漂亮的名字，卡内基担忧的饲料难题也迎刃而解。

这件事情也给卡内基的未来的钢铁事业带来了有益的启示：每个人都珍爱自己的名字，爱慕好的名声，所以常常给人以好名声的人，才能得到最大的利益。这一启示伴他一生：无论是他从小职员做起，还是通过自身顽强努力，成为一家钢铁公司老板，儿时的这一情景时时重现。在工作中，对待他的员工，他总是用表扬和称赞，就算是他们偶尔犯错了，也总是从好的方面来予以鼓励。这也是卡内基的事业能够一直蒸蒸日上的原因之一。

洛克菲勒也曾经说过：“把一头猪好好夸奖一番，它都可以爬上树去。”当然这只是一种调侃，却正好说明赞赏他人是一种很好的嘉奖。赞美人不等于奉承，再说这种赞美一般是上级对下级的赞美，带着一种鼓励却能让人窃喜和感动，下属自然也会鼓足干劲。

给他人一个好名声，不仅是对某个人工作的认可和鼓励，还在他心里为其设定了一个目标，这个被赞扬的人会以此为动力，并不断向这个目标靠拢，所以得到的结果是：给人一个好的名声，让他自己努力与名声匹配。善于驱动别人的经营者和领导者或者大有作为的人，一向宽宏大量，他们懂得赞美他人以及给他人一个好名声的艺术。这种赞美是一种感情的付出，既可以让这些成功者实现预期的目标，也可以让部属更加敬重他们。

每个人都对自己受到轻视非常敏感，而对自己受到肯定异常感动。被看低一截会使部下失去干劲，这样的领导者也必然会使他们的部下日益平庸化。而将人看高一截则会使部下干劲十足，甚至可以激发一些本来不具有的潜能出来，以至于超出了预期。

有一个邮递员，他常常抱怨山路的崎岖，一天，一块石头把他绊倒了，正当他快要生气的时候，他却发现石头异常的美丽，于是他把石头捡了起来放进了包里。送完信回家之后，他把石头放在了门口。一个小女孩见到了说：“哇，真好看的石头。”

于是第二天，他又经过那里，又捡了一些石块，日积月累，门口堆了一堆，路过的人都说:“哇，真好看的石头，这一定是艺术家捡到的。”邮递员以后每次都会捡一些石头回来，他再也不觉得山路崎岖了，渐渐地门口堆得更多了，他便决心堆一座城堡，每次有人路过，都会惊异地喊道：“哇，真好看的城堡，这一定是建筑师设计的。”几年之后，城堡果然完成了，听说毕加索也亲自去拜访过。

可见，给人一些鼓励，给人一个好的名声，不仅可以让他们淡忘掉固有的困难和痛苦，还可以增加他们的毅力和兴趣。给人好名声是一种由衷的赞美，是用一丝火苗去点燃另一颗心灵的火焰。竭力去给人一个好名声吧，你和他都会得到更多。

谁都可以进入天堂之门

有一种刻薄的说法：富人难以进入天堂。当然这只是那些演说家瞄准民众的仇富心理以获取民众附和的说辞。卡内基用一生的亲力亲为告诉我们，谁都可以进入天堂之门。

富人同样可以进入天堂，只要他能够给周围的人带来益处。那些拥有财富的人首先证明他们是上天倾慕的天才，能够有能力获取人世间的财富，以便为上天管理人类的财富。然而贪婪和私欲，以及享乐主义往往会让这些富豪们忘乎所以，这当然会招致上天的惩罚。作为一个富人，就该肩负一种让周围的人受益的责任。

在一个犹太小镇上，一个荒淫的富人死了。全镇的人都为他哀悼。当他的棺材被放进坟墓时，四处都是哭泣、哀叹声。据镇上最老的居民回忆，就连教士和圣人死去时，人们都没有如此悲哀。 正巧第二天镇上的另一个富人也死了。他正好与前一个富人相反。他节俭禁欲，只吃干面包和萝卜。一生对宗教很虔诚，成天在豪华的研究室内学习法典。

可是，他死后，除了他的家人，没有人为他哀悼，葬礼冷冷清清。一个陌生人对此迷惑不解，就问道："请向我解释一下这个镇上的人为什么尊敬一个荒淫的人，而忽略一个圣人？"镇上的居民回答说："昨天下葬的那个富人，虽然他是个色鬼和酒鬼，却是镇上最大的施惠者。镇上的每一个人都从他那儿获益。他向一个人买酒，向另一个人买鸡，向第三个人买奶酪，出手还十分大方。可死去的另一个富人又做了什么呢？他成天吃面包和萝卜，没人能从他身上赚到一文钱，当然没人会悼念他了。"当财富不能带给周围的人好处时，那它就是失败的。

慈善的人也不是都可以进入天堂的，一个真正明智的人，也应该有着明智的财富管理能力。他绝不会胡乱施舍，因为这样会招致更多的慵懒之人的存在，或者导致不必要的误解和冲突，这甚至会阻碍人类的进步。卡内基指出，布施是在尊重他人的基础上给予那些自立自强的人以帮助。富人的财富与其赠送给懒人、醉汉和一些不值得尊重的人，倒不如扔进大海对人类更有益。所谓的慈善事业中每支付1000美元，就有950美元用于这样无意义和不明智的花费。布施本来是一件好事，更需要我们把好事做好。

曾经有一个非常有善心的富翁，他在盖房子的时候，特别设计了很大的房檐，他想这样做，那些无家可归的穷人，就可以在他的房檐下暂时躲避一下风雨。房子建好以后，的确有很多穷人来到他的屋檐下，所以非常嘈杂，这就给富翁一家的生活带来了不便，他的家人和这些人也有过多次的口舌之争，彼此闹得很不愉快。

冬天，一个老人在房檐下被冻死了。那些和富翁家有过口角的人都议论纷纷，骂他为富不仁。富翁一心想做件好事却遭到了众人的唾骂。后来，一次刮台风的时候，一般的房子都没有什么事，因为富翁的房子屋檐特别大，结果被掀了顶。那些与富翁心有芥蒂的人有点幸灾乐祸，就纷纷说这是报应。富翁吸取了教训，重新修葺房屋的时候，他就把屋檐盖得很小，并且把省下来的钱建了另一间很小的房子。这间小房子虽然很简陋，但许多贫苦无家的人都在这里得到了暂时的庇护，临走的时候都对盖房子的人非常感激。富翁这才明白：做一件好事，就应该把好事做好，否则是没有意义的。

当今的社会是一个贫穷与富足日趋两极化的社会，富人一方面成了社会的上层，另一方面成了道德围攻的重点。贪婪和享乐主义在遭到“群殴”的同时，鼻青脸肿的却是社会道德。富有良心的富人大有人在，可是往往都是直接把金钱交由不知所谓的基金会，好像把钱交给了社会就是一种大恩大德了，却很少有人能够做到亲力亲为地去将这些财富恰如其分地使用在需要者的身上。而卡内基的一生交给了现代人明确直观的答卷。

卡内基是一位慈善行为准则的创始人，他的所有准则又都是建立在他亲力亲为之上的。从锅炉工到钢铁大王再到慈善家，他无疑是在诠释这样一句话：创造财富需要勤奋，得到财富需要机遇，拥有财富需要智慧，而成功地支配财富则需要胸怀和美德。

安德鲁·卡内基的《财富的福音》发表于1889年。在这篇文章里，他系统地阐述了有关公益事业的思想。卡内基认为，留给儿子“万能的金元”无异于留给他一条祸根。“遗产绝不是孩子们的福利，家庭的荣誉才是激励他们有所作为的福音。”

如今，这篇文章被视为美国公益事业的经典之作，它不仅奠定了美国现代基金会发展的基础，而且还成为后世富人们进行慈善事业的行动指南。

《财富的福音》（节选）

这里我们遇到一个问题：究竟为家人留下多少财富才是适当的呢？怎样才算是适度节俭的生活？穷奢极欲是什么标准？这些都要视具体情况而定。如同品位和教养一样，何谓“适度”，我们也很难给出一个确切的标准；但是，标准虽难以定义，公道却自在人心。对于触犯标准的言行，公众总能很快感知到。对于财富也是如此。对于穿衣品位的评判，在这里同样适用。任何过于张扬的做派都是不合标准的。如果一个家庭铺张靡费，衣食住行极尽奢侈，将大笔财富都花费在自己身上，如果一个家庭仅凭这些来标榜自身，那么我们可以毫不费力地判断出这个家庭的气质和品性。通过观察一个人是挥霍钱财还是投身公益，是否终其一生不遗余力地敛财，是捐赠遗产还是亲自打理，我们也能作出类似的判断。公道自在人心。社会自有评判，其评判往往是公允的。

财富的最佳用途已经得到说明。那些明智地管理财富的人才是真正聪明的人，而滥布施舍将严重阻碍人类的进步。富人的百万家财与其这样随意布施给懒人、醉汉和不值得尊重的人，倒不如扔进大海里对人类更加有益。当今所谓的慈善事业每支付1000美元，便可能有950美元属于这种极不明智的花费，对于其原本意图减轻或消除的不幸而言反而是雪上加霜。

…………

慈善捐赠的主要准则是，应选择那些自立自强的人施以援手；为那些自求上进的人提供其自立的途径；为他们提供帮助，但尽可能不要包揽一切。无论是个人还是群体，都不可能依靠施舍而取得进步。绝大部分情况下，那些值得我们帮助的人，从不开口要求帮助。除非遭逢灾祸和变故，有追求的人从不这样做。当然，每个人都能举出一些例子，证明一时的施舍也能取得善果。这些当然无可否认。然而，个人对他人的援助总是难以周全的，因为他不可能了解每个人所面临的状况。他应当谨慎而热切地对值得帮助的人施以援手，而对那些不值得获得帮助的人怀有同样的审慎。滥行施舍可能因扬恶抑善而造成更大危害。

造福社会的最佳方法是给它一座阶梯，有志向的人自会借此攀升。建造免费图书馆、公园及休闲设施，让人们得到身心双方面的提升；捐赠艺术品，陶冶大众的情操；创办各种公共机构，全面改善人民的生活状况。以这种方式将自己的财富回馈给人民，为他们谋求长远的福利。

精明的头脑将日渐认识到，处理勤勉而来的富余财产的最佳方式，就是将其常年用于公益事业。那么在辞世时不会留下任何遗憾，他们仍然拥有伟大的产业，他们的资产没有枯竭，在后世为公众谋求福利。

亨利·福特

HENRY FORD

给世界装上车轮的人

（1863—1947）

……

20世纪最伟大的企业家

就是这样一位工业创建者和社会改造者：

他改变了我们生活的出行方式，

甚至改变了我们梦想可以达到的距离。

他诠释了什么叫作成功，

又演绎了一个优秀的领导者的社会责任，

他有着埋没不了的天才。

在其他人都没认识到事物存在的意义的时候就已经掌握了它的本质，这便是天才。亨利·福特是无可争议的天才，当世人都在嘲笑他的四轮车丑陋和怪诞的时候，他却悄然间将人类社会推上了车轮的时代；当世人都在冷眼看着他首创的流水线生产时，他却将一批人送进了中产收入的阶层。他被《财富》杂志评选为“20世纪最伟大的企业家”，《福布斯》也将他列为“有史以来20位最有影响力的企业家”之首。当天才和财富有了交集的时候，伟大往往又是和良心一起出现的。

美利坚是一个崇拜个人英雄的国度，尤其是推崇那些依靠个人奋斗而成功的人。而福特就是一个典型的依靠个人奋斗成功的“美国梦”的代表，他在美国有着英雄一样的地位。一些美国青年曾把福特列为仅次于耶稣和拿破仑的第三号伟人。福特开创了在10秒钟内就组装完成一辆汽车的纪录，也创造了一个普通工人日工资5美元的纪录（当时美国部分工人的周工资才80美分），也第一个使用了流水线，第一个将工人的日劳动时间降至8小时（之前是12小时甚至更长）……第一次是天才才能使用的权利。

这绝对不是偶然，这是一个有使命感的人一生的梦想，也是一个浪漫主义者毕生的追求。美国人之所以将亨利·福特评价为20世纪最伟大的企业家，并不是因为他是第一个用流水线生产汽车的人，并不是因为他赚了很多钱，而是他的企业伦理。无论在当时还是后世，亨利·福特奉行的看起来有些异类的伦理都让人津津乐道，也让人捉摸不透。他创造了日薪5美元的纪录，从某种意义上缔造了现代中产阶级；他对于员工表现出的态度，更像一位父亲，以至于有人说“马克思所梦想的一切都被福特实现了”；他说福特公司的首要目的是“给人们提供就业，让更多想开车的人开上汽车”，而赚钱只是“偶然赚了钱”。

领袖就是希望的代理人。他既是一个产业的领袖，也是一个时代的领袖。纵然福特汽车风靡全球，但是人们似乎更加关注这样一个领袖的魅力。一意孤行让他取得了别人无法企及的成功，永不言弃又让那些所谓的困境如过眼云烟。那是一个金钱至上的年代，也是一个缺乏英雄的年代，当人们被安排在车间里成为机器的零部件之后，意志和梦想也在机器的齿轮里被碾得稀碎。而当这位领袖出现的时候，人们似乎多了一份对生活的向往，福特曾说：“不能提升员工福利的工业体制是失败的。”他是工业王国的浪漫主义者，他更倾向于整个社会的幸福，而不只单单的是自己财富的积累。他让工业社会开始有了使命感，开始有了一些温情和人性，社会为此铭记他。

为世界装上轮子的人

他不是汽车的发明者，却是第一个把人类带入汽车时代的人；他不是那个时代最著名的魔术师，却第一个把汽车从“贵族”变成了“平民”；他甚至是一个土气十足的乡下人，却用汽车改变了整个世界。他就是被称为“汽车大王”“平民汽车之父”“为世界装上轮子的人”的亨利·福特。

1863年，亨利·福特出生在美国密歇根州的一座普通农场。他的父亲希望他能成为一个农夫，然而似乎天生就有创造天赋的他，从小就对机械有着无穷的兴趣，刚到13岁，他就可以得心应手地修理钟表和机器了。之后他离开家乡，独自去了一家机械厂做学徒。在那里，他的兴趣和技能都得到了发展和提高。

福特的父亲是一名爱尔兰移民，来美国时不名一文，苦涩的童年使福特一辈子也淡忘不了农场生活的艰苦和对金钱效用的怀疑，即使日后成为一个亿万富翁也不改本色。他说，钱除了勾销账目，还有什么用?

老福特并没有多大梦想，只希望儿子本本分分当个农夫，可儿子却成天琢磨着设计机器来摆脱繁重的农活。老福特后来调侃地说："要想做一件困难的事情，就应该把它交给小福特这样的懒人，因为他总会想出简易的办法来。"其实福特是很勤快的，只是把繁杂的工作提高了效率而已，要想偷懒，就得提高效率。

之后，年轻的福特又进入底特律爱迪生照明公司担任工程师，"汽车之父"和"电灯之父"由此结缘。1896年，福特把第一辆"汽油马车"开上了大街。邻居们被惊动了，他们围拢过来，站在一边观看这一切，眼光中流露出惊讶和不解。他的父亲对此也十分不满，在老人家看来，亨利已经33岁了，怎么也不能算是一个年轻人，而他非但不留下来专心务农，反倒继续玩这种孩子的把戏，简直是不可救药。

尽管没有得到父亲的理解，亨利对自己还是充满信心。回到底特律，亨利请来摄影师，站在那辆车前照了一张相作为纪念。当亨利·福特研制汽车的消息传到爱迪生那里后，爱迪生表示了极大的赞赏。还有什么能比这位伟大发明家的赞赏更让福特振奋和激动呢？这更加坚定了福特对于机械的热情。

此后，亨利·福特成功制作出了3辆汽车。他和别人合作成立了一家汽车公司。但是由于工人们缺少装配经验、零配件质量不好，而他自己又只顾着研究汽车忘记了去做好经营销售的工作，所以第一家公司很快就夭折了。

不过，福特并没有放弃，在亲驾自制赛车参赛并获胜后，又与投资商磋商，并在他们的资助下成立了第二家公司。由于该公司主要生产的是赛车，而批量生产汽车所需的技术不同于生产赛车，修理工出身的福特完全不能胜任这个重任。很快，投资者也发现了这一情况，福特只是热心于将钱花在研制一种无法销售的高价赛车上，于是将他辞退了。亨利·福特办汽车公司的梦想再次宣告失败。

失败是一种对错误的证明，说明它排除了一种接近真理的不可能性。福特乐在其中，他开始自驾赛车四处表演，并不断改进汽车结构。1903年，福特第三次与人合作办公司。基于前两次办汽车公司的经验，这次他采用股份制的模式成立了新公司——福特汽车公司。尽管新公司只有10位雇员，但他们却制造出了性能稳定的A型汽车，在不到一年时间内就销出650辆，之后销量也是节节攀升，这为福特日后的发展奠定了经济基础。

1908年，对于亨利·福特来说是划时代的一年。由他研制的T型车获得了巨大成功，这种车型是福特造车理念的最佳体现，它价格低廉，使用方便，维护容易，便于批量生产，这彻底开创了汽车作为消费品的属性。T型车的问世不仅在当时的美国卷起了一股买车的浪潮，还被誉为“历史性平民汽车”。T型车不仅让福特获得了巨大的成功，还成了普通民众的交通工具，改变了人们的生活方式、思维方式和娱乐方式，并将人类带入了汽车时代。

有理想的人是幸福的。基于“为全世界大多数人造车”的理想，亨利·福特在1913年开发出了世界上第一条流水线，创造了每分钟就能生产一辆T型车的奇迹。到了1925年，每10秒钟就可以生产一辆汽车。“要想偷懒，就得有效率”。同时，福特还首创了工人日工资5美元/8小时的标准，提高了工人的生产积极性，改变了工人的工作方式，从而提高了效率。几年内，T型车已占领美国汽车市场半壁江山。也正是因为这个原因，亨利·福特被尊称为“汽车大王”和“为世界装上轮子的人”，同时也成为当时最富有的人之一。

不过，当时的亨利·福特对此浑然不觉。他似乎还是那个在仓库里鼓捣汽车的小伙子，听到爱迪生的一句表扬就兴奋不已。他对赚钱并没有多大兴趣，也对未来的成功没有预见，更没想过怎样影响世界，他一直在通过直觉行事，按着自己的目标一点点地前进。他只有一个简单的梦想，即为大众生产汽车，而他生活的哲学是对标准化的崇拜。

亨利·福特的一位朋友说："标准化是他的嗜好。他脚上穿的鞋子，头上戴的帽子，身上穿的衣服多少年来都是一种样式。"当他的嗜好运用到汽车行业时，就变成了T型车的哲学："造汽车的正确方法应该是让一辆汽车和另一辆汽车一模一样，汽车工厂应该能生产一模一样的汽车。"当这种哲学变成他对于财富的态度的时候，也就是要求每一个人都一样的富有，而不受贫穷之苦的折磨。

在国内汽车市场站稳脚跟后，福特又把目光转向了世界汽车市场。从20世纪20年代起，福特汽车公司的子公司遍布英国、德国、澳大利亚和墨西哥等国。在亨利·福特看来，没有什么是不可能的。他的梦想已经不只是让美国人开上汽车，而是让全世界的人都能开上汽车。

20世纪30年代，当福特公司的V-8型汽车上市之后，它的售价仅为465美元，当时一名教师的年薪是800美元以上。这是美国历史上第一次将高效、高速、优质、价廉统一在大众化汽车上，这是一次伟大的成功，对世界汽车制造业的发展产生了深刻的影响。

把工具当玩具，拒绝近在咫尺的暴利，而将大批量生产作为信仰，是福特汽车精神的魂魄。但这也从另一方面阻碍了福特公司的发展。人无完人，亨利·福特也是如此。当竞争对手发现福特汽车的单一化后，他们发现了商机。通用、克莱斯勒开始利用奢华式、大功率、加长型、四汽缸的汽车疯狂占领市场，并取得了巨大成功。

其实，在此之前亨利·福特完全有能力改变这一局面。有一次，福特公司的几个工程师擅自改变了福特T型车的风格：新车看起来更加柔和、舒适和花哨，同时把原来的生产车间实行了压缩，为迷你车型的更迭做下一步准备。但是，他们的创新并没有得到亨利·福特的赞赏，反倒让他愤怒至极。“这是什么玩意儿？”亨利·福特一边说着一边拿起铁锤，粉碎了对自己信仰最刻骨的一次攻击，同时也亲手葬送了一次引领潮流、再创辉煌的机会。

1943年5月26日，亨利·福特的儿子埃兹尔·福特逝世，公司总裁的职位一时间没有合适的人选接替，无奈之下，这位已经80岁的老人不得不亲自上任。此后两年中福特公司的情况非常困难，每月的损失就高达1000万美元。美国总统富兰克林·德拉诺·罗斯福甚至考虑政府出钱资助福特渡过难关，来保证战时的生产。两年后，亨利·福特彻底退出福特公司，由孙子亨利·福特二世接任总裁的职位。亨利·福特一直活到1947年，这位给人类装上轮子的人因脑出血死于底特律。

一个忠于信仰的偏执狂

金钱也好，名誉也罢，这些都不可能成为他的累赘，因为一个忠诚于信仰的人有更重要的事情要去完成，那就是不惜一切代价去圆梦。伟大的福特被信仰深深地折磨着，正如伟大的西西弗斯被石头折磨着一样，他们都没有选择背叛自己，而是甘愿做一个忠于信仰的“偏执狂”。

只有“偏执狂”才有打破习惯的力量，只有“偏执狂”才能绝地逢生。亨利·福特对造车理念的坚持近乎偏执，而这恰好证明了他喜欢完全按照自己的意愿行事，从不顾及别人的感受。在他未创办福特汽车公司之前，人们都称他为“疯子亨利”。然而天才和疯子其实只有一线之隔，很多改变人类命运的想法最开始本身就是一个疯狂的念头。

拉瓦锡在发现氧气之前经过了一系列的实验和思考，然而还是让科学界认定他是个疯子，最终被送上了断头台。而福特在制造出他那辆取代了马匹的T型车之前，也受到了不少的嘲笑和诋毁。为此，亨利・福特说："无惧未来，不忘过去。一个人如果惧怕未来、害怕失败，他就会作茧自缚。失败并不丢人，丢人的是害怕失败。过去的经验，只有能为未来指明方向和出路时才是有价值的。"失败是更理智地东山再起的绝佳机会。事实也是如此，亨利・福特用巨大的成功为自己作出了最好的证明。

人们习惯将亨利・福特说成"T型车""汽车装配流水线"和"汽车之父"，一个工作狂类型的精明商人，一个铁腕独裁者。然而，我更愿意把他称为商业帝国里的理想主义者，他将自己的理想变成了一种信仰。为了这一信仰，他不肯与父亲妥协，甚至从不考虑家人的感受；为了这一信仰，他不惜牺牲自己的利益制造出了"人人都能买得起的汽车"；为了这一信仰，他不容许任何违背自己意愿的改进……可以说，亨利・福特因自己的信仰而改变了世界，也为此付出了代价。不过，他执着的、永不言弃的，甚至几乎顽固不化的偏执，却值得每个人学习。因为他的固执是基于信仰，一种超越了是非评判标准的坚定信仰。

每个人心中都有份朴实的情感，渴望和人亲近。实际上，福特在很大程度上只是一个普通人，一个更接近我们的人，他不以金钱自娱，更不会强取豪夺。他的性格充满了矛盾的魅力。他没上过学，在历史和地理方面一无所知，可是在机械方面却有着特殊的才能。他人到中年才开始创业，但他所取得的成就完全可以用"伟大"来形容。他是一个朴实无华的平民英雄，而不是号称没有缺点的伟人。

一个有创业精神的人，在碰到一堆废金属时会看见一座精美的雕塑正在成形。而一个有信仰的人，可以让不可能变成可能。在福特公司研制V-8型汽车时，曾发生了这样一件事：为了生产全新型的V-8汽车，亨利·福特指示他手下的工程师着手设计一种新引擎，把8个汽缸全放在一起。虽然设计图纸已经完成了，但是工程师们都异口同声地说："要把8个汽缸全放在一起，压根儿是不可能。"福特却坚定地说："无论如何都要作出来。"工程师也同样坚定地表示，这种想法简直就是天方夜谭。可亨利·福特仍不肯妥协，说："动手去做。不论花多少时间，做到交差为止。"工程师们为此辛苦工作了半年，仍毫无进展。他们几乎试过了所有方法，得出的结论只有一个：不可能。而福特却不依不饶，他被人们说成"顽固不化"。最后，福特这位理想主义者赢得了这场较量。

一个固执的人也许不是每次都会达到预期的效果，但是只有固执的人才能在一片哗然和嘘声中创造奇迹。亨利·福特就是这样一个人，想到什么就去做什么，常常从个人感受出发，而且似乎总能来那么点惊人之举。福特说："要是问一个20世纪初的人，最想要的是什么，我想大多数的答案会是说'一匹快马'，而不是说汽车。"所以他要做的就是创造，执着地创造。

但是，并不是每次他都能创造奇迹。晚年的亨利·福特刚愎自用，由于他在经营和生产中顽固地坚持他个人的观点，听不进反对意见，使福特公司一度陷入困境。在肯定他汽车工业和产品方向时，亨利·福特有着自己特有的固执的病态。他说："我的汽车必须是廉价的，结实的，没有一丁点多余设计，没有一丁点脂肪赘肉"，"这是我的信仰，我的信仰只存在高速的流水线之中，就如同我的生活总处在高速的生产当中"。而这也最终确定了他的命运。无可置疑地，亨利·福特挤入那个年代最伟大的企业生产者之列，但他的局限也逐渐显露出来，他又成为整个工业资本主义时代中愚蠢着的、高傲着的排头兵。

就这样，亨利·福特无可挽回地颓败了。竞争对手的窃喜、哈佛案例里的警示、市场变幻的无情，都伴随他的故事渐渐逝去。亨利·福特用他一生中最辉煌的前20年证明了他的成功哲学，又用后20年的固执奉献给了信仰一个答卷。成败已经无关紧要了，对信仰的坚守和对命运的反抗塑造了亨利·福特这位理想主义者的独特气质。

一个人永远不能凭借自己的信仰来改变现实中的供需，正如一个人永远都不能凭借自己的意念而改变世界一样。但亨利·福特将永远被人铭记，这并不单纯是因为他用汽车代替了马车，更是因为他的信仰。伟大的福特被信仰深深地折磨着，正如伟大的西西弗斯被石头折磨着一样，他们都没有选择背叛自己，而是甘愿做一个忠于信仰的偏执狂。

进取是一件必要的事情

任何一种社会进步，都是建立在进取的基础上的。有进取心的人才会赋予做事的每一个念头以足够的动机，于是那些他想得到的东西，就会竭力去为之争取。他的人生必定也是积极进取的。亨利告诉我们：进取也是一件必要的事情。

福特的父亲是一位朴实的农民，由于他的勤劳，他已经有了一栋漂亮的小楼房，还有90亩的田地，一个冶炼厂，一个制粉厂，甚至还有羊毛纺织厂。对于一个农民来说，这已经算是很大的成功了，他希望福特能像自己一样，在农村过一辈子单纯的日子。然而福特并不愿意，他厌恶“蜷缩”在一片狭隘的地方过平庸的生活。他有他自己的梦想和追求。

梦想来自一个人的欲望，换句话说叫作“野心”。在福特小时候，他在班里做了一次蒸汽机的小实验，结果发生了意外，那是一次剧烈的爆炸，甚至校门口的栅栏都被震倒了，老师严厉地批评了他，同学们嘲笑他，他的嘴唇也被划破了，可是他倔强地说：“你们看着，总有一天，我的蒸汽引擎必定成为最好的动力。”一个7岁的孩子就说要做最好的引擎，也许谁都不会把他当真。而当福特长大后，他又再次说：“我要制造最好的汽车，最便宜实用的汽车。”他的梦想让他一辈子为此奋斗，他的梦想超越了他的自身高度，也才有最后“汽车大王”的传奇。

只有有进取心的人才会有不竭的动力去完成使命和理想。很多人会压抑这种欲望，可是这并不代表欲望的消失，有进取心的人会不停地为这种念头积攒能量，反过来，这种欲望也给人以力量。《心灵深处是猿人》的作者德瓦儿说：“有的雄性黑猩猩一直默默无闻，突然有一天，它发现了推翻群首的机会，立刻就性情大变。”在他看来，90%的人是有欲望的，就像是藏在心灵深处的猿人，尽管暂时没有成为群首，可是它会依据群首的实力来锻炼自己，直到自己有足够的实力推翻群首，并且取而代之。

这种欲望不但没有使猿人处于战乱或者灭绝，反倒是增强了他们的生存能力，因为这样的欲望的存在，他们才会更加警惕，才会不断强化自己的实力。现代的社会同样是一个能者居上的时代，同样也要求我们有一份欲望。欲望并不都是张扬的，因为提早让人知晓你的欲望，可能在你还没有拥有能者实力的时候就被打压了。欲望同样应该是内敛的，它是一种动力，一种紧迫感，一个优秀的宣传者，一个鼓动家，让我们热血沸腾，意气风发。

张扬的社会需要这种内敛的欲望。没有人是不贪心的，给你一粒芝麻，你会想着一个西瓜。可是我们应该都知道，我们所贪求的，往往是与梦想有关的，是最美好的东西。请问，谁不希望得到美好的东西呢？此时的欲望是最好的催化剂，清心寡欲的人顶多只会说说，而欲望强烈的人才会行动。

领袖就是一种希望

努力工作但没有才干是一种遗憾；拥有才干但不努力工作是一种缺陷；而既有才干又努力工作，却没有一个优秀的领袖则是一种悲剧。

如果你的老板不能够超出你的期望，那么他也就没有资格来期盼你超出消费者的期望。这便是对领袖作用的反思。领袖对于一个企业的作用远不止经营管理上，更是一个希望的标杆，让所有的人都能看得到。亨利·福特说："伟大的公司绝不是只会挣钱的公司。除了挣钱之外，还要回报员工和社会。"他既给了员工希望，又给了整个社会以希望。

亨利·福特并不是一个只知赚钱牟利的资本家，他曾这样说："赚钱只是我们生命的一个步骤，而下一步应该是回报社会，而不是一味地积累财富。"从创立福特汽车公司第一天起，就将企业的发展放在一个更广阔的社会环境中。他深刻理解自己的责任："如果从赚钱的角度看，那现存体系就足够好了，它已能给我很多钱。但是，我当前考虑的是如何为人民提供服务的问题，现存体系并不能鼓励最佳服务，原因是它鼓励每一种浪费，使很多人不能从服务中得到应有的报酬。"福特的胸襟和远见令人肃然起敬，他牢牢抓住为平民提供更多便利这个商业根本，倡导着一个"伟大的企业应该担任改造社会的责任"的理念，他果断选择通过提升雇员福利层次的方式，积极地投入一个良性社会的建设中去。

作为一个有良知的企业家和领导者，他除亲力亲为之外，也影响到了所有接触过他的人。1936年，亨利·福特的家人成立了福特基金会，这个基金会是当时美国最大的私人基金会之一。最初，福特基金会主要在福特的家乡密歇根州支持一些慈善活动。20世纪50年代，该基金会继承了福特大量的私人财富后，在纽约设立了全球总部，由一个独立的理事会管理基金会的各项事务，也不再与福特汽车公司有任何关联了。目前，福特基金会的净金融资产约为110亿美元，每年收入约为10亿美元，其大部分都用于各种慈善事业。

好的领袖是一个好的企业的最明显的标志。好的企业不仅要股东回报高、纳税多，职工工资也要比其他企业高。亨利·福特在《我的生活与工作》一书中这样写道："因为这个国家的大多数人都是靠工资生活的，他们生活的提高——即他们的工资增长率——决定着这个国家的繁荣。"亨利·福特希望企业领导者能够承担更大的社会责任，"作为领导者，雇主的目标应该是比同行业的任何一家企业都能给工人更高的工资"。没有哪一个企业家不知道劳工价格低是一个竞争优势，可是，那些世界级的企业家却从来不依赖这个所谓的优势，亨利·福特就是这种企业家的杰出代表。20世纪60年代，日本劳动力成本大幅上涨，但一大批世界级的企业家如盛田昭夫等却没有去挖空心思限制工资的上涨，而是借助这个机会提升劳动力质量，从而推动了技术进步和产业升级，使经济结构和民众生活都得到了大幅提升。这些都可以看出，一个真正优秀的领袖有着更长久的远见，更富有良心。

哈佛商学院的管理学大师约翰·科特在《变革之心》中提到，一个杰出的企业领袖都应该明白这样一个道理，"人们很容易滑入做错事情的泥潭。比如有一些不恰当的、愚蠢的、不道德的或不合法的行为。尤其是当你意识不到所有问题的核心是人，而不是金钱，不是你个人，你应该更加注重其他的雇员、顾客、股东等”。从某种意义上来说，企业伦理的重塑，是领袖的重塑，以及领袖人格的重塑。

努力工作但没有才干是一种遗憾，拥有才干但不努力工作是一种缺陷；而既有才干又努力工作，却没有一个优秀的领袖则是一种悲剧。我们没有办法不怀念亨利·福特，作为一个领袖可以带给人以希望。怎样做，怎样用人来做，怎样用心来做，都可以给我们最明确的指引。

要把工作视为一种乐趣

如果你只为薪水而工作，你的生活将因此而陷入平庸之中，找不到人生中真正的成就感。工作的目的虽然是获得报酬，但工作能给你带来的远比工资要多得多——经验、兴趣，以及与梦想有关的一切。工作是一个把时间和精力放进熔炉中，去铸造人生价值的事情，需要的是激情和信仰。

一个伟大的事业背后就要有一个伟大的精神在起作用。将人类社会带入了汽车时代、享有“汽车大王”美誉的亨利·福特对于职业精神曾这样精辟地说道：“工作是人类在道德上、生理上、社会上的救赎。”这种将工作上升到信仰高度的职业精神和伦理观念，不仅是亨利·福特一个人的，更是那些伟大的企业家、商业家的精神动力和支撑点。早在美国建国初期，人们把建造工厂看作一项神圣的工作，他们以建造一座圣殿的热情来建造工厂。美国第三十任总统约翰·卡尔文·柯立芝就曾直截了当地说：“在工厂里工作的人就是在敬拜。”基于这样的信仰，美国以一种超乎寻常的速度成了地球上的霸主。

在古代，有两种与工作无关的信仰。一是王权。古人们所从事的工作大都服务于权贵，不存在任何自我价值的观念。二是宗教。在西方当时有一位名叫尤西比乌的主教，他指出世间有两种职业：第一种是可以被称为完美的职业，那就是致力于默想、灵修，换句话说，修士和修女的工作，这种职业是超越的、神圣的，能够证明人生的信仰；第二种只是为了谋生的职业，比如商人、从政之人，由于这种职业只是为了维生，是无法避免的凡务，在信仰上并无价值。神学家阿奎那也认为：默想的生命就是优于行动的生命。这些停留在意识中的信仰，却从来不会出来和现实打个“招呼”，它们自然没有一丝一毫的现实意义。

显然，真正的工作信仰是在人成了独立主体之后才有的。既不属于王权贵族，也不属于上帝，而只是属于生活。马丁·路德认为，所有的工作者都是神圣的，与信仰有关的。“上帝悦纳你们的工作；借着这工作，将有祝福赐给你们。你们要把对这一工作的赞美刻在所有的工具上，也刻在因劳苦而流汗的额头和面颊上，以便从上帝那里沾染荣光”。他是一个神学家，假借上帝的名义说着人间的真理。

一个人在世界上占据什么样的位置，决定了他有什么样的作为。美国作家理查德·卡伯特曾说：“一个人的工作代表了他在这个世界的位置。”工作不只是一个谋生的工具，而更是一种生命的信仰。对于许多人来说，信仰一词通常是抽象的、空洞的。当你确立了自己的人生目标之后，信仰就再也不是抽象的、空洞的，它必将通过工作的方式实践出来。可以说，我们每个人所拥有的职业，就是自己信仰的具体实现。一个人若能将工作作为实践自己人生观、世界观的方式，将职业视为安身立命的具体方式，工作就不会乏味，就不是一种苦役。

金钱只是一种实现信仰的手段而已。约翰·加尔文给现代人指出：人应该积极地在这个世界上确证人生意义，应该“入世修行”，因为

“世界就是我们的修道院”，工作就是我们的敬拜方式，就是在人生这个修道院中修道的方式，任何领域的工作与牧师的神职一样神圣。换句话说，无论什么工作都具有神圣的意义，它是确证人生价值的一种方式，是人类生命信仰不可分割的一部分。任何一项事业背后，必然存在着一种无形的精神力量，人们的投入、敬业都可称为信仰。无论是过去的亨利·福特，还是现在的比尔·盖茨、沃伦·巴菲特，都曾多次表示赚钱并不是他们的目标。对于他们来说，金钱只是他们实现自己信仰的一个副产品。

有一个我们耳熟能详的故事，曾有一个人问3位工作中的泥水匠说：“你们在做什么？”第一位泥水匠懒洋洋地回答说：“你没看到我们在砌砖吗？”第二位回答说：“我们要盖一座大房子。”第三位泥水匠很兴奋地回答说：“我们正在建筑一座雄伟的教堂。”在这3个工人之中，只有第三位才领略到那种工作的神圣性，也最有工作的热忱与干劲。其实，我们身边大多数人都是前两位泥水匠，只有很少一部分是那最后一个工人。将工作变成一种信仰吧，无论你从事什么样的职业，都要本着“要做就做最好的”的理念，将工作当成我们实现人生价值的天职，我们的生命便拥有了无比崇高和神圣的价值。

工作是一张严肃的面孔，不允许“若无其事”和“马马虎虎”。职业没有高低，有差别的只有对工作的态度。就算是做个服务生、清洁工，也要做最好的一个。在我们所进行的工作当中，也要本着“要做就做最好的”的理念，而不能是“做一天和尚敲一天钟”。人就应该有这样的信仰，平庸也会变成非凡。而那些做事平庸，没有任何上进心的人，实际上他们是在亵渎自己的天资和时间，不仅没有让自己在上帝那里获得荣耀，反而使自己的生命受到了懒散的羞辱，生命的意义更是无从谈起了。

如果你视工作为一种乐趣，人生就是天堂，如果你视工作为一种苦差，那么人生就是地狱。

1916年，亨利·福特在阐述人员、产品和利润之间的关系时，进行了一次演讲，主要描述了他早年的价值观和经营哲学。

一个企业家要想获得事业的成功，有一条原则必须遵循，即以人为本，我个人的经历还有他人的经历都充分证明了这一点。如果说成功有任何秘诀的话，那就是将心比心，从你自己和他人的角度考虑应当如何更好地为他人服务。

首先，一个老板必须为他的员工着想。如果他仅把员工看作机器或是雇佣劳动者，或者是认为与自己本人有着极大的差别的话，那他就大错特错了。如果他想让他的员工勤勤恳恳地为他工作的话，他就应该意识到他的员工也是人，他们也有着同样的抱负和愿望。

我们每个人，无论是做什么都渴望成功。当一个老板开始以这种态度来看待他的员工时，他已经在朝着成功的道路上迈进了，下一步将会怎么样呢？他开始本能地理解到他事业上的成功与员工的努力紧密联系在一起，他还会开始考虑他的员工怎样才能在公司获得更大的发展。

如果他发现某位员工比另一位员工干得出色，甚至比另外一队的员工都干得出色，那么这位员工将会被分派专门干某项工作。我们大家都知道，我们也毫不否认，一个满腔热情、积极肯干的员工比一位随遇而安、不思进取的员工肯定会给他的老板创造更多的价值，假如老板愿意给他机会的话。

这就是我们通常所说的专业分工，把最合适的员工分派到最适合的职位上，这样做不仅对员工个人，对于整个公司也是大有裨益的。我们应当清楚，公司的兴旺是与员工所受到的待遇密切相关的。它们之间是互为因果关系的，这就是企业成功的因果法则。

我想告诉每一位公司老板，请记住，你的员工也和你们一样胸怀大志，梦想着有朝一日出人头地。为了公司和他们个人的利益给他们一个施展才能的机会，他们将不仅为自己也为公司创造更多的价值。要想留住优秀的员工，唯一的方法是给他们一个大显身手的机会。

但你不能玩弄你的员工。在这个世界上要想让员工忠心耿耿地为你效劳，是最容易不过了，但是万万不能耍手段。你也许承诺过要如何更好地为员工谋福利，但实际上并未兑现，你的员工很快就会明白那是一个谎言，因而你也不会再能获得他们的支持。如果你能更多地为员工的利益着想，他们一定会忘我地工作。

在商业界，我们当中的许多人关注最多的就是我们到底能挣多少钱。从一开始，这种想法就让我们误入歧途。

如果大家都是抱着一种为公众、员工和自己服务的想法投身于商界，那么他们注定要成功。公司将有条不紊地朝着成功的方向前进，赢利对每个人来说根本不是问题。

“为公众服务”还有另外一层含义。企业家要想获得事业上的成功，一方面他必须了解他的员工，让每一位员工都有用武之地；另一方面，他必须把相同的原则应用到公众身上。

他必须让公众为他服务，同时也在为公众服务。在此，我的意思是，他在销售其产品时，也为公众提供了优质的服务。这样做很快就能赢得公众的信任，但是一旦稍有差错这种信任也会很快丧失。如若不信那你就尝试一下，拿公众的利益做赌注，看看结果会怎样。

A.P. GIANNINI

阿马迪·贾尼尼

以独到眼光发现机会的风口

（1870—1949）

……

尽管只有一张小学文凭，却足够他敲开财富之门；

尽管父亲是因为一块钱被穷人杀死的，

他却依旧把钱贷给穷人。

他并不懂得政治，

却让银行服务这个“奢侈品”平民化了。

他用善与仁慈给了那些

只顾“锦上添花”的私人银行以当头一棒，

而他如此虔诚地进行着为穷人“雪中送炭”的事业，

最终，

他被推上了“全美第一银行家”的尊位。

弱肉强食的社会多少有些让人惊恐的氛围，嫌贫爱富的宗旨多少让社会显得苍白冷漠，许多人视财富为生存的意义，对穷人的仁慈被视为“慢性自杀”，奢侈终究是富人们的私属。而阿马迪·贾尼尼就像 13 世纪英格兰劫富济贫的侠客罗宾汉一样，直面这个毫无生趣的金钱世俗。虽然他只有一张小学文凭，却用智慧打开了财富之门，他用良知和仁爱对嫌贫爱富这种傲慢与偏见进行了猛烈的回击，以一种极不正统的经营方式，打破了美国传统的银行运营模式，并在法律禁止垄断的空隙间，秘密建成了遍布欧美的意大利银行网，最终被推上了“全美第一银行家”的宝座。

他绝对不是金钱的主人，因为他自称为上帝的“管家”；他也绝对不是金钱的奴隶，全然不会因为利润而对金钱臣服。贫寒是他的出身，因此他更信赖那些小企业主、已婚男人，甚至是家庭主妇，视他们为自己的同胞。他与贫苦人成为朋友，常把农家子弟和农村的事挂在嘴边。犹太农民见到他，笑逐颜开地和他打招呼。他坚信成功的基础应该建立在人类的信任之上，而不是毫无意义的个人资产抵押，正如他自己所说：“意大利银行的胜败，只取决于我们对穷人的信任与否。”就这样，他以人性和人情击败了一个又一个强劲的对手，赢得了美国民众的拥护和爱戴。

品格如同树木，名声才是树荫，树荫大的必定是粗壮的树木。所以一个名声好的人，必须是一个品格绝佳的人。阿马迪·贾尼尼被誉为“现代银行之父”，但却是史上最贫穷的银行家，他留下了一个总资产20亿美元的美洲银行，而个人资产只有43.9万美元（与同时代的富豪和银行家相比，他绝对是穷人）。他更愿意为穷人贷款，因此，也有人称他为“穷人的银行家”。

如果誓言能让人为之感动的话，那么付诸行动的誓言必将是“动”

彻心扉。贾尼尼认为：社会上的某些公众机构是可以用金融工具来帮助穷人的。这不是救济，也不是赐予，而是为需要帮助的人提供一个改变生活的机会，并将其转变为一种工具，成为一把开启一系列可能的钥匙。如今，他的经营模式被载入银行的历史，而阿马迪·贾尼尼本人也成为协助底层人民改变贫苦命运的典范。他并没有给予这个社会多少物资，但富人的这般良心是多少金钱都衡量不来的。

他一生保持着和善与仁慈，始终致力于与穷人的并肩作战，却只为战胜贫穷的出身，是对命运的不屑，还是挑衅，反正是一首豪迈的歌。他用另一种方式诠释了安德鲁·卡内基的慈善捐赠准则——给予那些自立自强的人、自求上进的人以帮助，但不是施舍。同时，也给当今只热衷于“锦上添花”，而对“雪中送炭”漠不关心的社会金钱观以当头一棒。

现代银行的开创者

在一个弱肉强食、尔虞我诈的资本主义社会里，金钱似乎成了唯一的衡量标准，是生是死，是荣是辱，金钱似乎都在左右一个时代的选择。然而贾尼尼却以人性作为良知的起点，用人情击败了不可一世的对手，又用仁慈赢得了世人的爱戴，他是现代银行的开创者。

19世纪末期，阿马迪·贾尼尼的父母亲为淘金从意大利来到了美国旧金山。父亲路易斯·贾尼尼种植了杏子树，雇用了一些意大利移民和墨西哥人。一天，阿马迪·贾尼尼站在自己家门前，看着父亲驾着一辆满载作物的马车。一名田间工人突然跳了出来，对父亲大发雷霆，他们为一美元而起了争执。贾尼尼亲眼看见那个工人从腰间拔出一把手枪，朝自己的父亲开了致命一枪。那一年，阿马迪才7岁，他的母亲维吉妮娅也只有22岁。这件事给贾尼尼心灵上烙下终身无法抚平的创伤，而他在成了银行家后坚决反对放高利贷，与此有着直接关系。

母亲后来改嫁给一个经营果蔬的中间商，贾尼尼的商业天赋也有了施展的地方。一天，他对继父说："我打听过，最近市场上的柳橙和葡萄柚很好卖，并且圣安那那边质量很好，我们买进来，怎么样？"继父惊讶地说："天啊，要知道从这里到圣安那需要马车两天的车程，傻瓜才去购进。"贾尼尼继续说道："可是由于圣安那地区较偏，售价会很低，而这里售价则会很高，很有赚头。"继父将信将疑地购进了一部分，事实果然如同贾尼尼说的那样。为了表扬贾尼尼，继父还给他买了一块金表。

事业上的小小成功，让上帝决定嘉奖给他一份爱情。22岁那年，贾尼尼爱上了当地一个富商的女儿克洛琳达·库尼奥，之后两人结成夫妻。令所有人没想到的是，这场婚姻改变了阿玛迪·贾尼尼的一生。因为妻子的父亲本身就是一位银行家，但在岳父去世之后，贾尼尼才真正地进入银行业，从此，一个在金融领域叱咤风云的人物出现了。

天才总是有着一种与生俱来的傲气，既言之凿凿，又让人信服。来到银行后，他很快就得到下属的尊敬和爱戴，但和银行的股东们却经常因意见不合而发生争执，他们对银行经营方针的看法相去甚远：阿马迪·贾尼尼坚持贫民化、拓宽经营范围，而那些老股东却认为借钱给穷人，简直就是疯子的举动。这些股东们把穷人比喻成满腹牢骚、懒惰无比的乌合之众。对于贾尼尼来说，这些穷人也同样是人，他对那些股东们怒吼道："对于你们这些人来说，他们只是牲口。而在我看来，这些人死时比你们要体面得多，这一点你们永远都无法企及。"最后，贾尼尼被排挤出了哥伦布银行。

排挤只能算是一种对天才的嫉妒，但是排挤出来的天才去到哪里都会开辟一片新天地。贾尼尼离开了哥伦布银行，并带走了这家银行5名高级职员，后来又邀请了4位当年做中间商时的朋友，连同他自己一共10个人，商定创办一家银行。对贾尼尼来说，借钱给小人物并不仅仅是发善心，那确实是笔非常好的大买卖。贾尼尼决定，新创办的银行不设大股东，每位董事会成员认购100股为限，占总股份的1/3；其余2/3在普通民众中募股，这些人包括鱼贩、菜商、面包店、餐馆、药店、理发店、油漆店、水电行的老板和乡下农民。总的来说，以意大利移民为主要对象，名称就叫意大利银行。

意大利银行能够获得现今的声誉并形成庞大的财力规模，大部分靠的是为小客户服务——工薪阶层、生产者、小生意人、拥有一栋小房子或一份财产的人。意大利银行自始至终都旨在随时借款给那些拥有或想要建造自己家园的人们——为那些需要1000美元或更少贷款额的人们服务。贾尼尼还取消了高利贷，而用6%的低利率取代了当时银行每月20%的高利率。

灾难对于一部分人来说是毁灭性的，而对于天才来说，却是创造性的。1906年旧金山发生了举世震惊的大地震，这次地震造成了巨大的灾难。两天后，各大报纸共同发起倡议，商讨灾后重建工作。当时所有与会的商人要求银行发放贷款，但银行为了自身的安全，却不肯这样做，双方吵得不可开交。忽然，贾尼尼站了出来，说："我是意大利银行的贾尼尼，我们会在明天正式开业！而且是露天营业！"一语惊四座，大家几乎不相信自己的眼睛和耳朵。

贾尼尼当时手头仅有8万美元现金，闻讯前来贷款的人络绎不绝。贾尼尼虽不能满足他们的全部需要，却多少能帮助他们解决燃眉之急。

那些存折在火灾中被烧掉的人，可以从他那里取得信用贷款；持有其他银行存折的，也同样可以到他那里来贷款；即使是什么凭证都没有的，只要有个正当职业，能拿出信用证明，贾尼尼也一视同仁地借钱给他。

意大利银行露天开业的消息传开后，出乎意料的是，来存款的人竟比贷款的人还多。到这一年年底，他的银行存款总额已超过130万美元，股东们分到5%的红利。此后，贾尼尼又实行扩大银行资产的措施，使资产总额达到200万美元。旧金山大地震对意大利银行来说是一个转折点，使其由此成为独当一面的商业银行。

不久后美国爆发了严重的经济危机，当时库罗卡银行的门前，人们像疯了一样大叫大嚷。贾尼尼挤进人群，站到高处去，对着激动、嘈杂的人群大声喊道："请保持镇静，听我说一句！"人们当然是认识他的，渐渐安静下来。

"诸位，旧金山和纽约、芝加哥不一样，这里的银行不像华尔街，他们是搞投机事业的，我们不搞投机。请大家务必相信我的话，如果你们真的要用钱，请到意大利银行来，用库罗卡银行的存折一样可以领到钱。"说完这番话，贾尼尼已经声嘶力竭了。

在大地震时，贾尼尼的"露天银行"几乎无人不知，基于对他的信任，人群开始渐渐地散开。他说的这番话起了作用。事后库罗卡银行总经理亲自登门拜谢。对阿马迪·贾尼尼来说，他这举动带有很大的冒险成分，但他成功了，不但拯救了库罗卡银行，也使他自己免于这场风暴的冲击。

1927年，贾尼尼开始"进攻"华尔街，这时，已成立控股公司的意大利银行企业，总资产已达2.17亿美元。他先后收购了属于华尔街的布鲁克林商业交换银行和华尔街中级投资公司——安素尼·歇色商行。之后，又收购了旧金山的自由银行和洛杉矶的商业银行。这一举动大大地震动了华尔街和旧金山。

此时的华尔街发出警报："阿马迪·贾尼尼把势力范围扩展到整个大陆！"在摩根财团的控制下，纽约联储银行以意大利银行涉嫌垄断为由，强迫贾尼尼卖掉公司51%的股权，私下里摩根财团则暗暗吸纳意大利银行的股份。

阿马迪·贾尼尼的行动迅速而又果断，他注册成立了一家新公司——泛美股份有限公司，并以该公司的名义，把在别人控制下正在暴跌的意大利银行的股票低价买进，这样一来，便挫败了摩根财团欲置意大利银行于死地的阴谋。意大利银行不仅没有垮掉，而且越来越发展壮大。后来它吞并了全美国最著名的美洲银行，并将各分行都全部改名为美洲商业银行。到第二次世界大战结束时，美洲商业银行的存款额达到5亿美元，超过了纽约曼哈顿银行，登上全美第一的宝座。

在谢世的前一年，阿马迪·贾尼尼把他不到50万美元的存款全部捐献出来，用于医学研究和银行员工子弟的教育奖学金。这位用人性和人情驰骋于金融界的天才人物，几乎是"一丝不挂"地进入了天堂。阿马迪·贾尼尼以他的实际行动，实现了他"不为自己，而为大众"的铮铮誓言。

一位银行家的良心

一个世界第一的银行家，仅仅留下了43.9万美元的遗产，相比较同一时代的富豪，他的确是最穷的银行家，然而他的名字依旧是最富有的符号。这个永存的符号有着超出金钱衡量的意义。

阿马迪·贾尼尼一生都坚持“不为自己，而为大众”的理念，在他去世时，身后留下了全球最大的美洲商业银行，但他却没有给自己的家族留下任何个人财产，许多人对此都大为吃惊。他去世时仅留下的43.9万美元也悉数捐赠给社会。对大多数人来说，这也许是一笔可观的数目，但是比起当时的富豪，甚至是他帮助过的人，这笔钱几乎微不足道。然而这只能算作他伟大形象的冰山一角，他在银行业中确立起来的“为大众服务，绝不爱富嫌贫”的思想则更显得金光熠熠。当时平民中的五分之一的人为了生计不得不向高利贷者借款，并且遭受非人的虐待。贾尼尼的创举既为他的银行赢得了大量的客户，同时也得到了人们的信任和尊敬。

这就是一种慈善行为，因为贾尼尼是在向农民发放“低息贷款”，却仍为贾尼尼带来了不菲的利润。贾尼尼为大众、为穷人创办银行的宗旨，使他日后登上全美乃至世界最大的银行总裁的宝座。贾尼尼赢得了巨大的成功，也赢得了人们的敬意。在他战胜摩根财团制造的劫难回到加州时，加州的百姓在铁路两旁竖起高高的原木，拉上横幅，上面写着：“贾尼尼成功驱逐华尔街的恶魔！贾尼尼万岁！”

他拥有的不只是金钱利益，还有良心，他的对手不仅仅是那些金融家们，还有整个社会的观念。在他最后的日子里，贾尼尼警告自己的高级职员，一定要坚守“为普通人服务”的原则。贾尼尼曾同地震、大火、破坏者、垄断者以及种族主义者进行过殊死斗争。在退休讲话之时，他低沉的声音回荡在整个董事办公室之中：“如果让我听到你们中的任何一个人敢嫌贫爱富，我就会马上回到这里，继续战斗。”他不仅看到了美国普通民众的潜能，而且也真正做到了为大众服务。在贾尼尼之前，银行从不向普通百姓开放，银行服务只是少数富人才能享用的“奢侈品”。银行的利润来源于存贷款利息的差额，只有贷款利率高于存款利率，银行才有利润可言。但那句被人奉为经典的“没有永远的朋友，只有永恒的利益”，似乎在贾尼尼这里并不起作用。

当时的哥伦布、库罗卡或是摩根银行对抵押物有着严格的要求，除了金砖，就是房产。而贾尼尼提供贷款的方式非常简单，他愿意接受任何东西做抵押物，这又一次将现代经济向前推进了一步。他对时机的掌握非常敏锐到位。他凭着奶牛、衣服、汽车、杏林甚至是电影就发放贷款。在20世纪30年代，沃尔特·迪士尼为拍摄《白雪公主》四处筹款，他把电影放给贾尼尼看，贾尼尼看后立即同意向他提供贷款。这部电影狂赚了800万美元，迪士尼很快付清了银行的贷款。贾尼尼的洞察力并不只是表现在能够慧眼识英雄方面，他还认识到了菲林底片的担保价值。当大多数好莱坞专业人员把老底片扔到垃圾箱里时，贾尼尼却想找回它们。

他也找到了一个金融家的使命和责任，找到了一位慈善家所应有的人性，也找到了人生的意义。在旧金山发生大地震时，他宣布自己的银行第二天就会开门营业！你可以想象这种惊世骇俗的行为。你可以想象其他银行家不屑一顾的样子：“你的银行已经没了。贾尼尼，你是瞎了还是疯了？”第二天，贾尼尼实现了自己的诺言，并把自己的名字写入了银行历史。他贴出了一封写给存款人的信，宣布银行的假期已经结束。他在车底下藏了1万美元，然后驾着车从圣马特奥来到了华盛顿大街尽头的码头。在码头上，他和几个主要雇员拽着两个巨大的木桶，把它们立了起来，两桶之间保持1.8米左右的距离。他们抬起一块很重的木板，把它搭在了两只桶上。这就是码头上只有一块木板的意大利银行，但它是开门营业的，而且也是城里唯一一家营业银行。“木桶银行家”，人们如此亲昵地称呼他。

“意大利银行是为穷人而开的大众银行。我们不设大股东，不允许有超过半数股票的资本家，我们不支配任何人。相反，我们是储户和股东的仆人。”阿马迪·贾尼尼说。他开创银行并不想为自己赚取财富，他只想尽量公正地分配财富，并为达到这一目标而不懈努力。

贾尼尼的成功是自身人格的成功。直到今天，他的理念仍深深地影响着这个世界。

最可怕的是精神破产

只要没有成为一种习惯，失败就是件好事，因为人总是能够从失败中发现点什么，然后继续走下去。然而，一旦避免失败成了你做事的动机，那么你就走上了怠慢无力的路。贾尼尼告诉我们说：事业的破产并不可怕，最可怕的是精神的破产。

贾尼尼在婚后的日子可谓羡煞神仙，美貌的妻子，再加上岳父的银行家地位，似乎一切都在眷顾贾尼尼。然而当贾尼尼真的进入岳父的银行的时候，他才发现，“那些精神头十足的人满眼里都是金子，那么多穷困的人们，却没有一个人能看得见”，“事情就是这样的，你总得为你的岳父做点什么，那就是赚钱”。那些与岳父共事的人们尽力在照顾他岳父的面子，可是，贾尼尼的目光明显对准了穷苦的人，他游说股东们，希望能够为贫民提供贷款，并且认为同样可以赚钱，因为将会有更多的顾客出现。

然而，这位理想主义者遭遇到了最大的挫折，当那些股东们联合起来的时候，他的理想被死死地“摁倒”在地上了，虽然他竭力去保护，可是他自己已经被“踩”得体无完肤。他最终被排挤出了银行，尽管他是银行家的女婿。一位股东嘲讽道：“你永远都做不了银行家，你最好去慈善机构当义工吧。”

贾尼尼并没有胆怯，也不会因为一次的失败就放弃梦想，在短短的几年之内，一个新的公司——意大利银行诞生了。而且很快就成了华尔街的主人，“华尔街的拿破仑”——摩根的阴谋也被他挫败了。整个美国，乃至北美大陆都成了贾尼尼广阔的天地。他借着他的梦想，凭着一股强烈的劲头，在那些把他排挤出银行的人们面前上演了“绝地反击”。

人总是厌恶失败，因为它总是让你劳而无获。然而一旦避免失败成了你做事的动机，那么你就走上了怠慢无力的道路。这非常可怕，甚至是种灾难，因为这预示着某些机会将被你放弃。所以最可怕的不再是失败，而是失败之后精神的破产。害怕失败就会胆怯，胆怯就会失去眼前的机会。所以为了稀缺的机会，我们要慷慨地去为失败买单，这是非常值得的。

石油巨头洛克菲勒的座右铭是：“人始终要保持活力，永远坚强、坚毅，不论遇到怎么样的失败与挫折，这是一个人在失败的时候唯一要做到的。”失败的时候不是故事的结局，而只是一个过程，一个步骤，失败了就开始埋怨并且放弃的人，我们可以称呼他们为“半途而废”。当年，爱迪生在实验电灯泡的时候，共做了1万多次实验，当《太阳报》的记者采访他的时候，问道：“先生，你的实验已经失败过1万次，对此，你有什么看法呢？”爱迪生笑笑说：“我没有失败1万次，而是发现了1万种行不通的方法。”

这个世界没有失败的人，只有放弃的人。只有放弃的人才会失败，因为他的精神比他提前破产了。现实社会中的我们面对失败所表现出来的悲观情绪已经深深挫伤了我们的积极性。然而这是一个充斥着机遇的时代，我们无须用情绪去伤怀昨天的失败，而应该用失败的经验来为明天的成功买单。向这些经受失败又取得成功的人致敬吧，他们的精神总是能给你指引。

慈善到底是谁在帮谁

我们要学会让利益服从于义务，避免从别人的灾难中企望自己的幸福；我们还要学会让私心服从于仁慈，避免在别人遇到困难的时候袖手旁观。真正善良的人会让出自己的利益来资助他人，以使他们更好地生活，同时也帮了善良的人自己。

慈善是一种避免私心的良知，是源自对这个世界的爱。慈善不是勉强，也不是随同，是自愿的。在慈善的价值坐标中，人始终是第一位的，也是终极目的。在纷繁复杂、光怪陆离的大千世界中，慈善始终将目光盯在人身上，它不在意形而上的彼岸世界，也不为繁华的物质世界所倾倒，它只关注人，只在意人的喜怒哀乐，并提醒、呼吁社会注意解决人类自身的生存问题。毋庸置疑，阿马迪·贾尼尼就是这样一位慈善家。

慈善是爱心之举，它是一种主动与自觉的爱。诚如莎士比亚在《威尼斯商人》中所写的：“慈悲不是出于勉强，它像甘露一样从天上降下尘世。”通常情况下，扶危济困映现了行善者的道德层次，反映了他乐善好施的做人品格。

慈善是一种责任，有的人可以把它提升到使命感的位置。阿马迪·贾尼尼一生视“嫌贫爱富”为死敌，他怒斥那些华尔街上的大亨们为吸血的魔鬼、唯利是图的小人、毫无责任感的“储钱罐”。他深知底层人民的疾苦，于是一种责任感和使命意识驱使他奋力反击。他就像13世纪英格兰的平民英雄罗宾汉一样，决不在他人身陷苦难时袖手旁观。这是人性的要求，也是人道的信念，表现了他不仅对自己，也对社会、对他人负有责任。所以康德说：“行善是一种义务，不论我们爱他人与否，并不会使这一义务丧失任何意义。”

慈善的实质是属人的，是充满人文情怀的。按中国古代先哲孟子的话说，即是出于仁者爱人理念的“恻隐之心”和“不忍人之心”，人对人的苦难和不幸不能也难以无动于衷。阿马迪·贾尼尼不仅关注人的生存状态，还努力以实际行动来改善人的生活质量，他的扶危济困，切实地有助于生活困难者缓解生活的压力，摆脱生存的危机，增加了人们生活的幸福感。

那么慈善到底是谁在帮谁？其实慈善是一个双赢的活动，富人给予那些穷人以生存的权利，穷人给予了富人成为善人的机会。慈善捐的不是钱，是心，因为彼此而富足。2007年2月，刚刚卸任的联合国秘书长安南在得克萨斯州的一个庄园中举行了一场慈善晚会，各界名流应邀参加。此时，一个老妇人带着一个小女孩来到了门口，保安挡住了她们，要求出示请柬。老妇人说道：“我们没有请柬，是小女孩要来的，我们是来表示我们的心意的，难道不可以吗？”保安为难地摇了摇头，小女孩说：“叔叔，慈善不是钱，是心，对吗？我不进去了，你帮我把钱捐了吧。”保安依旧为难地不知怎么办，这时候，一个老人递给保安一个请柬说：“我带她进去，可以吗？”保安打开请柬一看，恭敬地说：“当然可以了，巴菲特先生。”这场晚会的主角不是所有捐赠的富翁们，而是这个捐了30美元零25美分的小女孩。晚宴的主题也变成了“慈善不是钱，是心”。

慈善家面对贫困，没有冷漠和旁观，更没有逃避和推脱，相反，充溢的是爱人如己的热情和投入，是见义勇为地伸出援手。阿马迪·贾尼尼给予的绝不是简单的救济，而是让人们获得一种摆脱贫困的能力，阻止身处困境的生存状态的继续恶化，帮助他们摆脱困境，走出灾难阴影，过上人应有的生活，进而享受人的光荣与体面。

慈善是一种时尚，慈善也是一种习惯，是可以改变命运的良心。慈善不论其形式如何、数额多少，其宗旨就是付出，让出自己的利益来资助他人，以使他们更好地生活。它绝不是尔虞我诈的纯粹商业行为，而是一种高尚情操的体现。而在帮助他人之后，自己的心灵又得到了一次升华。

现实生活中的慈善是朴实的，表现为一个个具体的爱心之举，但我们不应忽视的是，在思想的本质上，慈善却见证也浓缩了人类文明的成就，它是人类才有的创举，同时也衬托出人类自身的杰出。因此我们可以自豪地说：尽管我们献出的一份爱，可能是微不足道的，但它体现了人道精神，体现了对生命和人的价值的敬畏。

约翰·D. 洛克菲勒

JOHN D. ROCKEFELLER

上帝的财富管家

（1839 — 1937）

……

他集虔诚和贪婪、同情和狡诈于一身；

他是美国清教徒先祖们毁誉参半的传统的化身，

鼓励节俭和勤劳，同时又拥有贪婪的本性。

然而，

这个看似凶恶的人用一生的时间与人类共同的敌人作战：

贫穷、懒惰、散漫、缺乏爱心。

他用行动唤醒了那可以帮助我们忍耐并获胜的精神：

爱与荣耀，怜悯与自尊，同情与牺牲。

没有人能抗拒财富，尤其是那些注定成为富翁的人，他们的骨子里天生就流淌着财富的血液，使他们一而再地创造出不可思议的奇迹。洛克菲勒就是其中的一个，他是有史以来第一位10亿富翁，他开创了美孚石油公司，全盛时期他垄断了全美90%的石油市场。他将财富、权力、影响力成功地发挥到了极致，他的一生就是一部英雄的传奇。

洛克菲勒是最受争议的企业家之一，他是一个古怪、狡诈、多有创建、令人难忘的人物。一个多世纪以来，没有人能看透他。他的生活细节都被掩藏在私邸的围墙和办公室的磨砂玻璃门后面，所以，他的形象总是游离而模糊不清。有人说他从小就膜拜神灵，通晓财道；他信奉弱肉强食的商场逻辑，恪守不进则退的商业规则；他白手起家，一步一步地建立起庞大的石油帝国；他从不当出头的椽子，而是像狼一样静等时机，然后从他人手中强夺财富，消灭对手时心狠手辣、冷酷无情；他甚至吝啬无比，当他已成为亿万富翁时，还向在他的别墅住了一天的朋友要10美元的住宿费……

但就是这位超级富翁给我们留下了如下财富：

一个现代的石油工业体系和美孚石油公司，一套现代的大企业管理制度，一种标准的垂直经营方式，一种个人不懈奋斗直至成功的伟大精神，一种清教徒洁身自好的个人生活典范，一种功成身退、爵禄不传子孙的高风亮节，一笔传之五代、屡屡向“人类痛苦的要害”发动反击的洛克菲勒基金，一个欣欣向荣的工业时代，还有一份商业巨子的宝贵精神遗产。

正如温斯顿·丘吉尔说的那样：“历史为洛克菲勒作出的最终评价很可能是这样的：他在探索方面所作的贡献将被公认为是人类进步的一个里程碑。那些能慷慨解囊而又独具慧眼的富翁对现代科学所作的贡献，堪与历代教皇和诸多王公为文艺复兴时期所提供的庇护相媲美。在这类富翁当中，洛克菲勒可谓佼佼者。”

如果说死是生命的句号，那么在洛克菲勒面前，死是活着的延伸。无论人们如何攻击洛克菲勒的“剥削”“残酷”“欺诈”，我们终究无法否认洛克菲勒所做的一切，是他开启了通向未来伟大岁月的大门。这些丰功伟绩使得洛克菲勒不但成为奋斗者的楷模，也成为西方现代新教伦理的典范，他在历史上所占的光辉篇章将是不可替代的。

商业“屠夫”

他的魄力是一种杀戮，财富只是放在砧板上的肉；他的智慧是他的獠牙，敌人只有逃命的份儿；他的天赋是一种杂食用的工具，只要能够吞咽的，他丝毫不会放弃；然而他的心是属于天使的，让这份暴戾有了一种本质的善。在他生命里，对于财富和社会甚至政治的影响是独特的，他也必定成为美国乃至世界历史的华丽篇章。

洛克菲勒，1839年出生于美国纽约州的里奇福德镇。他的父亲比尔是一个离经叛道者，喜好放浪不羁的生活。他也做生意，卖的是“灵丹妙药”一类的东西，然而他却足够奸猾。与父亲正好相反，他的母亲则是一位虔诚的教徒，善良而守教义。所以洛克菲勒的一生也同时兼具了父母的这两种相反到极致的秉性，他能成为一位巨商，是父亲的遗传，而成为一名仁厚的慈善家，则归功于母亲的引导。

有些能力是需要培养的，而有的能力却是天生的。19世纪40年代的美国正处于经济繁荣之中，许多人都在幻想成为未来的富翁。孩提时代的洛克菲勒已经是一个地道的“生意人”。他知道按磅买进糖果，然后再分成几份零售给兄弟姐妹，从中赚取利润。这种赚钱的手段，无疑是受到父亲的影响，而其实最根本的还在于他的天资。那年的洛克菲勒做成了第一笔生意，他一路尾随一只野火鸡，等它摇摇摆摆地钻进林子后，便从鸡窝里偷来小火鸡，准备养大了卖钱。第二年，鸡群的数量果然扩大了。老年的洛克菲勒每当回忆起这段往事时，就会说："在那段日子里，我一看到火鸡就高兴，总是没完没了地看着它们！"

在许多人看来，洛克菲勒从小就迷恋金钱，希望发财致富。但洛克菲勒对此类说法颇为反感，他说自己的财富是意外之喜，完全是勤奋工作带来的副产品。其实，洛克菲勒早年的发财梦不足为奇，那个时代许许多多的少年都有着相似的发财致富幻想。南北战争之前的美国是冒险家的乐园，有无数的机会等待着勤奋的年轻人。

命运给人的不是失望之酒，而是机遇之杯。还差3个月就拿到高中毕业证的洛克菲勒毅然决然放弃学业，年仅16岁的他开始四处求职。在美国历史上，恐怕再没有一个人的求职经历能比他的求职经历更富于传奇色彩了。这个孩子毫不畏惧艰难的战争乱世，踌躇满志地翻开全城的工商企业名录，从中挑拣知名度最高的公司。他的身上有一种"初生牛犊不怕虎"的劲头，每到一家企业，张口就要见老板。这些人当然是见不着的，他便直截了当地对老板的助手说："我会记账，想找个事情做！"他后来总结说："每个人都是自己命运的设计者和建设者。"所以他传奇的人生是建立在一个卓有远见的雄心之上的。尽管后来也曾遇到挫折，可是这位有远见的男人，总是喜欢在风口浪尖上品尝人生的佳酿，那是命运的敬酒。

没有人有资格去评论一个成功者的失败之处，那总不是他功成名就的缘由，真正的原因是一个人的优点。尽管有人称呼他是"商业屠夫"，是金融界的噩梦，历史对他却有个公平的说法。哈佛大学的一位历史学家评价洛克菲勒说：“与他所处的时代，以及同时代的其他富豪们相比，他是最不肮脏的。”肮脏的只是那个社会，个人能力是无辜的。甚至可以说，个人能力是主动的，不论你的时代如何变迁，唯有那些正视现实，并以现实为依据而采取行动的人才是真正的强者，在现实里絮絮叨叨消耗掉自己梦想的人终将一无所获。

梦想往往是高于现实的，而真正可以让人奋发的是坚定的信念，它才是现实的情人。洛克菲勒就有这样的信念，不论是工作，是慈善，还是事业。洛克菲勒是精明的商人，所以他一生都把账本视为自己最珍贵的纪念物。50多年后，当他拿出账本一页一页地翻看时，睹物生情，几乎是老泪纵横。那个本子被安放在一个贵重物品保险库里，就像一件无价的传家宝，这也是他毕生的信念的佐证。这本账本告诉人们：洛克菲勒从小就是一位热衷于行善的人。在他工作的第一年，就把6%左右的工资捐给了慈善机构。他20岁时，捐献的比例已经超过了收入的10%。

从那时起，洛克菲勒开始以经营农产品步入商海，但第一笔生意就做砸了，不得不再次向老父亲举债。后来，年仅24岁的洛克菲勒在1863年进入石油业。他投资4000美元买下了安德鲁斯-克拉克公司一半的股权。要知道，在当时4000美元是一笔巨款。在他勤奋经营下，公司第一年的营业额为45万美元，获纯利润4000美元。经历此事，约翰顺理成章地担当了公司里老大的重任。这一地位从未动摇过，直到他98岁去世为止。从工作，到慈善，再将工作和慈善变成一项事业，这就是洛克菲勒的信念，这种信念不仅可以让他的公司有一股子向上的冲力，帮助公司盈利，还可以富裕整个社会，而这些都来自洛克菲勒那颗坚定的心。

他是一位富翁，但是可以肯定地认为：“他的财富不是从别人的贫穷中得来的”，无数的人因为他而成为超级富翁，甚至是他的那些对手和敌人，也因为和他战斗过而留名青史。虽然他被认为是“屠夫”，然而他更是一位用智慧来打败对手的战术大师。他是历史上最先理解兼并意义的人。他讲求效能，憎恨浪费精力、浪费成本和利润的无谓竞争。他讨厌当时通行的那种一次次降低价格，直到把竞争者赶出这个行业，再随意抬高价格的竞争方式。他向竞争者们提供现金或标准公司的股票，来换取他们炼油厂的所有权，结果大多数人都同意将工厂出卖给标准公司。可以说，他是认识兼并价值的一位先驱者。

在兼并公司的同时，洛克菲勒还网罗了一批能人干将，这些人都成了他的得力助手。用他自己的话说："这些人的价值远远超过被兼并的所有公司。"这位把人视为公司根本的财富之王，也是凭借这些人才在财富王国呼风唤雨。再想想现实的我们身边的经理老板们吧，多少次趾高气扬地赶走了才华横溢的人才，而一个有远见的人必备一双识人的慧眼。

1884年，洛克菲勒把标准公司总部由克利夫兰迁到纽约市百老汇街26号，成了一家全世界最大的石油集团企业。洛克菲勒成了蜚声海内外的"石油大王"。标准石油公司几经更名，最后定名为美孚石油公司。1896年，洛克菲勒离开纽约总部，秘密搬到了波坎铁柯庄园，他退休了。这一年他才57岁，正值壮年。为什么会急流勇退呢？有人说他自觉罪孽深重。洛克菲勒成功的背后，确实有不少同行厂商倒闭、破产，饱受他那弱肉强食的垄断之苦。也有人说他患了严重的消化功能紊乱症。在过去40年中，他要钱不要命，以致积劳成疾，不得不退休。到底是因为什么，恐怕谁也说不清。

有人之所以能够一直财源滚滚，他们知道那是神的帮助，因为神也知道，他们会把财富传播给人间。洛克菲勒在退休后又活了41年。他退休后几乎将全部的精力放到了发展慈善事业上。从19世纪90年代开始，他每年的捐献都超过100万美元。1913年，他设立了"洛克菲勒基金会”，专门负责捐款工作。捐款总额达5亿美元之多。对此有人表示尊重和感谢，但也有人说那是为了赎他自己深重的罪孽，是出于一种对犯罪感的补救。

1937年5月23日，98岁的洛克菲勒在他奥尔蒙德的海滩别墅里去世了。他的子孙继承了他的事业。洛克菲勒家族是美国十大超级富豪之一，也是当今美国知名度最高的家族之一。他的孙子纳尔逊·洛克菲勒曾当上了美国副总统，而他的另一个孙子戴维·洛克菲勒则是赫赫有名的银行家。洛克菲勒家族如今的财富到底有多少，连他们自己也说不清。这个家族的荣耀，始于他，而似乎没了终结。

做一个有计划的人

节约时间和提高效率的最好办法就是有一个周详的计划，在盲目面前，计划就是位出色的私人管家，让你的行动井然有序，让你的目的明晰可鉴。洛克菲勒告诉我们，一个成功的人首先必须是一个会计划的人。

作为美国历史上第一个10亿富翁，作为石油巨子，从一无所有到富可敌国，从被金钱所控制到成为金钱的主人，洛克菲勒的一生，是不息战斗的一生，是激情燃放的一生，是美丽而丰饶的一生，是充满张力的一生，更是自我实现的一生。而这一切都是建立在他无比周详的计划之中的。

有计划的人是有智慧的人。洛克菲勒被称为天使与魔鬼的结合体，他踌躇满志地立下了誓言：“我们要扩张，再扩张，资金越多，我们发展的本钱也越丰厚，我们要独霸世界！”

其实，我们完全可用“冷静的脑，温暖的心”来形容他。他的计划往往体现在他那本随身携带的笔记本里，不论事业到了哪一个地步，他也始终坚持按照自己的计划行事。洛克菲勒一生只有两个目标：第一，赚到10万美金；第二，活到100岁。这算作大计划，而具体到10万美金上，他从最初的周薪5美元，到借款投资，再到最后的石油大王，几乎在每一次行动之前，他都有自己周全的计划，而让人感动的是他的慈善计划，一直坚持了40多年，直到他离开人世，他的家族依旧坚持着他的仁爱计划。在健康方面，活到100岁并不像他的第一个目标那样容易实现，然而他依旧为此作出了清晰的计划书，下面是他给自己制订的9条行动计划。

1. 每周的星期天去教堂参加礼拜，并将所学的记下来，以供每天应用。

2. 每天争取睡足 8 个小时，每天午睡片刻。适当休息，避免对身体有害的疲劳。

3. 每天洗一次盆浴或淋浴，保持干净和整洁。

4. 移居佛罗里达州，那里的气候有益于健康。

5. 过有规律的生活。每天到户外从事自己喜爱的运动——打高尔夫球，吸收新鲜空气和阳光，定期进行室内运动，如读书或其他有益的活动。

6. 饮食有节制，不暴饮暴食，要细嚼慢咽。不吃太热或太冷的食物，以避免不小心烫伤或冻坏胃壁。总之，诸事要和缓、含蓄。

7. 要自觉、有意识地汲取心理和精神的维生素。每次进餐时，都说文雅的语言，适当同家人、秘书、客人一起读些励志方面的书。

8. 雇用一位称职的、合格的家庭医生。

9. 把自己的一部分财产分给需要的人。向慈善机构捐款，把幸福健康带给许多人，同时自己也获得了幸福和健康。

有计划的人是有责任感的人。虽然他并没有活到100岁，但是也就差2岁而已。这位有计划的人，在活着的时候将事业和健康都计划得井井有条，甚至对于死后，他也有着特殊的计划，那就是后代对财富的继承问题。洛克菲勒家族之所以能够一直保持着在美国金融界的至高无上的地位，也是缘于此。洛克菲勒为了避免孩子们被家族的荣光所宠坏，留下了一套祖传的教育计划，父母必须鼓励孩子首先是在家里做家务挣钱，例如逮到走廊上的一只苍蝇，每100只奖励1美分，而捉住一只耗子是5美分，砍柴也有它的定价，甚至擦鞋还得是那些表现好的孩子才有的权利。

洛克菲勒家族最为著名的一句名言是："一个人不是在计划成功，就是在计划失败。"懂得计划对于一个人，一个企业，乃至一个家族的重要性是毋庸置疑的。这些计划让洛克菲勒家族保持着长久的生命力，倒不是让他们躲在房间里计划如何守住财富，而是计划一个奋发向上的人生，在事业上，尤其是在慈善事业上必须有一番作为，让整个社会都来分享家族的荣光。可以毫不夸张地说：在如今的美国，几乎找不着几个人不受这个家族的恩惠，医院、公路、文化的大量投入，也使得这个有了150年历史的家族成了美国历史最耀眼的缩影，并且成了美国精神的杰出代表。

在《诗经》里有这么一则故事，描写的是一只失去了孩子的母鸟，仍然辛勤地筑巢，说它"迨天之未阴雨，彻彼桑土，绸缪牖户"。意思是说：趁着天还没有下雨的时候，赶快用桑土把鸟巢的空隙筑好，只有把巢加牢固了，才不怕人或者天气的侵害。这就是"未雨绸缪"，即是说，任何事情都要事先做好计划，以免临时手忙脚乱。做一个有计划的人，不仅仅是取得成功的第一步，它还是一个人智慧的表现，不论外界如何变迁，依旧能够处之泰然。

“凡事预则立，不预则废”，对于有着五千年历史的中国，我们的古人早就给了我们这样的警示，要未雨绸缪，可是搬到现实中来，我们常常为现实迷失，计划总是被丢到了遥不可及的地方，于是有些人痛心疾首地喊着“计划赶不上变化”。这是多么苍白无力的借口，难道洛克菲勒的年代就没有变化吗，难道他所遇到的变化会比你的小吗？难道150年里家族也从来不会遇到变化吗？难道这个代表美国良心的家族从来不会面临变化吗？答案绝对是会！

一个恰当的计划必然是建立在对现实有明确的了解的基础上，必须建立在对自身实力的如实估量上，必须考虑到变数的存在，并且为这些变数做好相应的准备。另外，一个有智慧的人绝对不会把计划当成一种约束，而是放在文件夹里的行动指南，是铭记在心里的行为指南，计划终究是预期的，我们还要根据现实的变化适时地改进计划。总而言之，事在人为，不论是制订计划，改进计划，乃至实行计划，都是一个聪明人的能动的行为。

“小气鬼”与大富翁

富有是一种能力，小气是一种习惯。当富有的人懂得财富的真义，就让“挥霍”改名为慈善。小气的人精明仔细，于是“小气鬼”成了一种智慧的代号。洛克菲勒是如此“小气”地拥有了富有的能力。

洛克菲勒一生的财富总额达到了惊人的10亿美元，然而在美孚公司，几乎人人都知道洛克菲勒是一个绝对的“小气鬼”。曾经有一次，他这样质问一位炼油厂经理："你们提炼1加仑原油为什么要花1分8厘2毫，而东部的一个炼油厂干同样的工作只需花1分7厘1毫？"这位经理无奈地辩解说：东部的炼油厂接近产地，运费可能比我们低一些。而这位亿万富翁迅速地前往东部，直到确认了这个事实才肯罢休。一毫一厘的差距，可能导致的是一个企业成败兴衰的两种结局。

当人们以一种有色眼光去看富翁的时候，多数总是在藐视他们糜烂的铜臭味。然而在洛克菲勒这里，人们似乎得大跌眼镜了，因为他比一般平民还显得小气。所以，洛克菲勒也常常让人生气，而理由竟然就是"小气"。洛克菲勒常常去一家熟识的餐厅用餐，而每次都会给服务生15美分的小费，这在这个餐厅已经算是最少的小费了。而有一次，他只给了服务生5美分，早就不满的服务生埋怨道："如果我像你那么有钱的话，我绝对不像你这么吝啬。"洛克菲勒没有生气，只是笑笑说："这就是你为什么一辈子成为不了我，而做一辈子服务生的缘故。"

"小气"成了一种幽默，是智慧的表现。小气的人才真正懂得富有的意义，也才会获得财富的所有权。洛克菲勒不仅自己节俭，而且在培养孩子方面，同样表现得十分聪明。他指着13岁的女儿对人说："这个小姑娘已经开始挣钱了，你根本想象不到她是怎么挣的。我听说煤气用得仔细，费用就可以降下来，便告诉她每月从目前的账单上节约下来的钱都归她。于是她每天晚上四处转悠，看到没人用的煤气灯，就去把它关小一点。"

富有的人应该更小气。这里的"小气"是一种品格，是学习不来的，也模仿不了。洛克菲勒总是抽空写些备忘录，把某些省钱的主意和批评意见告诉管理人员。这些笔记中有一些写道："在你的3月份存货清单上有1.075万只桶塞，4月份的报表上买进2万只，用去2.4万只，手头还有6000只，那么其余750只哪里去了？"洞察入微，刨根问底，不容你打半点马虎眼。正如后人对他的评价：洛克菲勒是统计分析、成本会计的先驱，是今天大企业的“一块拱顶石”。

想想如今的企业，似乎有了一种以奢侈为荣的态势，看看工地上的废弃的钢材吧，已经被雨水侵蚀得成了“鸡肋”——用是没法用了，丢了却很可惜，而最初，只要稍微花点时间将它们搬进厂房，或者给它们披上“雨衣”，可能省下的就是一大笔。那水表还在疯狂地转动着，管他有人没人；那电灯还在坚持着，管他是白天还是黑夜……我们的节俭有了口头化的趋势，却是那么缺少动机。那么在一个如此富有的人面前，请问你，还有什么资格去大手大脚呢？在一个如此困乏的社会中，请问还有多少可以去肆意挥霍呢？我们太需要洛克菲勒的节俭精神了，不止我们每一个人，每一个企业，还有我们的民族，我们的国家。

现在就做

对计划保密的最好办法就是马上执行。机会在每个人面前总是平等的，而结果往往总是不一样，这里的差别就在于有的人能够立刻去完成自己的计划，而有的人却寄希望于明天。洛克菲勒告诉我们，成功的秘诀就在于现在就做。

很多人都能说出致富的策略来，可是很少人成了富翁。成败之间最大的不同就是，有些人仅仅停留在口头上，而有的人即刻行动了起来。因为机会绝对不会为了等你而在街边喝茶。洛克菲勒就是这样一位富有远见的商人，当年石油业一片混乱的时候，很多炼油商人都认为应该马上把炼油厂卖掉，以减少损失，这个时候，公司职员约翰对还是会计的洛克菲勒说：“现在正是收购炼油厂的好时机，而且应该是马上收购。”可是第二天，这个人还是回到了公司上班，而洛克菲勒四处借钱，并且很快以低价买下了炼油厂，不到半年时间，当洛克菲勒成了几个公司的老板的时候，这位职员还是在那间办公室里扫地。

人总是不缺乏理想，可是很少有人能够做到说了就马上去做，所以人们难以达到理想中的状态。有两个和尚，一个胖和尚，一个瘦和尚，两人见面时都说有一个心愿：想到南海去烧香。南海实在是太遥远了，胖和尚准备了几年，还没有准备好。几年后两人又相遇了，瘦和尚问："你到南海去过了没有？"胖和尚答道："我还在积极准备，备钱备粮备行李，等准备好了立即就走。你老兄打算什么时候去？"瘦和尚说："我刚从南海回来。"胖和尚准备了3年还未实现目标，而瘦和尚却已经走了一个来回。其实，这全凭他的毅力，靠两条腿、一只饭碗，沿途化缘；凭他的决心，定下了目标，就马上去做。

坏习惯能摆布我们，左右成败，它很容易养成，却很难伺候。而懒惰和推脱就是这样的坏习惯。成功地将一个好主意付诸实践，比在家空想出一千个好主意有意义得多。一位哲学家说："如果你不采取行动，世界上最美、最实用、最可行的哲学也无法得到通行。"行动的哲学往往比那些形而上的哲学教条有意义得多。洛克菲勒在教育孩子的时候说："我一直相信只有行动的人才能获得成功的机会。"那些一味强调成功的人应该反省，他们的行动在哪里。不论天资，只要积极地采取行动了，就接近成功了。计划是重要的，但也必须强调行动的意义。

美国的成功学大师拿破仑·希尔说："做事的秘诀是什么？是行动。而督促你运用这个秘诀的座右铭是什么？是立即行动！"中国也有"趁热打铁"的俗语，然而又有多少人真正做到了马上行动呢？"明天""下礼拜""将来"这样的词语和"永远不可能得到"意义相同。积极的人必然有积极的人生，所以比尔·盖茨看到微型计算机的未来时，毅然从哈佛退学，这才有了如今的微软帝国。要想有所作为，有所成就，就要在目标定下之后，毅然决然地去为此采取行动，而不是等到所谓最佳的时机。

我们每个人都希望等到条件绝对完美的时候再采取行动，可是人类的事情没有一件是绝对完美的，而只有接近完美。等到所有的条件成熟了再去行动，那机会早就被他人拿走了。而这种“现在就做”的习惯，必须是一个积极主动的人才能够拥有的，培养这样的习惯，不需要天分和智慧，只需要一颗坚定而向上的心。

生命的旅途本身就是一场伟大的战役，为了胜利，你需要行动，再行动，永远行动！只有这样，你的安全才能得到保障。

洛克菲勒家族的信条

我相信个人的价值至高无上，个人有生存的权利、自由的权利和追求幸福的权利。

我相信每一项权利都意味着责任，每一次机遇都意味着义务，每一种占有都意味着职责。

我相信法律是为人而制定的，但人却不是为法律而造就的；我相信政府是人民的仆人，而不是人民的主人。

我相信劳动——无论是脑力劳动还是体力劳动——是堂堂正正的；就生活而言，世界对任何人都不欠什么，但它却欠每个人一次谋生的机会。

我相信勤俭是井然有序的生活之必需，而节俭是健全的金融机制之根本，无论政府、商务或个人事务皆然。

我相信真理和公正对社会的长治久安至关重要。

我相信诺言是神圣的，一言既出，如同契约；我相信个人品质——而不是财富、权势或地位——具有至高无上的价值。

我相信提供有用的服务是人类共同职责，只有在牺牲的炼火中，自私的渣滓才能被消除，人类高尚的灵魂才能释放。

我相信全能全知、大慈大悲的上帝——不管怎样称呼上帝；而个人最大的成就、最大的幸福、最大的作为，都必须在和上帝的意志和谐一致的生活中找到。

我相信爱是世界上最伟大的事物，我相信只有爱才能压倒恨，我相信公理能够而且必将战胜强权。

不管如何表述，上述就是全世界一切善良的人们所代表的原则，不论其种族、信仰、教育、地位或职业如何，而为了这些原则，许多人正在受苦受难，献出生命。

只有在这些原则的基础上，才能建立起人人亲如兄弟，上帝亲如父辈的新世界。

比尔·盖茨

BILL GATES

慈善才是最值得骄傲的事业

（1955年— ）

……

他的财富灼伤了亿万人的眼睛，

然而人们最佩服的却是他的远见。

可是那并不是因为他看到了未来的面貌，

而是他本身就是在创造未来。

他不是一个人，

因为他的能力已经超出了“人”的范畴。

他亦不是神，

因为他的作为早已超越了神所能赋予我们的一切。

他是现实社会中用财富创造文明的使者。

比尔·盖茨几乎成了富人的代名词。他一秒钟能够赚到67.5美元，每天可以赚到583万美元，而一年则可以达到21.3亿美元。他一秒钟赚到的，可能是很多人一天的工资；他一天赚到的，则是很多人一辈子的收入；而他一年的工资，可能是一个小国全年的财政收入。如果他是一个国家，他的财产将是全球第三十七富有的国家；如果把他所有的钱换成一美元，可以建一条路连接地球和月球来回14次；要是用波音747来运载的话，大概需要731架。

所以人们一直讨论："假如地上有一块钱，比尔·盖茨会弯腰捡起来吗？"这个所罗门的几千年后的门徒，有着基督徒的品性，他也是慈善的代名词。就算他弯腰捡起了1块钱，也可能会再次放下80美分，留给需要的人。

"电脑奇才""商业天才""时代超人""全球首富""全球第一慈善家"，任谁只要有其中的一个名号，就已经非常难得了，而这所有的称谓都是说比尔·盖茨的。你可以爱他，也可以恨他，可是谁都不可能漠视他。他用一个精明绝伦的大脑培养了超过3000万名百万富翁包括亿万富翁，在30年的时间里开辟了一个全新的时代，这个时代也许必定会到来，可是由于他一个人的力量，至少提前了10年。

你别期盼着能和他一样富有，因为他每年花出去的钱都是一个天文数字。由于他的"挥霍"，地球上会因此而有近百万贫民得到救助，同时还会出现很多新的科技和发明创造，还有医疗上的创新以及对绝症药物的研制，甚至包括中国艾滋病问题以及烟民的戒烟问题，都成为他关注的地方。他所捐赠的钱款甚至超过了世界卫生组织，他成了世界上名副其实的大善人。

所以你最好调整你的目标，因为试图超过他是不可能的。他最崇拜的人物是拿破仑，无论是一个君王的魄力，还是一个军事家的眼光和谋略，都让拿破仑成为他的偶像。他本身就是一个霸气十足的人物，他常说："我是王，我能赢。"他在30年前的豪言壮志——"希望每一个人桌子上都有一台电脑"，无异于现在某个人说"希望以后每个家庭的院子里都有一架宇宙飞船"。可是他的确做到了，这在几十年前几乎就是一种幻想，可这些都在一个天才的大脑下建构并且实现了。

他的竞争对手称他为"最恐怖的人，任何想与他一较高下的人都会死得很快"，业界的人士感慨地说："可怕啊，微软的吞噬力，像黑洞，汲取了一切有价值的创意；像鲨鱼，哪里有了财富的腥味就会出现在哪里；像机器，从不知倦怠。"可是他注定是一个为人类历史永久铭记的人物，他用科技把人类带到了一个便捷的时代，又用财富把人类最圣洁的仁慈施恩于他人。他是财富和仁爱的王者，赢得了整个星球的光辉荣耀。

两次改变世界的人

改变世界是许多人的梦想，可是两次改变世界是谁都不敢想象的。比尔·盖茨一生竭力完成两件事情，一个是计算机科技，另一个是慈善事业。前者直接推动了人类社会的第三次工业革命，而后者则纠正了富人对于财富的认知。每一次都是惊天动地的巨变，每一次都在巨变中把人类世界变得更加美好。

1955年10月28日，比尔·盖茨出生于美国西北部华盛顿州的西雅图。祖母奥黛丽给他起了一个外号——特利（Trey）。Trey在英语中的意思是三点的纸牌、骰子或骨牌。盖茨后来也确实成了一名扑克牌高手，天才的智慧在生命的最初阶段就有了表现。

一个好的家庭教育胜过了一所好大学。做律师的父亲和做过教师并热衷于社会工作的母亲，为孩子们营造了一个快乐向上的家庭氛围，他们延续了盖茨家族强烈的竞争意识，常常组织家庭式的奥林匹克运动会，小比尔此间体现出超强的好胜心，做什么都竭尽全力，对任何比赛都体现出“我要赢”的强烈渴望。在学校图书馆查找放错位置的书时，他会毫不松懈地寻找而顾不得休息。一套《世界图书百科全书》是他8岁时的最爱，而那套书的高度已经相当于他身高的三分之一还多。盖茨对此回忆说，孩提时，他心中就有一个想法：让思想走在年龄前面。如果老师让他写一篇4页的作文，他常常是写到20页，而让写一篇小故事，他有一次甚至写了300页。

他总是要求自己不断变强。当比尔·盖茨第一次接触到计算机时，他的心被点燃了。对于一个13岁的孩子来说，这个超级玩具简直太有趣了，他立刻沉迷于此，对其他事几乎完全失去了兴趣。通过勤奋的学习，外加一点天分，比尔·盖茨很快掌握了计算机的使用，他被同学们称作“电脑狂人”。

他似乎没有必要经历年轻，因为年纪轻轻就已经出人头地了。1972年，TRW资讯科技公司将一个客户工资表程序设计任务交给了比尔·盖茨。他不仅组建了自己的工作小组，而且还顺利地完成了任务。不同的是，当比尔·盖茨与这家公司商谈报酬时，他并不想按工时付费，而要从版权中抽取专利费。这一举动表现出比尔·盖茨的商业远见，也让小组成员刮目相看。

完成TRW公司工作后，盖茨返家归校。1973年，比尔·盖茨于湖滨中学高中毕业，他以全美杰出中学生的身份同时被普林斯顿、耶鲁和哈佛大学录取。他最后选择了哈佛，并于1973年秋季入学。湖滨中学的弗农·哈林顿在写给哈佛大学的推荐函中说：“作为一名十年级学生，比尔·盖茨在湖滨中学是出名的一流电脑奇才。这位天才男孩的数学运算速度比他的师长还快……在高中生涯的最后两年，盖茨的兴趣朝多方面发展。”

然而，这一时期的比尔·盖茨并没有想到今后到底要干什么。直到1975年，比尔·盖茨和保罗·艾伦决定发展一种新的程序语言，为此，他们两个人整整疯狂地工作了3个月。比尔·盖茨化繁为简的天赋再次发挥了作用，程序很快写了出来。按着他当时的说法就是：“那是我写过的最酷程序。”比尔·盖茨和保罗·艾伦把他们编写的程式语言（即BASIC语言）卖给MITS公司，获得3000美元。他们的BASIC版本成了第一种个人电脑语言，个人计算机（PC）革命从此开始！

就在比尔·盖茨毕业在即时，他却作出了一个出人意料的决定，他毅然离开哈佛大学，准备开创自己的事业，实现自己的梦想。他说：“我之所以辍学，只因为我当时有个理想——创立第一家微电脑软件公司，而且这个理想一刻也不能耽搁。”一刻都没有耽搁，也的确耽搁不得。

离开哈佛大学的比尔·盖茨，与保罗·艾伦一起把志趣相投的人重新召集起来，继续他们不落俗套的生活和工作方式。一开始，他们待在灰尘弥漫的汽车旅馆里，然后为了节约开支，合租了一所公寓。他们利用大部分的时间写程序、吃比萨、赶着去看电影，或是在午夜时分坐上盖茨的保时捷跑车疾驰在沙漠之中。经过几年的努力，微软公司不仅建立起扎实的企业文化，还积累了坚实的经济基础。

1980年夏天，一个历史性机会降临到盖茨头上。计算机巨头IBM作出了涉足PC的重要决定，急需找到一种相应的操作系统。这一次，幸运再一次降临在比尔·盖茨身上，MS-DOS系统的成功为比尔·盖茨的霸业奠定了基础。随着IBM个人电脑的热销，MS-DOS的版权使用费也向微软大量涌来。同年，比尔·盖茨聘请他的哈佛同窗好友史蒂夫·鲍尔默担任总裁个人助理。从此，微软完成了过渡时期的最后阶段，从草创企业转型成专业管理的公司，盖茨当时一面乘着“杜瓦”号游艇在加勒比海度假，一面与鲍尔默商议工作条件。

6年后，微软股票首次在纽约股票交易所上市，第一天开盘价为每股25.17美元，一周后飞升到35.5美元。盖茨在他31岁那年，拥有的股票价值超过10亿美元。此后的微软一发不可收，从Windows到Office办公系统，从多媒体软件到网络产品，微软总是拿出最成熟的商用产品，一个软件帝国就此建成。随着微软帝国的不断扩大，比尔·盖茨的个人资产也在不断向上攀升，从1995年起的十几年间，比尔·盖茨一直稳稳地坐在世界首富这个位置上，他的个人资产更是达到580亿美元。

比尔·盖茨是个典型的工作狂，这种品质他早在湖滨中学时期就已表现得淋漓尽致。成为微软公司总裁之后，比尔·盖茨依然如此。他的行程被安排得满满的，累得他筋疲力尽。就在这时，母亲的一句话改变了比尔·盖茨，他母亲说：“获得上天越多赋予的人，被期待的也越多。”这句话让比尔·盖茨开始重新思索人生和周围的世界，许多他原来埋在如山事务底下的事情进入视野，许多原来看似无足轻重的事情提到了最前面的位置——这其中就包括慈善事业。

其实在创业之初，盖茨也接到了无数的捐赠邀请。可是盖茨的回应是：“我有一个公司要管理，我为社会能做的最好的事情就是让这个企业成功。”可是事情之后就发生了转变。1993年，盖茨前往非洲，当地人民的极端贫困震撼了盖茨的心灵。在老父亲的倡议下，他拿出了9400万美元建立了基金会。第二年，他又与虔诚的基督教徒梅琳达结为夫妇，梅琳达相信慈善与灵魂有关，在她的帮助下，盖茨基金会越来越大。盖茨夫妇也因此当选为《时代》周刊评选的2005年度风云人物。

比尔·盖茨秉持着“取之于社会，用之于社会”的理念，踏上了慈善旅程。最初的6年时间，比尔·盖茨投下近300亿美元，将近他总资产的五分之三，基金会也成了世界最大的慈善组织，这是世界上最重要的组织之一，这个基金会已经拯救了至少70万人的生命，还不包括间接拯救的。在他影响下，当时的全球第二富豪巴菲特也于2006年6月宣布将370亿美元捐给盖茨的基金会。巴菲特开玩笑地说：“这个世界上，只有盖茨才知道我不是一个吝啬鬼。”

在接受《财富》杂志采访时，比尔·盖茨说：“在这世上有一些人，一天只有1美元的收入，却因买不起2美元的药治病而丧命。他们可能很年轻，年轻到来不及实现自己的梦想，看不清楚世间的模样便离去。明明有药可医，却因贫穷而死的人，时时刻刻，无所不在。这些生命所受到的对待，仿若他们的生命毫无价值。当你拥有资源，而这资源可以创造巨大影响力时，你不能置身事外对自己说‘好吧，等我60岁再来做善事，先等等吧’。”

2008年，比尔·盖茨再次作出惊人的举动，他向830名微软代表发表告别演说，正式宣布辞去执行董事长的全职工作，今后将全身心地投入慈善事业中去。不仅如此，他将自己的580亿美元的财产全部捐给比尔·盖茨与梅琳达基金会，自己未留一分一毫。比尔·盖茨的这个决定震惊了整个世界，对此，他只是淡淡地说道：“我只是这笔财富的看管人，我需要找到最合适的方式来使用它，而帮助那些需要帮助的人就是最好的方式。”

做一个有意思的人

人不是因为美丽而可爱，而是因为可爱而有意思。人生的意义也不在于时间的长短，而在于如何使用时间，不是使用它来使自己成为一个十全十美的人，而是要成为一个有意思的人。有意思的人指的就是心灵可爱、生活精彩的人。

盖茨天资聪明，却还是不免在课堂上睡觉，老师问他原因的时候，他就一直盯着老师，最后老师也没有办法，因为虽然他不怎么听课，可是成绩依然名列前茅。他的一个朋友告诉老师说："他已经36个小时没有睡觉了。"可是就算睡觉，他也一点不老实，总是把一张毯子盖在脑袋上，然后不管周围的环境多么吵闹，他也依旧可以酣睡。

他的家人说他从小就是一个有趣的孩子，而他的员工则说他一直是一个有趣的领袖。他参加会议的时候喜欢晃动膝盖，与人争论的时候不停地晃动着胳膊，甚至有时候还说出一些粗话来，他很富有也很幼稚，却幼稚得异常可爱，在控制情绪上，他从未成熟过。

不止于此，他还有一张长不大的娃娃脸。他的对手们在第一次看到他的时候总是很难保持警惕，因为谁都不会想象到这样一个头发蓬乱的大男孩，居然是一个心计重的家伙。门卫说他看上去像是一个仓库保管员，可是他偏偏是一个令人敬畏的商业天才。而这所谓的敬畏又往往体现在一个漫长的夜晚，只见他坐在电脑前，一边吃比萨，一边喝着可乐，编着电脑程序。人们还得一个劲地提醒他，"你是世界首富。"他却跑过来对你说："喂，你好，我们一起去吃热狗吧。"

一个真正有意思的人，是指有思想，有激情又聪明可爱，有趣而纯真的人。没有职业的区别，有的只是一种姿态的肆意，好像没有什么可以约束到他们的行为，又用莫名其妙的行为和语言让你吃惊。他们的观点和行为总是会和你预料的有些出入，而每一次的出入都带给你惊奇和冲击。就好像你准备虔诚地请教几个关于“职业”的问题时，他们会突然来上一句：“我不知道什么叫职业，我只知道卖软件，扯着嗓子满街地喊。”

在西方国家，对一个人最高的评价不是歌功颂德，而是说“他是一个很有意思、很可爱的人”。对一个人最恶毒的骂法不是脏话，而是说“他是一个没意思的人，无聊透顶的家伙”。

西方人比我们更在意职业和生活的乐趣。一位哈佛大学毕业的学生准备毕业了来中国生活两年，以了解这个国家，可是他需要为人打工赚取费用，要知道，他本来可以拥有一份年薪20万美元的工作，当人们问其原因的时候，他答道：“全世界都在了解中国，我觉得了解中国是比工作更有意思的事情，赚钱，以后有的是机会。”

而我们当代中国人呢？越年轻就越想趁着年轻去做一番大事业来，可往往只是把自己卖给了地产商：向父母借钱购得一套房子，又不得不“忠心耿耿”地去供奉贪得无厌的房地产商和汽车商。在最初的梦想完成之前，我们的朝气、勇气通通都被吞噬了。工作成了唯一的奢求，都以为能够从空洞的青春里面捞出一些东西来，只不过是年复一年的惆怅而已。不是因为工作是有趣的事情，而是根本没有考虑过“有意思”这件事，追求的只是生存，而不是生活。

一个商人在菩提树下看到了一个衣着破烂的老翁在编织帽子，于是他说：“我给你一大笔钱，你给我编织1万顶这样的帽子。”精明的商人以为穷困的老翁肯定会高兴地答应的，没想到老翁说：“那怎么可以呢？我每天编织一顶不同的帽子，这是我的快乐和梦想，编织1万顶会让我的快乐和梦想在不断地重复中消失的，那么我的生活哪里还有乐趣呢？”一个真正懂得生活乐趣的人绝对不会为金钱所累，一个真正有意思的人也往往比“金钱的奴隶”过得更加惬意和自由。

社会的确是在进步，人们也的确富裕了，可是我们少了很多有意思的中国人。丢失我们本身固有的幽默和智慧都成了这个财富增长的高昂成本。我们变得更加胆怯了，在无数的“有钱人”面前，我们是如此自卑；我们又变得更加莽撞了，荧幕上的那些奢侈的富人生活，让我们更加歇斯底里地冲动——去成为下一个富人。这是一个死胡同，生活的乐趣一下子被带进了地狱里。

财富并不是生活的全部，一味地追求财富也不叫生活。幸好我们还都活着，我们还有机会去做一个有意思的人。向你周围的有意思的人学习吧，成为他们的朋友；劝劝那些没有灵魂的“机器部件”吧，生活本来是精彩的，与人有关；做一个有意思的人吧，生命会因此更加绚丽多彩。也只有一个懂得生活，懂得人生意义的人，才能真正懂得如何获取和使用财富。

你往往只有一次机会

一个失败者最好的借口往往是没有机会，而一个成功者最大的优点往往就是把握住机会。机会往往只有一次，伟大和渺小都是机会造就的。并不是人创造了机会，是机会创造了人。人只能把握机会，把握好仅仅一次的机会，他就可以成为俊杰。

20世纪80年代的IBM是一个令人敬畏的商业怪物，在PC行业呼风唤雨，1984年，甚至创造企业利润的最高历史纪录——66亿美元。但是很快康柏计算机公司开始崛起了，IBM有了危机。这个时候的比尔·盖茨虽然已经小有名气，但是在这些大公司面前，还是显得很渺小。当比尔·盖茨听闻IBM对康柏公司的担忧之后，立马决定寻求与IBM的合作。而此时的IBM实际上已经在和另外一家软件公司进行谈判，而盖茨为了不失去这个绝佳的机会，多次主动去和IBM接洽，最后终于有了这么一次机会。

当机会向你微笑时，你要赶紧拥抱它。正是由于IBM的推广，才使得微软有了发展的平台，也才有了之后的微软帝国。而之前与IBM谈判的那家公司，早已经叫市场淘汰了，不能说那家公司没有机会，只是它没有像比尔·盖茨这般懂得争取和把握。比尔·盖茨懂得，机会往往只有一次，失去了就再也不可能会再来。

成功者从失败中看到机会，而失败者往往让机会在眼前消失掉。一家农产品企业与一家外国企业达成了良好的合作关系，可是某些农民为了获利，在农产品中作假，对方发现之后，就立刻中断了与中方的合作。当我们的企业去和对方沟通时，那家企业的代表回答说："在我们国家，企业是不允许有这样的情况的，因为每个企业只有一次机会，是绝对不允许犯错的。"

机会老人往往先给你机会抓他脑门的头发，如果你错过了，那么你再也抓不住他的秃顶了。因为机会只有一次。侥幸心理是不可能把握时机的，往往是失去机会的主谋。在机会面前优柔寡断也是不可能把握机会的，往往是杀死机会的真凶。

有一个人碰到了一位神仙，神仙告诉他一定能够娶到一位漂亮的女子为妻，并且能够得到光宗耀祖的荣耀。可是这个人一直到临死都没有得到这些，这时神仙又出现了。神仙看着他一脸的疑惑，解释道："你是不是喜欢过一个长发女子，你也曾为她彻夜难眠，你还写了很长的一封情书，可是你害怕拒绝，害羞并且胆怯，所以你并没有得到她，要知道，她本来是你的妻子，可是现在她和别人已经结婚了，还有3个孩子，本来这些都是你的。”

神仙接着说：“你是否还记得上次的大地震，当时别人家的屋子里还有几个小孩，你本来是可以去救他们的，可是你害怕你自己家里的东西被人抢走了，所以你只是看着，看着另一个人冲了进去，救出了那些孩子，他成了你们村子的英雄，其实他就是你喜欢的那女子的丈夫，如今他的名字还被刻在你们村头的庙里，本来这些都是你的。”这个人呜咽了一下，就离开了人世。

老天并没有忘记为我们作出安排，可是我们常常忽略了机会的存在，还倒过头来埋怨上天的不公平。这个社会的步伐已经快得让我们眩晕，在我们立足未稳的时候，机会其实已经来过了，可是我们只有三寸的目光哪里还看得到五寸处的机会呢？所以我们往往是看着别人的成功，而自己还在掰着手指头算着：机会什么时候会来呢？

我们还常常为面前的机会感到担忧，患得患失的结果是劳而无获。机会往往只有一次，泰戈尔说：如果你为失去太阳而落泪，你也将失去繁星了。就好像闪电一样，绝对不会两次击中一个地方。要记住，机会是不守纪律的。

保持活力

达尔文说：能够生存下来的物种，并非最强大的，也非生存环境最好的，而是最具活力的。

比尔·盖茨已经于2008年6月27日正式退出了微软。可是要问起他在同事们心目中的形象的时候，相信与他一起工作了28年之久的CEO鲍尔默最有发言权了。“他是一个内向的小伙子，不太爱说话，但是浑身充满了活力，尤其是一到晚上就活跃起来。当时的情况是，经常在我早上醒来时，他才准备睡觉。”鲍尔默在接受《华尔街日报》采访时，如此形容比尔·盖茨。鲍尔默说得对，活力才是首富成功的最关键因素，这是比尔·盖茨留给大家最好的礼物！

领袖的作用不只是决策和判断，还要在公司员工面前作出最好的表率。在微软，人人都是充满活力的，这既是公司的规定，也是各自的追求。在竞争如此激烈的时代里，任何的懈怠都可能导致被淘汰出局。

玫琳凯是美国著名的女企业家，从最初的5000美元起家，到如今年营业额20亿美元的化妆品帝国，她的成就就在于激发她的员工的活力，而这得益于一个故事：

当年，玫琳凯邀请一位著名人士到公司演讲，可是这位人士的飞机晚点了，当主持人的玫琳凯只好先给员工们念一些对这位人士的赞美之词，当这位人士到达现场的时候，玫琳凯见这位人士在后台不停地捶着自己的后背。她有些担心了，直到这位人士在台上激昂的演讲完毕之后，玫琳凯才放下心来，她问其捶背的原因，这位人士回答说：“由于家里的事情以及飞机晚点让我的情绪很低落，可是我知道你是让我进行一次激昂的演讲来鼓舞你的员工，所以我用力地捶背，我知道活力对一家企业的重要性。”玫琳凯以后就遵照这样的结论，不断激发员工的活力，这才有了化妆品帝国的成就。

随着竞争的加剧，人类似乎朝着两个极端发展，有的人继续保持活力，在竞争中更显得生机勃勃，活力四射，而有的人则逃避现实，在慵懒中把青春荒废掉。可是只要是有上进心的人，都能体会到活力对于成功的意义。不只是获得财富和社会地位，更在于心态的改变，我们会因为我们的活力而变得更加乐观，积极向上。就算是遇到挫折，也不会影响到我们对于生活的情趣。

我们渴望事业有成，希望人生美好，希望在人生征程中遇到艰难、曲折、困境、厄运时，不向障碍屈服，做自己命运的主人；希望自己与外界有良好的关系和积极的影响力；希望在当今瞬息万变的时代，以自己的勃勃生机和奋发进取的精神适应这个时代。做一个有活力的人，就算他的身体累了，可他的精神永不停歇，他的世界里不会有失败。

活力是一种自我意识，一种生活态度，活力也是一种重要素质，它不会自发产生，但却会自行丧失；活力由自我行动去塑造、开发，同时又依靠自我警醒努力去保持。做一个有活力的人，我们的人生就会不同。

最要紧的是远见

在所有的天才的成功因素里面，至少有一样是相同的，那就是远见。缺少远见的人只会摸到眼前的糖果，而有远见的人心里装着整个世界。

在接受美国CNN电视台采访时，比尔·盖茨说："人们总是问我微软成功的秘诀。他们想知道我们公司从两个人的小本经营到一家拥有两万名雇员和年利润超过60亿美元的秘密。当然，不会有一个简单的答案，但是我不得不强调一点，那就是远见。最要紧的就是远见，我从来都是用望远镜来看这个世界的。"

比尔·盖茨把他的成功归结于远见，他的确也是这样一位有远见的人。在建立公司之初，同伴保罗希望建立一个硬件和软件齐步发展的公司，而比尔·盖茨强调必须专注于软件，因为硬件生产商很多，而且实力都很强大，而软件的未来会更加明朗，所以才有了今天的微软。在公司成立不久，美国计算机大会在达拉斯召开，这是计算机行业的最高规模的盛会，可是参加大会需要一大笔花费，这是很多中小企业不愿意参加的原因，因为这可能会掏空公司的财务。可是比尔·盖茨还是毅然前往了。

一个优秀的企业家并不是一个赌徒，而是需要远见，这样才能在未来的发展道路上坚定方向。这个时候的比尔·盖茨还只是一个小公司的老板，但是他明白，这个大会里面的商机和信息的价值远远超出了这笔费用，于是他毅然参加了。他还不失时机地在大会上发言，引起了众多大企业的关注，这也为其以后公司的壮大埋下了伏笔。

一个有远见的人总是和伟大联系在一起的。因为他的预见性总是让人瞠目结舌，就好像历史是他们编撰的一样。而在人的一生中，最要紧的就是预见，就好像是下国际象棋，只有那些有预见性的人才能获胜。这个社会纷繁复杂，各种因素相互交织，要想取得成就，没有远见是不行的。

好的时候不要看得太好，坏的时候不要看得太坏，塞翁失马的故事里那个老翁就是一个有远见的人。如今不是一个“闷头做事”就能取得成绩的时候了，不顾及未来的蛮干只会是做无用之功。更重要的是远见，它可以使你事半功倍。

1944年，美国的一个军事观察团参观延安，参观团中的代表之一斯图亚特后来回忆说“毛泽东是一位令人难以忘怀的人物”。当他询问所有的延安军事将领关于毛泽东最让人佩服的地方的时候，答案是难以置信的统一，都是“他是一个有远见的人”。从早期坚持打游击战，从农村包围城市的军事策略，到后来的抗战时期，“论持久战”的预判，都显示了一位军事天才的远见。这也是中国革命无往不胜的重要保证。

不论是战术，还是商道，最重要的就是远见。富豪李嘉诚说：“最要紧的就是要有远见，杀鸡取卵的方法是短见的表现，是注定不会长远的。”远见能够告诉我们需要什么，可能获得什么，然后再召唤我们去行动。当我们心中有了这样一幅宏图，我们就能从一个成就走向另一个成就，最后达到更高更好的境界。这样，我们就拥有了无以衡量的永恒价值。这就是远见的意义。

约翰·皮尔庞特·摩根

华尔街的「拿破仑」

JOHN PIERPONT MORGAN

（1837 — 1913）

……

他才不管你是钢铁大王，还是石油大王，

只要是他想要打败的，就没有对手；

他也不管你是日不落帝国，还是美利坚合众国，

只要是他想帮助的，就没有困难。

他就像昔日在战场上的拿破仑，

而拿破仑顶多只能是在欧洲大陆一声怒吼，

他却在这个星球上空咆哮，整个星球都为之胆战心惊。

假如说上帝在几千年前创造了这个世界，

那么摩根就在20世纪初重组了这个世界。

他是一个阴谋家，可是他的智慧，他的霸气，他的运气使他成了全球最有权势的富豪，他曾经说过："政府和法律没做的事情，让钱来做！"这个华尔街霸主的话在美国大地上回响了一个世纪。然而，如他一般强大的华尔街统治者之后再也没有出现过。诚如《华尔街日报》所说："上帝在公元前4000年创造了这个世界，摩根在1901年重组了这个世界。"

他才不管你是钢铁大王，还是石油大王，只要是他想要打败的，就没有对手；他也不管你是日不落帝国，还是美利坚合众国，只要是他想帮助的，就没有困难。他就像昔日在战场上的拿破仑，所向披靡，战无不胜，而拿破仑顶多只是在欧洲大陆一声怒吼，而他却是在这个星球上空咆哮，整个星球都为之胆战心惊。

这位金融大鳄，一边吞噬着财富，一边又在证明一个虔诚的基督徒的信仰。爱他的人很多很多，恨他的人也很多很多，可是这都对他不起任何作用，反倒是他用基督徒的角色给予了这些人加倍的补偿。

约翰·皮尔庞特·摩根，这个曾让世界为之颤抖的人，他的一举一动就好像是这个地球的呼吸，左右着整个星球的金融命脉，甚至包括美国政治的走向。他不仅是墨西哥、阿根廷等国家的最大"债主"，甚至连英、法这样的老牌资本主义国家在关键时刻也不得不向摩根寻求经济上的援助。财大气粗的洛克菲勒财团曾被他无情地踩在脚下，钢铁大王安德鲁·卡内基也曾遭受他几乎致命的打击。他的名字就是华尔街的代名词，但与其说他是华尔街的帝王，不如说他是美国权势和意志的幕后主宰者。

一个世纪之前，约翰·皮尔庞特·摩根像巨人一样支配着整个金融世界，在华尔街上呼风唤雨，在金融帝国不断缔造一个又一个神话。他所创建的庞大金融帝国，控制着全美四分之一的资本，全美三分之一的金融资本以及65%的保险业，167名董事尽心听着他的指令，再向世界各地的金融中心传输。这个私人银行家硬是成了美国政府的保护神，要知道，那是一个绝对桀骜不驯的政府，却如此依赖摩根的庇护。

他是当之无愧的“华尔街之子”，也完全配得上“华尔街的拿破仑”的称谓。他从来就不在乎坐在华盛顿白宫里的那个人是谁，就连不可一世的罗斯福总统也对其恭敬有加。《华尔街日报》感慨道：“摩根的死标志着华尔街一个时代的消逝，摩根不会有后来人，新的华尔街时代由一人统治已经变得难以实现。”

全世界的债主

他似乎是含着金钥匙出生，可以打开任何一座宝库；他似乎从来都是“被亏欠”，所以他超出了财富的范畴，而成了权势和意志的支配者。他是全世界的债主，这样的债主历史上只会有这么一位。约翰·皮尔庞特·摩根这个名字就是华尔街的代名词，这位脾气暴躁的金融大亨让总统和众多的亿万富豪成为他的棋子与工具。

美国人认为他们有两个首都：政治首都华盛顿，经济首都华尔街。华尔街代表金钱，华盛顿代表权力；华尔街是自由竞争的象征，华盛顿是政府管制的渊薮；华尔街的哲学是自由放任、自我约束；华盛顿的信念是政府监管、法律规范。华尔街更是纽约金融界的晴雨表，它是美国经济繁荣的象征。而在一个世纪前，华尔街的真正大佬就是约翰·皮尔庞特·摩根，一个对美国总统指手画脚的人。

1837年4月17日，约翰·皮尔庞特·摩根出生在美国康涅狄格州小城一个富有的家庭，他的父亲基诺斯·斯宾塞·摩根从16岁开始就闯荡波士顿的商行，后来投身英国伦敦金融界，成为伦敦金融界令人刮目相看的金融大师。也许正是因为这种特殊的家庭氛围与商业熏陶，摩根从年轻时就敢想敢干，极富商业冒险和投机精神。尽管摩根看起来是一个同其他孩子一样的普通人，但是华尔街未来的方向却因他而发生了巨大改变。

随着年龄增长，摩根想要建功立业的欲望愈加强烈。他的第一桶金充满了冒险和刺激的色彩，1857年，刚刚大学毕业的摩根在一次偶然的机会中买下了一整船的咖啡豆，并通过卖主介绍收购了其他咖啡船的咖啡。在别人看来，在对咖啡豆质量一无所知的情况下，摩根的行为无异于疯子。幸运的是，就在他买下这货不久，巴西咖啡因受寒减产，价格一下猛涨了两三倍，摩根赚得了第一桶金！为此，老摩根对儿子大加赞许。

冒险不是赌博，但是冒险才能获得财富。出于对儿子能力的信任，老摩根在华尔街开了一间摩根商行。在这里，摩根开始了他的发迹生涯。当时让摩根最感兴趣的是坐落在华尔街一栋古老建筑地下室的黑市交易所，摩根经常到那里去看热闹，并从中体味证券交易的门道，还在那里认识了一些朋友。当时美国南北战争已经爆发，一次在和朋友闲聊中，摩根得知北方军队伤亡惨重，他顿时联想到，战争一定会引发黄金价格上涨，于是他和朋友秘密买下了500万美元的黄金，把一半汇给当时的金融中心——伦敦时，故意泄露出北军战败的消息，由此引起金价上涨，然后再把手里的一半抛出。就这样，摩根又大赚一笔。尝到甜头的摩根越发意识到，抓住机会，冒险就是财富。

在当时，美国的各大企业为了能够在激烈的竞争中生存，开始组建各种联盟与托拉斯，就连铁路运输业也未能逃脱企业联合的命运。在战争中发了不少财的银行家摩根当然不会放弃这个大好机会，他有着强烈冒险精神和丰富的作战经验，也注定会击败所有对手。在那段时间里，摩根一点点地“吞噬”着美国的铁路，并逐渐实现对铁路的垄断。

1894年秋，美国财政遭遇了黄金挤兑危机。格罗弗·克利夫兰总统为了救济金库空虚带来的经济恐慌，必须立即筹集到一笔至少1亿美元的资金，但国库存金只不过区区900万美元。摩根很清楚政府到了无计可施的地步，于是同贝尔蒙组成一个辛迪加，承办黄金公债，这样既可解救财政部危机，又可获得高额利润。虽然他们的苛刻条件令美国政府难以接受，美国总统无奈之下还是召见了摩根。摩根坐在白宫看着克利夫兰总统说：“现在，我手头就有一张1200万美元的支票没有兑现……要不要我在这里拍电报，现在立刻汇到伦敦去呢？”克利夫兰总统不得不以去洗手间为名，每隔5分钟与在外等候的财政部部长商量对策。摩根吸着总统讨厌的雪茄烟，耐心地等待着对方的回答。最后，摩根成功了，在帮助政府渡过难关的同时，他还收获了1200万美元。为此，摩根赢得了伦敦和美国金融界的信任和肯定。

一个野心家是不懂得满足的。摩根并不满足于自己在铁路上的成功，他很快就把目光投向了新的目标——钢铁业，而这个领域的第一人当属“钢铁大王”卡内基。当摩根提出购买申请时，与摩根素有恩怨的卡内基故意将报价提高到当时市值的1.5倍，然而摩根丝毫没有讨价还价，当即以4.8亿美元买下了卡内基钢铁公司。从此之后，美国进入了“摩根时代”，铁路界、钢铁界和金融界的经营都带上了浓重的“摩根化”色彩。当时财大气粗的洛克菲勒财团，也不得不听命于摩根。

1898年，美西战争爆发，世界各地的财团都惧怕因为墨西哥政府破产而不敢购买墨西哥国债，而摩根敏锐地感觉到，国际投资时代已经到来，购买墨西哥的国债，对以后的生意大有帮助。于是他成了墨西哥政府的最大“债主”，后来事实证明摩根是对的，不仅华尔街、庞德街，就连法兰克福及巴黎的商人们都佩服摩根头脑敏捷、判断准确，不得不承认自己无论是在眼光上还是在魄力上都和摩根相差太多。

当人们佩服摩根在墨西哥的行动时，他又开始在阿根廷以救世主的形象出现。当时，经过1864年到1870年与巴拉圭的战争后，阿根廷元气大伤，到了19世纪90年代，即陷入了经济危机之中。而摩根看重的是阿根廷以后发展的潜力，于是他毅然购买了7500万美元的阿根廷政府公债。这还不算什么，最令摩根得意的是，大英帝国也开始向他求援。当时英国因为在殖民地频繁作战，还要和德国展开军备竞赛，财政陷入了极端困难的状态，于是不得不向摩根提出求助，摩根痛快地答应下来，先后认购了价值高达1.8亿美元的政府公债。在这一系列的活动之后，毫不夸张地说，到20世纪初期，摩根已经成了世界债主。

1907年，美国资本市场再次爆发了金融危机。由于农业收成的季节性因素及货币、信贷的周期性因素凑到一起，又由于一家受全国银行系统管制的银行拒绝向一家未接受管制的信托机构结清资金，导致金融恐慌，其结果是银行挤兑，引发美国经济史上最剧烈的一次经济萎缩。摩根本人当时在伦敦和巴黎度假，回到美国不久，纽约证交所主席亲自找上门来，他声音颤抖地祈求说，如果不能在当天下午3点之前筹集到足够的资金，至少50家交易商将会破产，他除了宣布关闭股票市场之外将别无选择。摩根打了一个哈欠，在一张支票上签了字。摩根又一次拯救了美国。

然而，约翰·皮尔庞特·摩根晚年有些悲凉，其实西奥多·罗斯福总统在上台之后，虽然对摩根恭敬有加，可是摩根还是感觉到了他的强硬态度。西奥多·罗斯福认为国家面临两个危害：一是暴民，二是托拉斯。他的口号是“制服托拉斯”。在其两届任期内，提出了43起反托拉斯的起诉案件。这些事件标志着美国政府干预和调控经济的政策已经出台，罗斯福还特别指出，某些财团的力量实在是太大了，大得足以挑战国家政权。毋庸置疑，罗斯福总统所指的就是摩根财团，到1912年，摩根财团控制着53家大公司，资产总额127亿美元。这些资产中，有金融机构13家，30.4亿美元；工矿业公司14家，24.6亿美元；铁路公司19家，57.6亿美元；公用事业公司7家，14.4亿美元。

1912年，摩根财团的豪华游轮“泰坦尼克号”沉入海底。摩根本来也订了“泰坦尼克号”上的头等客房，但在开船前24小时突然改变主意。他尽管幸免于难，但并没有因祸得福。美国国会开始对摩根财团进行调查，指控财团涉嫌刻意控制美国的财政命运，当时75岁的摩根曾被迫出庭接受国会委员会的问讯，这导致他精神崩溃，在两个月后去世。不久，美国政府成立了联邦储备体系（从而以国家机构取代了以往的私人银行协会对金融的控制），也算是对摩根这位昔日金融领主最瑰丽的悼词。

性格决定人生

我们每个人都在纺织一件无形的外衣，从孩童到年迈，它渗透于我们吃饭、走路以及待人接物的方式之中。这件外衣就是我们的性格。英国大文豪狄更斯说：“一种健全的性格比一百种智慧都更有力量。”这种力量足够左右你的人生。

人生好比一根水泥石柱，知识和道德就是水泥，而性格才是钢筋，所以决定一个人的修养和成就的往往是他的性格。在约翰·皮尔庞特·摩根身上，人们很容易感受到一种钢筋一样的执着，有时候显得有点固执，这种对自己信仰的坚定和执着追求，让摩根身边的很多人因为无法忍受这样的压力而离开了摩根，而唯有摩根自己仍然像铁人一般地工作，这样的执着不得不让人钦佩！

有位美国记者采访摩根："决定你成功的条件是什么？"老摩根毫不掩饰地说："性格。"的确，翻开摩根的奋斗史，无论他成功地在欧洲发行美国公债，慧眼识中无名小卒的建议大搞钢铁托拉斯计划，还是力排众议，甚至冒着生命危险推行全国铁路联合，都源于他倔强和敢于创新的性格。他不喜欢读书，也没有演讲天赋，而且总带有几分腼腆又不擅辞令，他做事情的方式不是说"你可以如何，你能够如何或是你应该如何"，而是说"我将如何"！他有着敏锐的洞察力，但他的语言表达又缺乏逻辑。他在表面上我行我素，甚至有些粗暴，实际上，他也从不因遭到反对而改变自己的方式，他无法放弃自己决定要做的事情，也同样不会对你有任何过多的解释。这个个性十足的人物，毫无异议地成了华尔街之王。

其实任何人都有自己独特的性格，这种性格没有对与错的区别，却是一种无形的力量，左右我们人生的方向。一个霸气十足的人肯定不会有一个懦弱的人生，而一个胆怯的人也绝对不会有英雄般的人生。然而性格是具有可塑性的，就好像我们的人生，也可以因为我们的努力而发生改变。霸气的人也可以成为诗人，而胆怯的人最终也能够成为勇士。

一双42码大的脚，假如碰到一双35码的鞋子，那么最明智的做法是换一双，而不是强迫自己的脚去适应这双鞋子。性格并没有优劣之分，而只有适合与不适合，所以我们完全没有必要因为环境变了就去改变我们的性格。只要我们的初衷是和我们的性格保持一致，我们的人生就会努力去和我们的性格相匹配。

19世纪末，一个男孩降生于布拉格一个犹太人家里。随着男孩的一天天长大，人们发现他虽生为男儿身，却没有半点男子汉气概。内向而敏感的性格让男孩看起来很没出息。男孩的父亲竭力想把他培养成一个标准的男子汉，在父亲那粗暴、严厉却又很自负的培养下，他的性格不但没有变得刚烈勇敢，反而更加的懦弱敏感。他在惶惑痛苦中长大，他整天都在察言观色，常常独自躲在角落处悄悄咀嚼受到伤害的痛苦，小心翼翼地猜度着又会有什么样的伤害落到他的身上。看他那样子，简直就是没出息到了极点。他不能去打仗，不能去当能说会道的律师，可是你知道他后来的命运吗？

他就是世界上最伟大的文学家之一的卡夫卡。正是这样懦弱的性格和敏感的神经，让他对于人生有了更细腻的理解。他的人生就是由他的性格决定的。

有两个人，一个喜欢笑，一个却习惯性沉默，他们都认定自己没有什么错。

喜欢笑的常常说：这个世界没有那么多的不开心，纵然真的不开心了，笑笑也可以好的。

喜欢沉默的人说：心脏是一座两间卧室的房子，一间住着痛苦，一间住着快乐。人不能笑得太响，否则，笑声就会吵醒隔壁的痛苦。

喜欢笑的人最后成了喜剧演员，他用笑声让人们在不快中找到生存的乐趣，他就是卓别林。喜欢沉默的人成了一位作家，他用细腻的文字让享乐的人们在快乐中感受痛苦，他就是川端康成。

有什么样的性格，就有什么样的人生。我们现代的人们却常常迷失了，认定只有成功者的性格才是最好的性格。可是我们的性格同样也可以有我们自己的人生，何必要用42码的脚去穿35码的鞋子呢？那么，坚持自己的个性吧，世界因为你的不同多一分精彩。我们没有必要去变成另外的人，只要我们不断完善我们的性格，人生也会因为性格的完善而丰富多彩，因为性格决定命运。

成为被需要的人

我们需要财富，需要友情，需要帮助，需要理解，需要表扬，需要赞美……人们总是在“需要什么”，而一个真正成功的人应该成为一个被需要的人。被需要才是一种更高的人生境界。

成为一个被需要的人本身就是一种实力和地位的象征。摩根作为当时的世界债主，是整个世界最被需要的人。墨西哥政府在他援助之前已经岌岌可危了，阿根廷的经济危机也让他成了刻不容缓的救世主，美国的金融危机让总统亲自上门拜访，而英国还在为南非的军费犯愁，所有的人都想到他了……

回顾1907年美国的那场银行挤兑风潮，整个华尔街都为之哗然，美国一家著名银行120万美元的现金在短短几个小时之内就只剩下了18万美元。当时的人们对未来不抱任何希望，除了恐慌还是恐慌。《纽约时报》报道：“在这条金融区的大街上，可以从一张张忧虑的面孔和一堆堆行色匆匆的人群中感受到内在的恐慌情绪。”无奈之下，罗斯福政府不得不向摩根寻求帮助，在他们看来，摩根是唯一一位具有足够影响力和声望来拯救整个华尔街的人。

一个人只有成了被需要的人，才能真正在社会上立足，才能真正处于不败之地。尤其是在如今的社会，不论你的学历有多高，你的能力有多强，你的人际关系有多好，只有成为被需要的人才是我们真正立足的唯一法则。

有这样一个故事：两个病人同在一个病房里，同样的病情，一个是来自城市，另一个是来自山村。来自城市的那个人每天有很多人来看望他，每一句都是安慰“家里不用担心”“工作上的事情都帮你安排好了，你就安心养病吧”“放心吧，什么都不用担心，一切都有我们呢”“你现在唯一的工作就是养病”。

而那个来自山村的人只有一个小男孩在身边端饭送水的，他的妻子也是半个月才能来看望他一次，而且每次来就是说着“地里又长草了，没有人会使那头牛翻地”“小方准备出远门打工，可是我拿不定主意”“他大伯的女儿要出嫁了，你说我们送多少钱的礼啊”。

后来，那个城市的病人死去了，而农村的那个人居然活下来了。要知道，城市的那个人可是找了最好的医生，用最好的药物，并且有充足的营养补充。而这个山村的病人每天吃的除了稀饭就是粥。

后来研究人员解释说：只有被需要的人才能够活下去。因为城市的那个人觉得自己不被人需要了，也就丧失了生活的信心，好像亲朋好友都是在劝慰他安心离开一样。而那个山村的病人正好相反，他意识到自己活着，对家庭有着不可或缺的作用，正是有着这样的信念，他奇迹般地活了下来。

一个人的价值往往体现在被别人需要的时候。当一个人没有任何能力，不被任何一个人需要的时候，他就失去了他存在的价值。被别人需要是一种最大的快乐，甚至可以创造出奇迹。当今的时代更是一个适者生存的时代，只有那些真正被需要的人，才能在残酷的现实中有自己的立足之地。被需要本身就是一种实力的体现，而我们就是要不断增强这样的实力。

信誉让财富获得尊重

只有当财富站在了信誉的肩膀上，财富才能获得尊重。摩根先生曾说：“信誉，是我一生的操守，因为它具有无穷的复利效果，它可以让你从身无分文的穷小子变成真正的亿万富翁。”

1835年，老摩根先生（约翰·皮尔庞特·摩根的祖父）成为一家名叫“伊特纳火灾”的小保险公司的股东后不久，有一家客户便发生了火灾。按照规定，如果完全付清赔偿金，保险公司就会破产。老摩根先生认为自己的信誉比金钱重要。他四处筹款并卖掉了自己的房产，然后他将赔偿金如数返还给了那位投保的客户。一时间，伊特纳火灾保险公司声名鹊起。但保险公司已经濒临破产。无奈之中他打出了广告：凡是再参加伊特纳火灾保险公司的客户，保险金一律加倍支付。不料客户很快蜂拥而至，伊特纳火灾保险公司从此崛起。这就是信誉的价值。

许多年后，约翰·皮尔庞特·摩根主宰了美国华尔街金融帝国，摩根家族成了最富有的家族。可以说：成就摩根家族的并不仅仅是一场火灾，而是比金钱更有价值的信誉。约翰·皮尔庞特·摩根曾说：“信誉，是我一生的操守，因为它具有无穷的复利效果，它可以让你从身无分文的小子变成真正的亿万富翁。”

正所谓君子爱财，取之有道，摩根家族的成功就是其人格的成功，正是诚信使得他们拥有了最宝贵的无形资产。如果你拥有100万，你可能很轻易地借到100万，如果你没有这100万，你就必须是一个信誉极好的人，由此可见，好的信誉可以抵得上百万的财富。借钱给信誉好的人，甚至还会使借贷人觉得无比荣幸，就算没有钱也会想方设法地为其筹措资金；而对一个信誉不好的人，自然是会使用各种借口加以搪塞。

信誉对一个人而言是一种无形的资本，它比巨额的财富还要重要。名声和财富是一种装饰，可能让你冠冕堂皇，衣着光鲜，可是当它们瞬间消失的时候，你可能是一丝不挂地处在不堪入目的境地。而信誉则是一种内在的本质，腹有“信誉”气自华。名声和财富只是稍纵即逝的享乐，而只有信誉才是一辈子随身携带的“银行卡”。不论是亲情、友情，抑或爱情，诚信都是一个人立足并且为人尊敬的基础。

当今时代已经进入了信誉时代，信用卡、银行卡、电话卡等都与信誉挂钩了，甚至包括做生意的支票都是用信用结算的，未来的年代也必定更加重视信用。然而当今社会是一个信誉严重缺失的社会，欺骗和隐瞒似乎成了一种伎俩，只顾眼前的小利益就不顾及信誉的现象也是常常发生。可是就算我们拥有了这样的财富，难道就可以真正地赢得他人的尊重吗？这样的财富难道不是对人格的一种羞辱吗？

信誉是一种内在的力量，代表一个人的自重与自爱；同时它又是外在的力量，让他人对你心悦诚服。一个企业，唯有诚信才能长久昌盛；一个民族，唯有诚信才能傲立于世界民族之林。

还记得“狼来了”的故事吗？还记得那个为了妃子笑而随意点燃烽火的周幽王吗？狼真的来了，放羊的小孩又该喊谁呢？敌军真的来了，周幽王又该求救于谁呢？不讲信誉的人无异于自杀。

最快的脚步不是跨越，而是继续；最慢的步伐不是小步，而是徘徊；最好的道路不是大道，而是小心；最险的道路不是陡坡，而是陷阱；最富有的道路不是黄金大道，而是信誉之径。做一个有信誉的人吧，成功或者财富，都会因为你的信誉而为人尊敬。

责任心是在对谁负责

每个人都希望拥有数不清的财富，以为这样就可以得到所有满足。但是实际上，每个人更应该有一颗责任心，让你的灵魂更加果敢和坚定。责任感是一种双赢的态度，为别人，也是为自己。

虽然控制着740亿美元的摩根财团，摩根自己的财产却只有6000万美元！相对洛克菲勒10亿美元以及卡内基的数亿资产，他拥有的财富简直不值一提。后来卡内基说："这样看来，摩根先生根本算不上是一个富人。"洛克菲勒也说了同样一句话："我还以为他多有钱，原来他只是个穷人。"

然而这个"穷人"到底拥有什么神奇的力量，可以两次成功挽救美国经济衰退而被称为"华尔街的拿破仑""世界的债主""美国货币贵族中的佼佼者""美国政府的保护神"？虽然摩根不是人们心中的英雄，至今他还是位具有争议的人物，但后人不得不为他那追求自身信仰的强大责任感而深深折服与感动。就如他一位朋友谈到的那样，"他对于自己生前所关注的一切事物，几乎都充满了一种责任感"。

这是一种非比寻常的力量，是一种热情，这种热情的基点就是责任心。这是出于一个人的责任感，一个基督徒的虔诚，一位传奇人物最感动人心的力量。所有的事情都坚持着一种责任感，那么，你既可以完成伟大的事业，同时，这项事业也会成全你的伟大。而一个没有责任感的人，注定是一个失败者，或者是事业的最大拖累。

责任感不仅仅是对自己负责，同时也事关他人，这种关系甚至有时候还会涉及生命。那么，是谁允许你的马虎呢？当你理解责任的深意——不仅仅是一项工作，而是一种必备的品德，必须坚持的良知的时候，你就已经很伟大了。一名刚毕业的年轻护士跟着一位德高望重的医生实习，手术完成后，准备缝合伤口的时候，年轻的护士说："还有一块纱布在病人的腹中，我们用了12块，可是这里只有11块。"这位医生若无其事地说："哎，算了，一块纱布没有什么关系，赶紧缝合吧。"

护士大声喊道：“不行，我们需要对病人负责！”这时候，医生笑着说：“你看，纱布在我脚下踩着呢，你将会成为一个优秀的护士。”

除了良心，责任感是无法监督的。所以责任心往往是对自己的良心负责，一个没有责任感的人必然会招致失败的谴责，尤其是那些不可挽回的事故，将是一辈子的心理折磨。那么做人做事，就应该尽心尽力去做到最好，做一个尽心尽责的人，那么就算遇到失败，也会问心无愧。

可是责任感常常被我们忽视，还记得接连不断的矿难，是那些黑心的矿主只顾赚钱，而没有对矿工的生命负责；还记得一次次的飞机事故，是那些粗心的技术人员，没有对乘客的生命负责；还记得一起起的食物中毒，那是黑心的商人，没有对消费者的健康负责。生命健康在责任感面前被淡忘到了这般地步，于是那些不负责任的人也必将遭到法律的严惩。

生活中的小事同样也需要我们保持着责任心，因为每一件事情，只有我们首先想到了我们的责任，才会充满激情，也才会有勇气去面对。事业、感情都是如此，责任感是一种态度，只为生命之花绚烂绽放。

乔治·索罗斯

GEORGE SOROS

被世界误读的战略投资家

（1930— ）

……

这个世界都是错的，市场是错的，

人们的欲求也是错的，

人们根据错误的理解进行金融活动，

而他却一直盯着这些错误，然后大赚一笔。

他做着从来不违反法律的事情，

尽管有人说他不讲道德。

可是当那些所谓的“道德家”在交易所门前

盯着自己岌岌可危的财富的时候，

他却可以将英格兰银行狠狠地踩在脚下。

这个人就是乔治·索罗斯。

这是一位在我们这个时代,唯一可以与股神巴菲特相提并论的人物。谋略只是他常用的手段，他才不管你是一个人还是一个地区，或者是一个国家，他看到的财富就好像狮子选定的猎物，只要亮出獠牙，就注定是一场血雨腥风。人们恨他到了咬牙切齿的地步，但是只要他一开口说话，全世界都会屏息凝神地去聆听。因为他是财神的使者，一字一句之间都是财富的大礼。人们也爱他到了欣喜若狂的地步，放在他那里的资产总是能有不菲的回报。

乔治·索罗斯最让人敬佩的还是他的洞察力，就像是鲨鱼能够在几公里之外闻到血腥味。他总是伺机行动，从“英镑攻防战”到“东南亚金融危机”，他让别人活在黑夜里，然后再用点燃美元的光亮，照亮他伟岸的身躯。人们比较了他与巴菲特投资的不同：对于1美元的东西，巴菲特往往希望能够40美分就能买到；而索罗斯愿意支付1美元，因为他认定了这个东西能够升值到3美元。由他创建的“量子基金”曾以平均每年35%的综合成长率令华尔街同行望尘莫及。

他更喜欢人家称呼他为哲学家，不论是获取财富，还是使用财富，他总是以一个哲学家的思维来进行。但是他毕竟是一个投机者，他的哲学往往与金钱相关，他渴望建立一个“开放社会”，所以他常常被人笑称为“梦想家”。但是这并不影响他成为一位慈善家，通过其基金会数十年持续为增强东欧和俄罗斯社会的开放性而捐款，累计总额达到数十亿美元。所以《时代》称其为“慈善家”，而《亚洲华尔街日报》封他为“投机客”。没有人认为他是哲学家，除了他自己。

历史没有剧本，而他像是能够控制书写历史的那支笔。他具有一种超能的力量左右着世界金融市场。他的一句话就可以使某种商品或货币的交易行情突变，市场的价格随着他的言论上升或下跌。一名记者曾对此作了如此形象的描述：“因为索罗斯投资于黄金，所以大家都认为应该投资黄金，于是黄金价格上涨；索罗斯写文章质疑德国马克的价值，于是马克汇价下跌；索罗斯投资于伦敦的房地产，那里房产价格颓势在一夜之间得以扭转。”

如果一定要强调“他没有违法但是违反了道德”的话，那么100多年前，巴尔扎克就对此有了恰如其分的评价：每一笔巨大的财富背后，都掩藏着罪恶。这个投机分子、刽子手、慈善家、金融家、哲学家、伪善人、阴谋家……你还可以说他很多，一个被人争议的人，往往是一个非常有趣的人。可是当你细心一想，原来这些都是为了铭记他，铭记这位洞穿财富的神灵。

天使与恶魔混合物的化身

无论喜欢他的人如何歌颂他的善行，都难以说服那些对他心存怨恨的人，就像不管辱骂他的人如何振振有词，都难以磨灭他的种种善心和睿智。乔治·索罗斯，一个天使与恶魔混合物的化身，在人间留下了让人爱恨交织的传说。

乔治·索罗斯就是国际金融市场的一个传奇，投资界很少有人像他这样毁誉参半，一边被看作“华尔街杀手”、资本大鳄、金融市场“魔鬼”，同时又被誉为华尔街的“上帝”、世界最伟大的投机家、金融市场的“超级大亨”、时代的慈善家。

索罗斯1930年出生于匈牙利的布达佩斯，是一名精明的犹太人的儿子，幼时起就表现出坚强、自信而果敢的个性，他热衷那些挑战性强的运动。父母的宠爱和优越的环境让他成了天之骄子，然而幸福的生活很快就因第二次世界大战爆发而宣告结束。为了躲避德国人的追捕，索罗斯一家人东躲西藏，屡屡涉险，最后终于凭借一张假的“非犹太人”身份证躲过了纳粹的屠杀。那段可怕的日子让索罗斯意识到“冒险就是生存的必需”。这段经历让索罗斯学会了几条重要的冒险准则：首先，冒险是正确的；其次，冒险不能孤注一掷。1992年，在索罗斯事业的巅峰时刻他就对媒体表示：“冒险，但不要冒毁灭性的危险！”

索罗斯在“二战”后离开了匈牙利，先在伦敦经济学院求学，毕业后做了一名证券交易员。不久，他带着全部积蓄5000美元来到纽约淘金。刚刚涉足华尔街的索罗斯发现，由于安联公司不动产业务上涨，其股票售价与资产价值相比大打折扣，于是他建议人们购买安联公司的股票。遗憾的是，认同这一观点的人并不多，最终，安联股票的价值翻了3倍。索罗斯在华尔街小试牛刀，一战成名。人们都认为索罗斯是一位聪明、机警、善于学习的专业人才，人们的赞美，让索罗斯更加相信自己的金融哲学。

1969年是索罗斯生命中具有里程碑意义的一年。事业小有成就的索罗斯与朋友吉姆·罗杰斯一起创办了“量子基金”，并使其在未来几十年里一直保持高收益，带动了金融界的对冲基金热潮。直到1980年，当年的25万美元资本金已经变成了8000万美元，其中索罗斯本人占到80%。

索罗斯在当时已经是华尔街令人瞩目的投资高手，而真正让他名震天下的则是那场他与英格兰银行的英镑攻防战，人们将1992年英格兰银行事件称为一场世纪豪赌。1992年2月17日，欧洲共同体（即欧盟的前身）12个国家的外交部部长和财政部部长签署了《马斯特里赫特条约》，这个条约至今仍是欧洲一体化进程中最重要的里程碑。该条约建立了统一的欧洲货币——欧元。此时，有着鲨鱼一般洞察力的索罗斯已经预见到欧洲汇率体系存在的问题，他闻到了“血腥味儿”。

几百年来，英镑一直是世界的主要货币，在世界金融市场占据了极为重要的地位。作为保障市场稳定的重要机构——英格兰银行，一直是英国金融体制的强大支柱，具有极为丰富的市场经验和强大的实力。从未有人胆敢对抗这一国家的金融体制，但索罗斯却出乎所有人的意料，对准英镑和英格兰银行发动了一次前所未有的攻击。

索罗斯的操作手法非常复杂，但意图很简单，简单地说可以理解为：首先从银行借贷大量英镑，到外汇市场上去全部卖掉，换成德国马克，巨大的卖出压力将迫使英镑贬值。如果计划成功，索罗斯就可以用比卖出的时候便宜得多的价格再“买回”英镑，还给银行，这个“高价卖出，然后低价买进”之间的差额就是索罗斯的利润。

如果只是索罗斯一个人与英国较量，英国政府也许还有一丝希望，但索罗斯“不是一个人在战斗”，他抛售英镑的行为，迅速吸引了大量的跟风卖盘——全世界的外汇投机者都开始一拥而上疯狂卖出英镑，英镑开始迅速贬值。

为了应付这场危机，英国财政大臣莱蒙首先发表演讲；“为了明确英国的立场，我认为英镑不可能贬值，英国不会退出汇率机制，我们对汇率机制负有绝对义务，这就是我们的政策——我们政策的核心。”就在莱蒙讲话当天，英格兰银行在市场上买进了33亿英镑，以显示维持英镑汇率的决心。问题是，33亿英镑根本就无法抑制全世界金融投机者的热情和欲望，因为这33亿英镑完全是杯水车薪，光索罗斯一个人抛售的英镑总额就达到了70亿，更不用说跟风而来的大量国际游资。英镑慢慢地走向退出欧洲汇率体系的边缘。

保卫英镑的主要力量并不只是英国中央银行，还有与英国共同处于欧洲汇率机制之中的欧洲其他国家的中央银行，尤其是德国的中央银行。所有的经济学家都知道英国经济不足以支撑如此昂贵的英镑汇率，所有的金融投机家也都知道英镑有贬值的危险，但是没有任何人敢轻易出手狙击。

虚弱的英国经济没有多少血可流，但是只要德国愿意为它流血，英镑就是安全的，伦敦不会沦陷。直到此时，一些看好英镑的投资者仍然天真地认为，德国一定会在关键时刻出手帮助英国。但是，乔治·索罗斯和那些头脑简单的投资者想的可不一样，他不关心英国人说了什么，而是更关心德国中央银行的态度；德国人的暧昧态度实际上意味着他们对维持英镑汇率既没有信心，也没有决心。所以，牺牲德国利益维持英镑稳定不仅很危险，而且不值得。

索罗斯天才的预见性又是对的。正如索罗斯所料，德国人抛弃了英国。英国人的最后一根救命稻草，只能是自己。一天之中，英格兰银行两次提高利率，但为时已晚。此时，英格兰银行已经动用了价值269亿美元的外汇储备，但这些都起不了明显的作用。在这次英镑攻防战中，索罗斯总利润高达20亿美元，其中索罗斯个人收入就占了1/3。在这一年，索罗斯的基金增长了67.5%。他个人也因为净赚6.5亿美元而荣登《金融世界》杂志的华尔街收入排名榜的榜首。英格兰银行不得不向这位匈牙利人俯首称臣。这场世纪豪赌之后，他被《经济学家》杂志称为“打垮了英格兰银行的人”。

此外，随着东南亚国家的经济快速增长，这位金融大鳄从中又发现了商机。1997年，索罗斯及其他套利基金经理开始大量抛售泰铢，致使其一路下滑。泰国政府动用了300亿美元的外汇储备和150亿美元的国际贷款企图力挽狂澜，但区区450亿美元的资金相对于利用杠杆融资的无量级国际游资来说，实在是杯水车薪。“索罗斯飓风”迅速席卷了印度尼西亚、菲律宾、缅甸、马来西亚等国家，所到之处货币大幅贬值，物价上涨，工厂倒闭，景象惨不忍睹，这些国家几十年的经济增长也化为灰烬。

1981年，索罗斯在为投资债券疯狂集资时突然领悟到，“如果只是为了变得富有而死去，我将是失败者”。对索罗斯来说，解决办法就是投身于慈善事业。“做一些对这个世界真正有意义的事情，这才是值得为之献身的”。在他看来，“基金会使我可以抽身出来，可以关心别人多过自己”。

索罗斯的财富为其慈善事业提供了强大的后援：自1993年起，人权活动家阿里·奈尔就开始运作开放社会基金会。据他的计算，索罗斯向其慈善事业捐助的总额已超过50亿美元，主要通过其基金会进行捐助。打理索罗斯慈善事业的属下们说，他的慈善运营策略和其基金经理所观察到的投资风格惊人的相似：他知道如何下大注，如何具有原创性，而且当一个项目不可行时，他不怕斩仓。

经济学家安德斯·阿斯伦德曾与索罗斯在许多项目上共事过，他认为，索罗斯的慈善风格“多由货币市场形成，这些总是变幻莫测的。他假定，他现有的任何想法，数年后会是错误的。每当一个项目在完美地进行时，他就会问自己：我何时应该终止这个项目”。

权威杂志所公布的2007年10大慈善家排行榜中，乔治·索罗斯高居第四位。冷面高傲的投机家也好，怀抱政治与社会改革抱负的慈善家也罢，都是同一个索罗斯。历史不会遗漏他在金融市场上攫取暴利的记录，也不会忘记他在慈善事业上大举散财的举动。他的声誉就像猫，有人因为他在投机市场的凶狠与高傲而对他又疑又惧，有人则因为他在慈善事业的投入而对他爱护有加。然而，无论喜欢他的人如何歌颂他的善行，都难以说服那些对他心存疑虑的人，就像不管质疑他的人如何振振有词，都难以磨灭他的种种正面形象一样。

清楚自己的位置

一瓶饮料，在便利店里只要两块钱，而在五星级宾馆里需要支付 60 元，很多时候，人的价值取决于他所在的位置。所以在便利店里的可乐最好是定价两块钱，而不是 60，否则是绝对卖不出去的。

青年时期的索罗斯还只是一名小小的交易员，所以尽管他能够看到股市的一些利益，也只是偷偷地告诉周围的一些朋友，从来不敢在领导面前炫耀。当这些朋友从他的预测中获利之后，他的名声才传到了上级那里。当领导再次为他升职的时候，他却选择了离开。因为毕竟是在为别人打工，他不得不小心翼翼，而他的抱负明显不允许他这样。所以当后来他与朋友合伙创立“量子基金”之后，成功使得他的言语明显张扬了起来。当时的美联储主席保罗·沃尔克曾说：“索罗斯在药品问题上的所作所为证明他是一个不屈从于传统意见的人，我认为药品政策确实需要有些新的改变，而他是敢于公开对此发表意见的人之一。”

当索罗斯拥有的财富使得他拥有了自己的地位之后，他才敢于发表标新立异的见解。他自己也承认：“我敢于公开反对布什，因为我所在的位置让我有底气这么做。”对于人们的表扬和评判，索罗斯说：“美国人总是给能赚钱的人过多的崇拜，自然也会有人来把我妖魔化。”索罗斯明显是一位清楚自己位置的人物，他的内敛与张扬才有了恰如其分的表现。

位置是对一个人能力的认证，高与低的差别对应着言语、行为的张扬程度。地位高的人往往是底气十足、飞扬跋扈，而地位低的人总是和沉默相联系。这当然与性格有关，可是这也在说明位置对于一个人的限制：自由度。就好像某个会所的VIP会员总是比普通会员多一些权利和自由。假如一个普通会员要求VIP会员的权限，那显然就是出格了。一个人应该懂得自己所处的位置，并且做符合这个位置的事情，出格的后果往往是出局。

有一只四处漂泊的老鼠在佛塔顶上安了家，佛塔的生活简直就是天堂，与它之前的四处流浪相比，这里几乎是应有尽有，既可以享受到丰富的贡品，又可以在各个佛塔之间任意玩耍，甚至那些宝贵的佛经，都可以随意咀嚼，底下的人们都不敢正视佛像，它却任性到了极点，甚至在佛像的头顶上随意排泄。

每当善男信女们烧香叩头的时候，这只老鼠笑着说："可笑的人类，说跪倒就跪倒了。"这时，一只猫闯了进来，抓住了老鼠。老鼠抗议道："你不能吃我，你应该向我跪拜，你看底下的人，都是这样的。"猫回答说："人们向你跪拜，只是因为你所占的位置，不是因为你。"说完便把老鼠撕成两半。

在这个纷乱的竞争社会中，只有认清了自己的位置，才会有清晰的目标和前进的路线，既不会因他人的强大而茫然不知所措，也不会迷失在别人的赞美之词中。一个认清了自己的人是有自知之明的，人应该有一些自知之明，而不是自以为是。所以不论你是一个刚出象牙塔的学生，还是一个企业的员工，不论你是一个公司的老板，还是一个集团的管理者，首先要做好的就是要认清自己所在的位置，这样才能做到"不贪心，也不委屈"，既不成为累赘，也不是"出头鸟"。对自己的工作和事业才能做到恰如其分的拿捏。

《论语》有言曰："不在其位，不谋其政。"意思是说，不在那个职位，就不要过问那个职位的事情。越俎代庖的人常常是出力不讨好。因为不清楚自己的位置就肆意妄为的人在现在这个社会大有人在，有的是“在其位，不谋其政”，有的人是“拿着鸡毛当令箭”。这些人注定要成为笑料，或者失败者。一个不清楚自己位置的人是盲目的，而一个没有目的性的人是没有成功可言的。

悲伤是有益的

一个人没有悲伤，就不知道反省。忧伤对一个人是有益的，它是一种药，让利令智昏的人懂得清醒，让茫然的人开始警觉起来，让失败者懂得反省，让沦落的人振奋起来……

谁也不敢相信，像索罗斯这样一个意气风发的人也曾悲伤过。1945年的秋天，年仅15岁的索罗斯终于又可以回到学校了，犹太人和非犹太人不再分成两个班级了。可是班级里的同学依旧会带着手枪去上课，紧张的氛围始终笼罩着。于是最好的办法就是移民他国。少年索罗斯就这样孤零零地一个人来到了伦敦。没有多少钱，没有朋友，华丽的伦敦更衬托着他的无助。

索罗斯后来回忆说：“在那里，已经举步维艰，但是那也是一种奇妙的感受，它让我知道了，我只有一条路可以走。”索罗斯所说的路其实是去打工，那是贵族和有钱人的餐厅，他常常只能吃人们剩下的臭鱼烂虾。他甚至非常羡慕一只猫，那只猫常常有沙丁鱼吃，而他却没有。贫困带来的窘迫让他异常伤感，漂泊他乡的孤独感又叫他无比神伤。可是这些让索罗斯更加明白了金钱的重要性，也使他更加努力去为了一个光明的前程而打拼。

悲伤对于一个坚强的人来说是有益的，它像是一杯苦味的咖啡，却让人清醒。悲伤意味着我们处于一种失落的境地，其实所有的动物都会有悲伤的时候，悲伤让人更冷静地思考，生存也许是悲伤过后的产物，所以出生的婴儿会号啕大哭。

而最近的一项科学研究居然也支持了这个观点，科学家指出：悲伤可以帮助我们改善生活。有一些人处于一种十分快乐的境界，或者是药物的作用，或者是娱乐工具的影响，他们失去了悲伤的机会，也自然失去了走向成熟的机会。

悲伤是一个走向成熟的步骤。失恋之后的悲伤，失去亲人的痛苦，失去友情的难过，每一次的悲伤都会让一个人去审视自己的从前；失去工作，失去升职的机会，每一次的悲伤都会让一个人重新考量自己的能力；被打败了，承认失败了，每一次的悲伤都会让人再次见识到对手的变化。悲伤是一件有益的事情。

心理学家进行过一次10万人的心理调查活动，结果发现：一旦人们达到了适度的快乐，对更高程度快乐的追求反而会变得有害。如果设置一个指示快乐程度的刻度表，从1到10是不同程度的快乐，10代表着极度的快乐，那么根据这次调查，得8分的人要比得9分、10分的人更成功，他们愿意接受更高的教育，并努力获得更高的事业成就和收入。这也许反映了一个事实：那些有点悲伤的人，往往被激励着去改善他们自己的命运。与之相反，那些感到快乐的人则没有什么紧迫感。如果你对你的生活和世界上发生的事很满意，你就不会被激励着去改变现状。所以，当人们告诉我们应当变得更快乐的时候，我们要保持警觉。我们需要有一些悲伤来激励，因为悲伤能够使我们从心理上避免一些错误，比如麻木、无进取心。

福楼拜说，只有愚蠢到极点的人，才可能获得永远的快乐。而一般的人只需要八分就够了，剩下的两分最好留给悲伤。林肯没有被他那接近于抑郁症的负面情绪所困扰，贝多芬的晚期作品是在一种忧郁的状态下完成的，史努比的创造者——查尔斯·舒尔茨总是心情忧郁，伍迪·艾伦在他的电影中表达了一种抑郁的存在主义思考。这些悲伤的灵魂，怀着对理想的思考，在艺术或政治实践中得到了升华。

当人处于一种悲伤的情绪中时，我们更愿意对现状进行分析和思考，而变得有批判能力和创造力，悲伤无疑是有益的，我们常常需要它的帮助。所以别一味地追求快乐，偶尔也享受一下悲伤吧。

以成败论英雄

竞技体育告诉我们一个残酷的现实：冠军只有一个。社会竞争也提醒我们一个现实：胜利者只有一个。竞争的过程不是无意之间被淡忘的，而是成功者身上所焕发的光彩，掩盖了那些失败者对抗的精彩过程。敢问一句：结果若不如人意，过程再曲折精彩，又有什么意义呢？

见过索罗斯的人都觉得这只是一个普通的老头儿，而了解索罗斯的人则会认为这简直就是一个赌博大王，凭着一股子胆气和敏锐的直觉，他总是能够把金融市场搅得稀烂，他凭一己之力蹂躏了英格兰银行，又摧毁了亚洲的经济新秀们。这都是一个人干的，惊天地，泣鬼神。

作为最成功的金融魔术师之一，索罗斯坚信一点：只有成功者才是英雄。在弱肉强食的国际投资界，索罗斯从来都不手软。与生俱来的冒险精神让他创造了一个又一个奇迹。他常常对他的下属说：“冒险，冒险吧，不要告诉我哪里变了，只要告诉我，你赚了还是赔了。”正是这样的态度，使得他更重视结果，过程可以有瑕疵，甚至可以不择手段，他只要求不要违法地去成为一个胜利者。他说他喜欢看到那些对手在被打败时的眼神，他才不管你有没有认定他是英雄，反正他认定了对手是失败者。

如果成功仅仅用来欣赏的话，那么大树根本就用不着结果，而只管开开花就行了。自然界有一个不可逃避的法则，那就是森林法则，即适者生存，弱肉强食。而在人类社会同样有一个不可忽视的法则，那就是成者为王，败者为寇。成功的人能够把握自己高贵的命运，成为真的英雄，而那些伪英雄徒有英雄的气概，却依旧难免被时代和潮流所抛弃。

所以说项羽不是英雄，他的霸王头衔只让人想起他的冒进与蛮干。真正的英雄是推动历史潮流发展的人，而不应该仅仅是过客。朱元璋才是英雄，成为一朝太祖，谁会在意他曾经是个和尚和乞丐；洪秀全纵然睿智，却依旧只是一个失败者。

瓷器与泥土的区别，沉香与木炭的区别，宣纸与卫生纸的区别，经典著作与地摊文学的区别，就是成功与不成功的本质区别。人们更在乎瓷器的名贵，而不是和泥土一样的出身；更在意沉香的珍贵，而不是与木炭“同行”；更在意宣纸作画的流畅，而不是卫生纸的低廉。

现在的人多了一些“闲情逸致”，常常为失败者感动，可是真正的英雄只有一个，那必定是成功者。社会是如此现实，不会给你“狡辩”的机会，最好，你就做一个成功者；否则，你就是失败者，这个现实的社会不会再有成功的失败者。请记住，纵然你竭尽全力登上了长城，却在最后一级阶梯被一根鞋带绊倒在地，人们依旧会说你是一个失败的人。请记住现实对我们的挑剔和苛刻，因为它往往以成败论英雄。

我们往往是既为失败者感到遗憾，又总忘不了成功者的微笑，说明我们本身还是崇尚成功的，只是一点点的本能在作怪——同情弱者。可是当人群团聚在成功者的周围，把成功者当作英雄一样抛向空中的时候，谁还会注意到失败者呢？似乎失败了就难免会黯然神伤，独自舔舐伤口。所以没有必要同情失败者，因为你太虚伪了，你本早已把成功者当成了英雄。现实就是这样，一切的判断标准都在作出这样的裁决：只以成败论英雄。

永远不要把责任推卸给别人

一个人只有能够承认错误，才可能原谅别人的错误。犯错是一件值得骄傲的事情，说明你做了一件事情，并且证明了这件事情的这种做法是不对的。犯错并不是什么值得羞耻的事情，明明知道自己犯错了还不愿承认错误的才叫耻辱。人，永远不要把责任推卸给别人。

英国著名文学家毛姆说：要使一个人显示他的本质，叫他承担一种责任是最好的办法。乔治·索罗斯就是一位勇于承担责任，而绝不把责任推卸给别人的人，正是这样的性格，才使得他的周围总有一群愿意为他赴汤蹈火的人才。这不能不说是他性格馈赠给他，使其成功的一大要素。索罗斯既可以比别人更准确地找到对手的缺陷，也可以很坦然地承担错误和责任。

1987年，根据索罗斯的推测，他认为日本的证券市场即将出现大崩盘，而美国市场相对较好，于是他决定把几十亿美元的资金从日本转到华尔街。不久，的确是有一个股市开始出现大震荡了，可是那是美国金融市场，而日本股市依旧保持正常。短短一天下来，索罗斯损失了将近2亿美元，整个事件结束损失将近8亿。这是索罗斯人生中最大的一次失败，也是那个时期投资者中失败最惨重的一个。

索罗斯是一个善于总结的人，可是在总结这场事件的错误时，他发现，很多时候，那些工作人员的操作和他的安排有较大的出入，这也是他损失严重的一个重要原因。可是他并没有把责任推卸给其他人，他宁可接受一个失败者的名声，也不愿意把责任推卸给他的员工。他是一个勇士，一个人承担下了所有的责任。而他的那些员工从那以后对他更是敬仰有加。

人之所以为人的原因，是在于人有一项权利，那就是犯错；人之所以可爱的原因，也在于人有一种能力，那就是敢于承担。一个人只有能够承认错误，才可能原谅别人的错误。犯错是一件值得骄傲的事情，说明你做了一件事情，并且证明了这件事情的这种做法是不对的。犯错并不是什么值得羞耻的事情，明明知道自己犯错了还不愿承认错误的才叫耻辱。人，永远不要把责任推卸给别人。

有一个小故事，道出了对“担当”这个词的解释。约翰和比尔同时在争取一个正式岗位的名额，这天，他们两个人在搬运一件出口的名贵瓷器，可是正当约翰把瓷器递给比尔的时候，两人的默契不够，瓷器掉地上摔碎了。这些都被摄像头记录了下来。

一会儿，经理喊两个人进去。各自陈述事情的发生经过时，两个人倒是很诚实，缘由也都差不多，可是在约翰出门上厕所的时候，比尔对经理说：“这事全怪约翰，是他没递到我的手上就放手了。”一会儿约翰回来了，他对经理说：“是的，经理，这事怪我，是我的责任。”经理二话没说，叫两位听第二天的通知。通知出来了，约翰继续留在公司，赔偿十分之一的损失，而比尔被通知解雇了。这就是承担与推卸责任的两种结果。

只有敢于承担责任的人才有责任心去做自己该做的事情。索罗斯虽然痛恨赔钱，但他却能够忍受痛苦。对于其他人而言，一次错误就相当于把名声也毁掉了。可是他并不以为然，仍然向公众承认一切责任在于他自己。只有承担责任的人，才有勇气去改错。

当你决策失误，造成巨大损失时，自责是毫无意义的，重要的是勇于承认自己的错误，及时从市场中撤出，尽可能减少损失。只有保存了竞争的实力，你才能够卷土重来。一个投资者之所以被称为“伟大的投资者”，关键不在于他永远是市场中的大赢家，而在于他有承担责任的勇气，能从每一次的失败中站起来，并且变得更加强大。索罗斯恰恰具备了作为一个伟大投资者的素质。这也就是为什么索罗斯在经历了1987年10月的惨败之后，却仍能使量子基金1987年的增长率达到14.1%，总额达到18亿美元。

做一个有担当的人，永远不要把责任推卸给其他的人。不久你就会发现：承担所需要的其实就是一种品格，一种可爱之人才会具有的品格。

肯尼斯·汤姆森

KENNETH THOMSON

害羞的巨富

（1923—2006）

……

即使肯尼斯·汤姆森不是亿万富翁，

他仍然会选择这样的生活，

只是金钱选择了他。

而对于外界给予他的荣誉、名声和地位，

他最终选择了拒绝。

加拿大巨富肯尼斯·汤姆森用一生的作为

证明了节俭是一种永不过时的品质，

它不仅是一种美德，更是创富的资本。

在世界财富的地图上，加拿大的财富故事一直被遗忘在人们的话题之外，这个拥有全世界第二大土地面积的国度，因为拥有一个过于强大的邻居，而淹没在闪光灯的另一面。一个有趣的说法：如果全世界不知道“比尔·盖茨”名字的人屈指可数的话，那知道加拿大首富肯尼斯·汤姆森的人亦是屈指可数的。

回顾肯尼斯的一生，这个曾是世界第九大富豪、加拿大首富一直生活在矛盾中。行事低调的肯尼斯内心渴望成为一个平凡的人，但父亲的光环却把他推上了传媒帝国继承者的位置。结果他“背叛”了父亲称霸报业的宏愿，大刀阔斧地改革了传媒帝国的半壁江山，打造出一个提供专业信息的“高端Google”，并创造了高达293亿美元的个人财富。

然而，作为全球第九富豪的肯尼斯·汤姆森，却过着令人难以想象的简朴生活。他并不想做一个富豪，只想做一个平凡人。他曾公开表示：“我更希望别人不要关注我……我喜欢默默的、安静的工作方式，我一直在努力成为一个优秀的商人，但这并不意味着我就此成为商业的奴隶。”

在肯尼斯·汤姆森的身上，我们会发现一种可贵的品质，他一生信奉不乱花钱才是富有的理念。他的脑海中深深地烙印着年幼时父亲辛苦创业、颠沛流离的日子，于是这个亿万富豪可以很坦然地说：“乱花钱是罪恶，创造财富才神圣。”他用自己的一生为富有重新写下了定义：真正的富有并非看获取或消费多少财富，一个人的最大财富乃是如何合理地规划和使用金钱。诚如他自己所说：“一个富有远见的，有责任心的人知道如何正确、有效地使用金钱。”

渴望成为平凡人的富翁

肯尼斯·汤姆森的一生充满着矛盾。一方面，行事低调的肯尼斯满心渴望成为一个平凡人，过上平凡的生活；可另一方面，命运女神却将他推向了传媒帝国继承者的位置。正是这种矛盾性让汤姆森变得既鼎鼎大名，又隐忍低调，成为世界上最神秘的富人之一。

1923年9月1日，肯尼斯·汤姆森出生于加拿大多伦多。当他两岁的时候，因为父亲经营的汽车零部件代理店倒闭了，被迫与母亲和两个姐姐一起搬迁到了渥太华。在肯尼斯·汤姆森的印象中，父亲罗伊·汤姆森总是表现出无穷无尽的精力和百折不挠的创业激情。在成为汽车零部件代理商之前，这个理发匠之子曾经做过簿记员和农夫。直到他来到了北湾，并买下了第一家广播电台后，才真正走上了传奇之路。

肯尼斯·汤姆森的父亲极为强势，他每天总是忙碌地奔波于城市之间寻找商机，把3个孩子留给妻子来照顾。即使偶然在家吃顿饭，也满脑子的生意经。1937年，他带着全家再一次回到多伦多。在这个深陷经济萧条的大城市里，肯尼斯·汤姆森第一次意识到，为了让自己就读声名显赫的私立男校加拿大高级学院，父亲付出了多大的金钱代价。

肯尼斯·汤姆森的人生不像父亲那样传奇，作为罗伊·汤姆森唯一的儿子，他的人生甚至在童年时代就已经被设计好了。如果是在和平年代，肯尼斯·汤姆森肯定会顺利完成学业，继续深造，就读知名学府，然后进入华尔街积累经验。可是，第二次世界大战爆发，父亲罗伊为肯尼斯精心设计的人生道路也被迫改变了。

肯尼斯·汤姆森加入了加拿大皇家空军，被派往伦敦担任维修技工，随后成了部队刊物的通讯员。战争结束后，肯尼斯留在英国直到在剑桥大学读完了经济和法律的双学士学位。当他在1947年回到多伦多的时候，等待他的是父亲无可抗拒的决定："不，你不能成为律师，你必须学习经营家族生意——从最底层开始学起。"

罗伊·汤姆森给儿子找了一个差事，在《蒂明斯日报》当了一名记者。然后是向客户兜售广告，最后成为报社的经理。与此同时，罗伊的生意蒸蒸日上，并把重点开始向英国转移。在肯尼斯·汤姆森的母亲去世后，父亲去了伦敦，他大肆收购当地的电视台、电台和报纸，其中就包括具有200多年历史的《泰晤士报》和《星期日泰晤士报》，至于加拿大的32家报社则全部交给肯尼斯·汤姆森管理。1964年，罗伊为了获得英国政府颁发的世袭贵族爵位"舰队街汤姆森男爵"，而放弃了加拿大国籍。

20世纪60年代，北海探测到油田这个消息传开后，罗伊决定往这个利润丰厚的行业里插上一脚。20世纪70年代油价飙升后，汤姆森公司犹如被注射了一支强心针，迅速壮大起来，罗伊也开始向旅游、零售等领域扩张。然而，罗伊在1976年突然中风去世。尽管53岁的肯尼斯·汤姆森已经有了多年在英国和北美报业的管理经验，但父亲的去世让他感到顿失支柱，他必须在没有父亲搀扶的情况下独立行走。只是这一走——连他自己也没有想到，可以走得那么远。

肯尼斯·汤姆森继位后不久就做了一个非常大胆的决定：将公司交给一个经过他精心挑选的非家族成员经理团队来管理，实现了管理权与所有权的分离。肯尼斯让这些专业人士来掌管日常的管理工作，而他则对集团下的资产作战略性策划，决定将重点发展哪些资产，出售哪些资产。首先他在1981年果断地将《泰晤士报》和《星期日泰晤士报》以1400万英镑的低价出售给澳大利亚传媒大亨默多克，随后退出报业，返回加拿大。

自20世纪八九十年代以来，几乎每隔10年，肯尼斯·汤姆森就会更换资产组合里的半壁江山，而每次出手的时机都令人敬佩。1989年，肯尼斯将曾为集团带来丰厚利润的北海油田出手，不久油价暴跌。似乎是为了证明并不是运气的眷顾，9年后汤姆森将自己的旅游公司在市值最高位时以20亿美元卖出。集团旗下的“哈得逊湾”百货公司的股份也几乎在同时被出售，而今天加拿大的零售业在面对沃尔玛和其他来势汹汹的美国入侵者时节节败退。

肯尼斯把出售资产所获得的资金用于向专业信息服务转型。1996年，他以34亿美元收购了世界最大的法律书籍出版社西部出版公司，成了集团业务转型的标志。接着肯尼斯不断地壮大法律、医药和金融资讯数据库，向华尔街和专业机构收取高额订阅费，与彭博通讯社和路透社争食市场。

后来，汤姆森集团顺利成为全球的商务及专业顾客提供信息增值、软件工具等各类信息服务的著名供应商，用户逾2000万个，分布法律、税务、会计、金融服务、高等教育、参考讯息、公司培训及评估、科学研究以及保健各个领域，并在业内一直处于龙头地位。其3.9万名职员向约130个国家和地区的客户提供各类的服务，仅2005年一年，汤姆森集团电子信息服务的收入就达到了惊人的87亿美元。肯尼斯·汤姆森的个人资产也直线飙升，曾位列《福布斯》富豪排行榜第九名。

尽管腰缠万贯，但汤姆森却从不乱花一分钱，开旧车，买便宜货，生活十分节俭。他一贯坚守自己的独处方式，避免大众的关注，为人低调不张扬。有媒体曾描述：汤姆森穿衣都很便宜，出差坐飞机都是经济舱位。更让人不可思议的是，当地人会经常看到他在多伦多杂货店选购食品，甚至看到他穿着后跟磨损很厉害的鞋子。汤姆森属下的主管吉姆·帕蒂森回忆说，有一次他看到汤姆森冒着大雪、步行穿过停车场奔赴晚宴。原来，汤姆森把汽车停在了离晚宴地点几个街区远的地方，就是为节省停车费。帕蒂森说：“跟他相比，我不过是一个街头要饭的‘小耗子’。但他竟为了节约这点小费用，把车停靠在远处，步行一两个街区赴宴。我永远不会忘记这件事，他对花钱总是那么节俭。”

肯尼斯·汤姆森之所以如此节省，是因为他坚持这样的理念：乱花钱是罪恶，创造财富才神圣。他唯一的爱好就是养狗和收藏艺术品，退休后的汤姆森将主要精力放在艺术品收藏上。他捐巨资扩建了安大略省艺术馆，并向艺术馆画廊捐赠了3000件、价值2亿美元的艺术藏品。其中最值钱的一件，是当时世界三大天价名画之一、比利时佛兰德斯绘画大师鲁本斯1610年的巨作《对无辜者的杀戮》——这是他2002年在英国苏富比拍卖行，以7700万美元竞拍购得的。同列全球最昂贵名画前三名的另两幅作品是：凡·高的《加歇医生的肖像》和雷诺阿的《加莱特磨坊》，拍卖价分别为8250万美元和7810万美元。

2006年，肯尼斯·汤姆森由于心脏病发作，倒在自己的办公室中，享年83岁。

节俭是穷人的财富，是富人的智慧

加拿大巨富肯尼斯·汤姆森用自己的行为证明了节俭是一种永不过时的品质，并且不仅仅是一种美德，更是一种成功的资本，一种竞争力。在他看来，富有的真正标准并不是看一个人到底赚了多少钱，或花了多少钱，一个人的最大财富是如何合理地规划和使用金钱。知道如何正确有效地使用金钱的人，是富有远见的、有责任心的人。

法国剧作家尚福尔曾说：“在人群中，最富有的是节俭的人，最贫穷的是守财奴。”作为全球第九大富豪，肯尼斯·汤姆森无疑是这句话的最好诠释。他用自己的行为证明节俭是一种永不过时的品质，并且不仅仅是一种美德，更是一种成功的资本，一种竞争力。可以说，节俭是穷人的财富，是富人的智慧，更是每个人成功的机会。

在当今经济高速发展的社会，如何正确地使用金钱，如何享有真正意义上的“财物安全”“财务自由”，如何令自己更富远见，同时又不失去独立的人格与尊严，是人们最关注的话题。能够摆脱贫困庸常的生活是一件令人高兴的事，具备高超的赚钱能力同样值得尊重。然而，获得财富与留住财富，是两个截然不同的概念。最终，你能在周围人身上发现：只有明确目标的、负责任的、乐于奉献的人，才能达到真正意义上的“财务自由”。

而节俭，正是这一切的起点。这种品质，在当今社会里，显得如此珍贵而稀缺。其实，人类在天性上更倾向于浪费，而不是节俭。对于人类来说，节俭并不是一种本能。它是一种行为准则，是人们后天习来的。节俭成功地使人的原始欲念回归理性、审慎和远见的统驭。换句话说，节俭更是一个有理性的人的负责任体现。正如丁尼生所说：“未雨绸缪、洞察先机是理智赋予人的一种权利，而为明天做好准备更是一种责任。明白未来具有不确定性并不算什么美德，为将来做好万全的准备才是最伟大的美德。”

不过，有的人并没有意识到防患于未然的必要性。这些人只想着今朝有酒今朝醉，从不考虑什么“积谷防饥”“有备无虞”。他们挣多少就花多少，从不考虑自己今后该怎么办；他们缺乏储蓄的概念，从不为家庭的长远发展做准备。他们的工资可能很高，却习惯于把所有的收入都花在吃喝玩乐上。这样的人总是富裕不起来，难免会挣扎在贫困线的边缘。

贫穷是人类实现幸福最大的敌人。它会阻挠自由，也会阻碍很多美德的达成。凡是认为贫穷是万恶之源的人，无论从哪个方面来讲都应该学会节俭这门艺术。不学会精打细算，没人能保证富足一生。而一旦学会节俭过日子，就很少有人会深陷贫困。

对于那些富人来说，他们更是将节俭看成一种成功的资本，一种强大的竞争力。真正成功的商人，都十分清楚资金原始积累的艰辛，知道如何挣钱，更晓得怎样花钱，节俭得很。肯尼斯·汤姆森一生都信奉不乱花钱才富有的理念，在他的脑海中深深地烙印着年幼时父亲辛苦创业、颠沛流离的日子。他曾说："我的孩子小时候就知道富裕是什么样子，但我的父亲用了很多年才知道什么是富裕。我亲眼看见了父亲当初的艰难，所以我的生活一直比较简朴。"所以这个亿万富豪才可以很坦然地说："乱花钱是罪恶，创造财富才神圣。"

在肯尼斯·汤姆森看来，富有的真正标准并不是看一个人到底赚了多少钱，或花了多少钱，一个人的最大财富乃是如何合理地规划和使用金钱。其实，往往是越富的人反而越节俭。因为他们知道财富获得的艰辛，他们担心财富不加控制就会像打开水龙头的自来水一样流走。他们相信，节俭可以防范变穷，可以在危机时刻坚持到最后。更重要的是，他们认识到财富的价值在于取得的过程，在于对社会的贡献，而不是使用财富本身。

曾经有人计算过，世界首富比尔·盖茨可以买31.57架航天飞机，或者344架波音747，拍摄268部《泰坦尼克号》，买15.6万部劳斯莱斯豪华轿车。但是事实上，富可敌国的盖茨夫妇生活很俭朴，唯一可称得上奢华的只有他们位于西雅图郊区价值5300万美元的豪宅。不过据到过盖茨家的人介绍，豪宅内陈设相当简单，并不是常人想象的富丽堂皇。

盖茨曾说过：“我要把我所赚到的每一笔钱都花得很有价值，不会浪费一分钱。”著名的船商、银行家出身的斯图亚特曾经有一句名言，他说：“在经营中，每节约一分钱，就会使利润增加一分，节约与利润是成正比的。”直到他建立了庞大的商业王国，他的这种节约的习惯仍保留着。

一位在斯图亚特身边服务多年的高级职员曾经回忆说：“在我为他服务的日子里，他交给我的办事指示都用手写的条子传达。他用来写这些条子的白纸，都是纸质粗劣的信纸，而且写一张一行的窄条子，他会把写好字的纸撕成一张张条子送出去，这样的话，一张信纸大小的白纸也可以写三四条‘最高指示’。”一张只用了五分之一的白纸，不应把其余部分浪费，这就是他“能省则省”的原则。

和这些崇尚节俭的富翁一样，加拿大巨富肯尼斯·汤姆森与生活上的简朴形成极大反差的是他向社会捐赠大量艺术品时的慷慨。1962年，他得到了苏格兰历史上最知名的画室——雷本爵士生前画室的长久租赁权，他把它转给了苏格兰皇家学院，作为这位画家的纪念馆。

诚如肯尼斯·汤姆森自己所说的那样：“一个富有远见的，有责任心的人知道如何正确、有效地使用金钱。”

不要轻率地对待金钱

肯尼斯·汤姆森这位超级富豪，他肯花数十亿美元并购一家公司，却向麦当劳加拿大分公司总裁讨要一只麦当劳玩具手表；他肯将价值 2 亿美元的艺术品捐赠给社会，却热衷于打折的汉堡包……也许这些巨大反差正好证明了这样一个道理：在赚钱、积蓄、开支、收受礼物、借进、借出和馈赠等方面，正确的行为原则和方法几乎可以证明一个人的完美。

曾经的华尔街之王约翰·皮尔庞特·摩根一直坚信，人改变不了的事情，可以用金钱来改变。在他的眼里，金钱是万能的。然而，摩根的金钱功用论在肯尼斯·汤姆森身上起不到丝毫作用。作为世界第九大富豪，全部身价高达293亿美元，肯尼斯·汤姆森生前始终过着一种令人难以想象的节俭生活：他不喝酒，不抽烟；他会为汉堡包降价感到高兴；他会在折扣店里讨价还价；他会紧盯着停车收费器，以便在费用增加之前把车开走；即使他是多伦多6家顶级俱乐部的会员，但他更喜欢在小吃店里吃快餐；他不仅没有一件富豪似乎应该必备的行头，譬如游艇、私人飞机、赛马等，而且在当那些《福布斯》富豪榜上排名比他低几百位的人忙着为自己建造奢华的别墅，过着挥金如土的生活的时候，肯尼斯却依然穿着廉价的衣服，亲自开着一辆旧车，乘坐飞机的经济舱；他甚至经常让妻子帮他理发，以节省开销。

肯尼斯还曾向麦当劳加拿大分公司总裁科恩讨要一只麦当劳的玩具手表，科恩自然满足了他的要求。可第二天，肯尼斯的秘书就打电话问科恩，到哪里可以修这种表，因为表坏了。科恩便寄了块新表给肯尼斯。当邮递员来到肯尼斯办公室的时候，他听到肯尼斯说："快把第一块表给我拿回来。"

看一个人如何使用钱——包括赚钱、存钱和花钱，是检验这个人德行的最好方法。花费金钱在很大程度上是获得感官愉悦和社会保障的手段。事实上，人性中一些最优秀的品质与金钱的正确使用紧密相关。例如，慷慨、诚实、公正和自我牺牲精神，当然还有节俭的美德。另一方面是它们的对立面，如贪婪、欺骗、不公正和自私，就像一个惜财如命的人所表现出来的那样。肯尼斯·汤姆森用一生的行为向我们证明了，什么是诚实、公正与节俭等诸多美德。

一个真正有德行的人，更可能帮助别人获得舒适的家庭生活以及光明的未来，但这系于一点——永远不要轻率地对待金钱。明白什么时候花钱，什么时候省钱，他就永远不会被金钱所奴役。一个真正有德行的人，始终被高尚的情操所激励，他也比大多数人更强烈地感到身负的使命。

在曼彻斯特城的皮尔公园中，下院议员约瑟夫·布鲁彻顿的墓碑上刻着这样一句名言，这句名言也是他一生的真实写照："我的财富不在于我拥有大量的物质财富，而在于我那点小小的精神追求。"约瑟夫出身低微，曾经当过工人，但是他的诚实、勤劳、守信和克制使他地位显赫、卓有声誉。晚年退出议院之后，他到曼彻斯特的一个小教堂里当了牧师。他尽职尽责，每一个认识他的人都了解他的为人，他做任何事情都不是为了做给别人看，或是赢得他们的称颂，而是凭自己的良心，尽自己的义务，使那些最寻常的小人物成为诚实、正直、心中有爱的人。

今天，社会大致可分为两个阶层：一些人重视积累，一些人拼命消费，这就形成了节俭阶层和挥霍阶层。所有的房屋、工厂、桥梁和轮船的修建，所有有益于人类文明和人类幸福的功绩，都属于那些注重积累的人即节俭阶层，而那些挥霍尽自己财产的人一般也就成了金钱的奴仆。

亚当·斯密在《国富论》中阐述了这样一个观点，人类追求财富的主要推动机制是人性，即由自我改善的欲望所驱使，由理智所指导。这无疑道出人性的善良本质的一面。一个人拥有智慧、慈悲、博爱、信仰、欢喜、满足、惭愧等，这些都是我们的财富。说到财富，不能只看一时的财富，要看永生的财富；不要看一人的财富，要看共有的财富；

不要看聚敛的财富，要看活用的财富；也不要看有形的财富，而要看内心无形的财富。因此，追求博爱、温暖、自由、理解、宁静与平和的生活，懂得如何运用自己手中的财富，才是真正的富有。

现在我们再回过头看看肯尼斯·汤姆森这位超级富豪，他肯花数十亿美元并购一家公司，却向麦当劳加拿大分公司总裁讨要一只麦当劳玩具手表；他肯将价值2亿美元的艺术品捐赠给社会，却热衷于打折的汉堡包……也许这些巨大反差会引起你对于财富、富翁、生活品质等固有观念的一连串反思。实际上，肯尼斯·汤姆森只不过和那些真正的富人一样，将人生最艰难的艺术演绎到了极致，那就是把自己辛辛苦苦赚回来的钱，用得其所。

名利并不意味富有

人生中真正最富有的时刻，不是腰缠万贯之时，而是在心中看淡并且放下名利的一刹那。

20世纪著名作家茨威格就曾在长篇自传体回忆录《昨日的世界》中写道："人一旦有了成就，这个名字就会身价百倍。名字就会脱离主体成为一种权力，一种力量，一种自在之物，一种商品，一种资本，而且在各种强烈力量的作用下，必须产生更大的影响力，成为一种左右主体并使主体发生变化的力量。"他指出："头衔、职业、勋章以及到处出现的本人的名字，都可能在他们的内心产生更大的自尊和自信，使他们错误地认为，自己在社会、国家和时代中占有特别重要的地位。为了用本人的力量达到他们的外在影响的最大容量，就情不自禁地大吹大擂起来。”

茨威格以敏锐的目光洞悉到人性沉迷名利的弱点，揭示了名声、财富、地位这些外在之物与人的主体的本质关系。在今天，随着财富地位的变化，一些人的心理也随之发生变化，当今社会流行的“一阔脸就变”“得志便猖狂”，说的正是名声、权位、金钱对人的腐蚀。

科学巨匠爱因斯坦对迷恋权位名声，进而自我拔高、自我膨胀、傲视同侪、目空一切的人嗤之以鼻，认为这是一种浅薄和无知。这位为人类社会作出无与伦比贡献的伟大科学家，谦卑地把自己比作宇宙中的一粒沙子，一粒尘埃。

临终前，他不仅嘱咐亲人将自己的骨灰撒到一个不为人知的地方，并且只在墓碑上简单地写上了这样一句简单的话：爱因斯坦到地球走过一回。爱因斯坦认为，人只是偶尔来到地球走一回的匆匆过客，人生不过是无量时空的一刹那。因此，他说一个人在宇宙中不过是一粒尘埃，和一棵树、一座山一样，都是一粒尘埃，地位再高，财富再多，名声再大，也是如此。

与当代的名人不同的是，在爱因斯坦的身上没有丝毫的炫耀与狂妄，更没有世俗功名得失的烦恼。他的“尘埃论”，是把自己放在宇宙的浩瀚中，自省谦卑而不傲慢，由此获得平等地看待每一个生灵的襟怀，导致大慈大悲大爱，达到包容万物万法的无限心胸之境。

让我们再来看看亿万富翁肯尼斯·汤姆森，当他从父亲罗伊手中接过权杖的时候，汤姆森公司更多地沾染了创始人的性格特点——勇于冒险、精明而充满了活力，而作为继承人，肯尼斯·汤姆斯也同样继承了这些特点。不过在外人看来，肯尼斯·汤姆森的性格跟父亲形成了鲜明的对比。用他的传记作者的话来说，“他非常害羞”，从来不像父亲那样在公众场合侃侃而谈，也极少接受采访。肯尼斯·汤姆森与父亲罗伊·汤姆森最大的不同之处，就是他们对名声的看法。他的父亲罗伊·汤姆森曾被英国王室封为男爵，他非常享受这种荣耀，为了进入议会上议院，他甚至不惜放弃加拿大国籍。虽然肯尼斯·汤姆森承袭了父亲的爵位，但他从来没有进入上议院，并始终说自己无论从国籍还是感情上都是加拿大人。他就曾这样说道："在英国，我是舰队街男爵；但在加拿大，我只是平凡的肯。"

在肯尼斯·汤姆森的身上有一种难得的、可贵的品质。我们完全可以设想，即使肯尼斯·汤姆森不是亿万富翁，他仍然会选择这样生活，只是金钱选择了他。而对于外界给予他的荣誉、名声和地位，他最终选择了拒绝。

在今天，丢弃了"越穷越光荣"的旧价值观之后，新的价值观却没如期而至。压抑已久的物欲几乎在一夜之间就被无休止地激发出来。随着社会商业化的进程，人们的贪欲空前地膨胀起来：对奢侈品的需要，对财富积累的需要，对权力和虚荣的需要……这些需要是如此迫切，使我们来不及按部就班地去实现。当我们的眼中只剩下金钱、权力与地位的时候，不仅职业道德不见了，甚至伦理道德也不见了。

在金钱挂帅的旗帜下，很多人似乎已经忘却了精神的需求。正是这种忘却，使我们的内心处于严重的失衡状态。为什么今天的人对物质的需求如此迫切，对财富的积累如此贪婪？就是因为在我们的内心世界中，没有明确的目标在指引，没有崇高的理想在驱动，没有坚定的信仰在支撑，甚至没有道德的力量在约束。为了追求物质财富，我们不仅忽略了精神财富，甚至以丧失精神财富为代价。当我们的精神世界成为一片废墟之时，物质能否填补其间的空白，又能否成为我们人生的无悔追求？

失去物质财富，只会使生活受到暂时的影响；而一旦失去精神财富，不仅会影响到我们一生，更会殃及后代。因此，人生中真正最富有的时刻，不是腰缠万贯之时，而是在心中看淡并且放下名利的一刹那。所以，任何人都要培养心灵深处的慈悲和爱心，培养生命内在的信仰与智慧。对于人生来说，这才是最重要的财富，才是永远可以从中受益的源泉。和那些真正的富人一样，将人生最艰难的艺术演绎到极致——那就是把自己辛辛苦苦赚回来的钱，用得其所。

查克·费尼

CHUCK FEENEY

隐形的慈善家

（1931—　）

……

捐献钱财给别人的人并不是真正的恩人，

只有那些把自我奉献给他人的人

才有资格成为别人的恩人。

前者也许会被人们遗忘，

而后者则会被人们永远铭记于心。

查克·费尼无疑属于后者，

他在秘而不宣、无人知晓的情况下完成最伟大的善举，

让“责任”一词散发着高贵的光芒。

20世纪90年代之前，查克·费尼的名字很少出现在媒体上，甚至有些人根本不知道他是何许人。直到1997年，他所拥有的“免税购物连锁店”被法国奢侈品巨头伯纳德·阿诺特以35亿美元收购之后，查克·费尼如同浮出海面的冰山，顿时引起世界哗然。这位堪称世界上最低调的亿万富翁再想隐姓埋名已经不可能了，关于他的传奇犹如一卷画轴渐渐铺开，人们恍然感觉堂吉诃德式的古典侠客突然来到了这个世界。

早在1988年，查克·费尼便位列美国《福布斯》富豪排行榜第二十三位。当时，诸如鲁珀特·默多克和唐纳德·特朗普这样的超级亿万富豪都排在他的身后。查克·费尼的一生是一部精彩的传奇，几乎是单枪匹马创造了一笔巨大的财富，但他对此却毫不热衷；如果可以重新来过，他会成为唐纳德·特朗普般的大人物。正是这样一位坐拥百亿身家的巨富，将大半生的精力全部投入慈善事业中去。

1988年，查克·费尼创办了自己的大西洋慈善基金会，把个人财产绝大部分转移到基金会名下，自己只留了不到100万美元。与那些以金钱换取好名声的富豪所不同的是，查克·费尼拒绝以自己的名字命名该基金。为了减少曝光，他甚至大费周折地在百慕大群岛（英属海外领地）注册了该基金会，以此逃避美国法律对基金会信息披露的法律规定。同时，那些获得捐赠的机构也都需要严格遵守获赠的条件——绝对不透露任何捐款来源的信息，如果谁透露钱的来源，资助就会停止。种种保密手段使查克·费尼的诸多捐赠不为人所知。对此，他曾开玩笑说：“如何变成百万富翁？得先做个亿万富翁。”

截至2007年，大西洋慈善基金会在20年中已经捐出了40亿美元，这其中包括用于美国本土的20亿美元捐赠，用于爱尔兰的10亿美元的捐赠，以及用于越南、澳大利亚、南非、泰国和古巴的10亿美元捐赠。该基金会还有40亿美元等待捐献。除了盖茨基金会及福特基金会之外，没有哪家美国慈善基金会比大西洋慈善基金会捐献规模更大，到2018年初，其捐款已达70多亿美元。换句话说，查克·费尼希望这个基金会与他同生共死。这与世界上大多数富豪通常在其死后设立基金会，然后进行每年捐款的方式截然不同。显然，查克·费尼更愿意睁着眼睛看着他的钱流向哪里，被什么人所用。

查克·费尼就是这样的商人兼圣徒，迄今为止，这位曾经资产近百亿美元的超级富翁仍租住在一居室的房子里，而且没有自己的轿车。他开玩笑说自己是个“衣衫褴褛的慈善家”，但他却是所有人的榜样。

从商人到圣人

他是最低调的富豪，创办了世界上最大的“免税连锁店”后急流勇退，过着平民般的生活；他也是最低调的慈善家，创建了规模庞大的基金会，散尽毕生家产，但又一直隐姓埋名、无声无息。这位低调而慷慨的富豪就是查克·费尼，他为美国富豪们树立了一个榜样，比尔·盖茨和沃伦·巴菲特都深受他的影响，都捐出了个人绝大多数财富。

1931年，美国正值历史上最严重的经济危机，查克·费尼就在这一年出生在一个爱尔兰裔的美国新泽西州蓝领家庭中。和许多出身低微的富翁一样，年轻时的查克·费尼也做过很多工作来赚取一些零花钱。

第二次世界大战爆发之后，查克·费尼在美军服役，退役后就读于康奈尔大学的酒店管理专业。1956年毕业后，费尼与在康奈尔大学时认识的罗伯特·米勒来到欧洲，在地中海各个港口向美国大兵贩卖免税酒。头脑灵活的他，很快就把这个生意从港口扩展到机场，销售范围也扩大到烟草、奢侈品等物品。1961年，查克·费尼和米勒共同创办了“免税连锁店”（Duty Free Shop，简称DFS），汇溪水而成沧海，一个个不起眼的“免税购物连锁店”最终变成全世界最大的烟酒零售企业，成为奢侈品的全球供应商。

有意思的是，为查克·费尼带来惊人财富的烟草和酒竟然是他本人最痛恨的东西。“查克·费尼痛恨吸烟，痛恨烟草，痛恨整个烟草工业。”他的朋友罗·克拉克说。查克·费尼为此感到“羞愧难当”！但是个人的好恶并不影响财富的增长。涉足连锁零售业后的几十年时间里，查克·费尼的财富迅速增长，不论是免税烟酒的买卖，还是向驻扎欧洲和亚洲的美国士兵们销售小汽车，又或者是战后小城的旅游业，查克·费尼都不失时机地拓展自己的业务。

查克·费尼的精明无人能比，他将“免税”的法律限制利用到了极限，甚至可以说是在钻法律的空子。他将公司设在列支敦士登、摩纳哥等地，使用瑞士银行账户，将资产以他外籍妻子名义存入银行。依据免税规则，一名在墨西哥的美国旅行者如果要采购一件羊毛衫，他可以选择让供应商将羊毛衫托运至他在美国的家中。在离开墨西哥时，他可以避免因随身携带这件羊毛衫而缴纳关税。查克·费尼总比警察或者移民局领先一步。同时利用不同国家和地区的免税规则，通过异地邮购等手段，玩着乾坤大挪移甚至空中取物的把戏。他绝不欺骗消费者，而是带着消费者一起，绕过美国税务部门的恢恢铁网，寻找便宜与快乐。

从某种程度上说，查克·费尼后来的低调作风跟他从事的商业活动有着密切关系。因为对于“免税购物连锁店”来说，必须不惜一切代价避免公开信息，这不仅是为了避开税务人员，也是为了对付竞争者。查克·费尼曾说：“如果你有一台生钱的机器的话，你不会招摇过市，说要人家模仿我，快模仿我。”多年来，查克·费尼积累了大量财富，仅

1988年一年时间，查克·费尼就从自己的生意中获利1.55亿美元。在当时，他甚至比报业大王鲁珀特·默多克、唐纳德·特朗普还要有钱。

然而，突然有一天，商界再也没有出现过查克·费尼的名字，关于他的传奇昙花一现，很快便销声匿迹。实际上，这一切都是查克·费尼特意安排的。查克·费尼之所以很少为人所知，是因为从20世纪80年代起，他就开始掩饰自己的身份、家产及捐赠事业。

正当查克·费尼的事业如日中天的时候，谁也没有想到他选择了急流勇退。就在查克·费尼在人们视野消失的这10年间，这位亿万富翁将自己的主要精力都投入慈善事业中去了。1988年，查克·费尼用80亿美元创办了大西洋慈善基金会，为躲避美国对于基金会信息披露的法律规定，他特意将基金会建在百慕大群岛，因此大西洋慈善会并没有出现在美国最大的慈善会的行列之中。

直到1997年，查克·费尼的“免税购物连锁店”被法国奢侈品巨头伯纳德·阿诺特收购，公众才知道，查克·费尼在该公司的股份已全部移交给“大西洋慈善基金会”，更令人感到震惊的是，查克·费尼个人捐赠的数额竟然超过了麦克阿瑟、洛克菲勒等家族设立的鼎鼎大名的基金会！当时，许多主流媒体都希望能对查克·费尼进行采访，但大都被他以“对媒体害羞”为名而婉言回绝了。即使到今天，尽管大西洋慈善基金会在其网站上列出其捐献数额，但它仍然不会发布消息来为自己吆喝。查克·费尼一贯的低调已经成为该基金会的行事风格，今天，他仍然禁止举行正式的捐献活动晚宴，拒绝以他的名字来为慈善项目命名。

在查克·费尼身旁，有一个“安静的小组”，这个小组的成员包括：费尼的朋友、从他的基金会获得帮助的机构成员、与他一同在幕后工作的同事。这些成员来自不同的国家，从事不同的职业，从澳大利亚网球大师肯·弗莱切到爱尔兰新芬党的领袖格里·亚当姆斯，都在为这份事业贡献着自己的力量。因为“沉默”多年，所以如今当他们在公开场合谈论查克·费尼、谈论大西洋慈善基金会时，都保持着一种习惯性的缄口不言。

美国的富翁们纷纷投身于慈善事业的大潮，赋予了巨额财富以高度的理想道德品质。而查克·费尼多年前就是这股潮流的推动者。在53岁时，他就悄悄将自己的大部分财富移交给基金会；1999年，他更要求大西洋基金董事会在2016年前捐尽剩下的40亿美元，这个计划被称为“日落行动”。

在费尼看来，这个世界上有太多的人需要帮助。因此，捐助来不得半点延误。他笑着发誓说：“这钱要是不能花掉，我死了都不能瞑目。”大多数富豪设立的基金会在其过世后每年捐献的资金比例都是其总资产的5%，这恰恰是法定的最低限额。而“日落行动”打破了这个惯例，这可以称为慈善业的一次革命性的行动，所以引起了极大反响，也得到了其他慈善基金会的高度认同。如比尔与梅琳达·盖茨基金会就在2006年表示，将于50年内，在最后一位理事去世时捐尽所有的财产。

目前，大西洋慈善基金会正以每年4亿美元的速度“散财”，其规模在纽约地区仅次于比尔与梅琳达·盖茨基金会及福特基金会。要知道，最初费尼签字移交给大西洋慈善基金会的38%的“免税连锁店”股权早在1984年的售价就已经高达35亿美元。经过他一番精明的投资后，基金会的本金已经翻了几番。而当查克·费尼宣布所有这些钱都必须在他生前使用完毕时，“大西洋基金会”的存储金已经高达50亿美元。正如基金会的首席执行官约翰·西里所说：“我们已经开始花未来我们不在世的钱了。”

大西洋慈善基金会从不采纳外来建议，而是自己寻求方案。它曾向南非艾滋病诊所提供赞助，向越南学龄儿童提供交通安全基金，赞助布朗克斯区家庭健康工作者们及古巴医疗事业。它支付了包括越南岘港市废水处理、澳大利亚癌症研究及菲律宾面瘫儿童整形手术的费用。作为康奈尔大学的毕业生，查克·费尼向母校捐赠了6亿美元。20世纪80年代，爱尔兰饱受高失业率和人才流失的困扰，北爱尔兰的独立战争也愈演愈烈。费尼开始匿名投入大量资金，并要求爱尔兰政府提供配套资金，资助爱尔兰和北爱尔兰的大学建设。迄今为止，大西洋慈善基金会已经为爱尔兰捐献10亿美元以上，这为爱尔兰高等教育事业的发展提供了强大动力。

如今，大西洋慈善基金会仍在不断增加资助项目，这也使查克·费尼成为一个具有国际主义视野和情怀的慈善家，尽管他的名字至今鲜为人知。

像商人一样的圣徒

查克·费尼是一位善良的老者，一位精神和物质一样富有的智者，他用自己的行动为所有人作出了榜样。世界上有很多物质富有者，也有很多精神富有者，但能兼顾两者，并能做到像查克·费尼一样超凡脱俗者，实在为数不多。

提到亿万富翁，你会想到什么？私人飞机、豪华游艇、豪宅、超级跑车、名贵的订制服装等。然而，这些东西查克·费尼一样也没有。不仅如此，这位身家百亿的美国富翁与那些普通的美国老人没什么差别，甚至看上去有些寒酸。他佩戴着一只价值15美元的塑料手表，乘飞机时只买经济舱的机票，他甚至没有一栋属于自己的房子、一辆自己的车，他一生最爱吃的食品就是便宜的烤奶酪西红柿三明治……

如果你把查克·费尼当成一个吝啬的守财奴或是一个穷酸的老头子，那就大错特错了。因为查克·费尼只是对自己吝啬，而对慈善事业非常大方。他的吝啬和大方达到了令人吃惊的地步——大方到不把80亿美元花掉他死不瞑目，吝啬到不仅没有小汽车他还身着破旧的蓝色休闲西装。这样的一个怪老头儿，我们不能简单地用信仰去解释，他不是因为"裹尸布上没有口袋"，他只是为了从捐献中获得满足，他就是他——一个羞涩地微笑着的慈祥老人。

查克·费尼认为，节俭是一个人的美德。节俭不仅能使家庭富裕、温馨，还能培养人的创业精神和奋发向上的品质。对于这一点，查克·费尼可谓身体力行。靠销售免税白兰地、香水和名牌商品而积累起数十亿美元的财富，但他身上没有名牌服装和订制服装，他总是买普通的成衣。

有一次去拜会爱尔兰首相，他仍然戴着一副破旧的眼镜，这副眼镜是他当初从街头杂货店里买来的。费尼捐资各个行业建造了无数幢大楼，他自己也曾在法国旅游胜地里维埃拉、伦敦梅费尔高级住宅区和纽约公园大道等地拥有6栋豪华住宅，但如今一处都没留下。他和第二任妻子现住在旧金山一套租来的一居室里，出行的时候就住在各地由基金会租赁的房子里。

查克·费尼有四个女儿和一个儿子，这些儿女并没有得到他的特别恩宠和多少财产。每逢假期，他们都要到宾馆、饭店和超级市场打工，给自己赚一些零花钱。贝莉·费尼小姐十几岁时，有一段时间曾与女友一起打了不少长途电话。父亲发现长长的话费账单后，立刻切断了自家的电话，并贴出了一张本市地图，上面标有附近地区的公用电话。接着，还将账单邮寄到那女孩的父亲那里。贝莉·费尼当时觉得很尴尬，但她后来觉得父亲这样做很正确。

《爱尔兰裔与美国》杂志编辑尼亚尔·达乌德就曾这样评价查克·费尼："他对待财富的态度，就是永远不让自己脱离劳动阶级的本色。他一直脚踏实地，似乎从来没有过这样一笔巨大的财富，他的品性基本上没有变化过。"

作为新泽西州一个爱尔兰工薪家庭的后裔，查克·费尼自然知道盖尔人的一句著名谚语："裹尸布上没有口袋。"这是金钱的限度，而超越这个限度的最有效的方式就是慈善事业。在这条道路上，查克·费尼也无疑是受到了美国伟大的慈善家安德鲁·卡内基的影响。费尼并不爱金钱，尤其是不爱花钱。要问这样一个本性不爱金钱也不贪图享受的人当初为什么要费尽心机积累巨量财富，还真不好回答。也许可以在德国社会学家韦伯的名著《新教伦理与资本主义精神》中找到答案：尘世的成功证明着上帝的恩宠，经济冲动与宗教情怀可以是相互支持的。不过，他本人的一句话倒更能让我们了解这位亿万富翁，查克·费尼说："我一直有个想法，它从未改变，那就是我应该用我的财富去帮助别人，而我自己应该过正常人的生活，就像我从小到大过的生活一样。我试着努力工作，而不是努力变富有。"

查克·费尼能说流利的法语和日语，他至今还活跃在从爱尔兰首都都柏林到越南岘港的广泛地区，不断寻找新的资助项目。他为人和善毫不招摇，说话温和从不武断。在他未受到世界关注之前，查克·费尼行事十分低调，由此可见，他对名誉并不看重，他只是尽己所能去帮助那些需要帮助的人。

查克·费尼的外甥丹尼尔·菲茨帕特里克说："舅舅对财富已经感到厌烦了，飞机游艇、豪宅名车这种奢华的生活并不能给他带来多少快乐，然而当他决定将绝大部分身家捐献出去，只给自己留下100万美元时，他却由衷地感到逍遥自在。”查克·费尼说：“人们习惯于赚钱。我想‘成为富人’这一点对于很多人是很有吸引力的。我并不是要去告诉他们应当做什么……我只是坚信如果人们能为公益事业提供捐助，他们将会从中获得巨大的满足。”一次在一家餐馆里，一名男子来到查克·费尼面前，对他说：“您知道您曾经让我接受过商业培训吗？我接受过您的奖学金……我现在是这家餐饮连锁店的总经理了。”这件事让查克·费尼由衷地感到高兴，因为他用自己的付出让很多人获得了幸福和快乐。

查克·费尼就是这样一位像商人一样的圣徒，他是一位善良的老者，一位精神和物质一样富有的智者，他用自己的行动为所有人作出了榜样。如今的费尼认为，自己正肩负着一个新的使命：提醒对冲基金巨头和硅谷新贵们，“这些人有太多的钱，他们自己永远无法花完”，应该“在享受生活的同时作出馈赠”。但费尼也说过：“我不想告诉富人们怎样使用自己的财富，他们有权做自己想做的事情。”

世界上有很多物质富有者，也有很多精神富有者，但能兼顾两者，并能做到像查克·费尼一样超凡脱俗者，实在为数不多。

责任的高贵

查克·费尼用一生向我们证明了，比财富、荣誉，甚至健康还要重要的是拥有一种属于高贵心灵的感情，因为成为一个具有美好、大方和真实气质的人，就是一个具有真正自我的人。

人并非仅为自己生存。除了自己的幸福之外，他也应为别人的幸福而生存。每个人都有自己必须履行的职责。富人和穷人概莫能外。英国19世纪伟大的道德学家塞缪尔·斯迈尔斯曾说：“最有价值的生活绝非那种只追求自我享乐，甚至沉迷于沽名钓誉的方式，而是在每一项美好的事业中，都能扎扎实实、兢兢业业地为社会做些能带来希望和益处工作的生活。”在这一方面，查克·费尼无疑为我们作出了表率。

查克·费尼的快乐不在财富、奢侈与名誉上，这也许就是俗人与圣人的差别。查克·费尼在创造自己的物质和精神生活的过程中，体现了最高的人生价值。他用行动阐释了责任与良知的定义。正因为是这样，才引起我们的思考。可以说，查克·费尼给我们上了一堂实实在在的人生教育课。

那么，人们又该怎样履行自己的职责呢？许多伟大的人完全出于自己的良知。为什么大多数富翁设立的基金会都会按着法定最低限额来捐献，而查克·费尼却能倾其所有？对此，查克·费尼说道：“我觉得这是我的生命。”这简单的话语并非脱口而出，而是出于他的良知。

有一位雅典诗人曾热情地讴歌过良心：“在我们自己的胸怀里，有一个上帝——我们的良心。我们不仅仅是为了生活过得满意，不仅仅只是为自己而生存。无论什么时候你干了圣洁的事情，你都会兴致勃勃，知道上帝冥冥中也以适当的勇气参与了你的行为。内心世界的丰富是人们渴望追求的伟大事物。”良心是个人人格品性的本质，它赋予人们自制力——抵制诱惑和蔑视诱惑的力量。

每个人都致力于彰显自己的个性，努力寻求正当的生活道路，并在道路上有所前进。意志要求他这样：每个人有能力成为真正的自我，而不是成为别人的尾巴，成为低级事物的反馈物，成为流行习俗的应声虫。真正的人性气质源于自律自制 从服从低级权力到服从更高的生命法则。查克·费尼不仅做到了主宰自己，还做到了人的社会化。也就是说，他成功地走过在社会的影响和陶冶下，由自然人发展为成熟的社会人的过程。费尼做到了“不可替代”的社会人的作为。他的传奇人生，给全世界一个精彩的意外，也为我们展示了一个智慧的生存状态。

一个人没有良心就不会拥有比快乐更高的行动原则。他就会做他最想做的事情，纵情肉欲或满足于感觉上的快乐。查克·费尼的快乐让我们更真切地认识到了人生的意义，他投资了明天，这是他人生价值的最大化。

查克·费尼把受惠者的微笑看作自己人生最大的快乐。他有一项特别的慈善项目——微笑行动，为发展中国家的唇腭裂儿童提供手术费用。他曾在一处候诊室里看到一名接受捐助手术的女孩，术前，女孩坐在那里用手掩盖着嘴巴。他说：“我观察着她，做完手术后她微笑着，似乎在说：‘我现在再也不是你以前看到的那个丑样子了。这是一个新我。’”女孩笑了，费尼也笑了。要知道，作为一个人，我们在世的目的不仅仅是成为那种低级冲动的奴隶——沉溺于自我满足之中。所有的自然法则都反对这种生活理念，心灵绝不应该成为屈从于肉体冲动的奴仆。

“你希望成为伟人吗？”圣奥古斯都问道，“那么，请从小事做起。你渴望建筑一幢高耸入云的大楼吗？那么，先打好底层坚实的基础吧。你建的大楼越高，它所需要的地基就必须越深。”这句话十分恰当地总结了查克·费尼的一生。他对财富的理解已上升到了一个常人所不能抵达的高度，而这恰恰是用他的责任、良知和仁慈搭建起来的。他深知，纯粹为了挣钱的事业将随着金钱的消失而死亡。他的行为激发了英雄主义和自我献身的精神，同时也激励了许多人。

捐献钱财给别人的人并不是真正的恩人，只有那些把自我奉献给别人的人才是别人的恩人。捐献钱财给别人的人也许会在人世间声名大噪，但只有那些奉献出自己的时间、精力和灵魂的人才会被别人敬爱。前者也许会被人们遗忘，而后者则会被人们永远铭记于心。查克·费尼无疑属于后者，因为他给世界种下了善良、慈善的美好种子。

WARREN BUFFETT

沃伦·巴菲特

人生大多时候是一场长跑，无法速战速决

（1930— ）

……

在美国，他是最受财富眷恋的人物之一；

他是最富有仁爱之心的人物之一；

他是美国人最敬爱的人物之一。

他常常赢得非常多的喝彩。

这位孜孜不倦的天才，

是如此轻便地滚起了人生的雪球，

财富像是慕名来找他。

他就是全球最著名的投资人——沃伦·巴菲特。

他从来不会和你计较名声，所以，流言蜚语在这样一位人物身上可以忽略不计；他也不会跟你啰唆太多的大道理，赚钱而不赔本就够了；然而他并不冷漠，他的诙谐与幽默与他的财富和智慧一样富饶。比尔·盖茨曾说："他的笑话令人捧腹，他的食物——大堆汉堡和可乐，妙不可言，简而言之，我是个巴菲特迷。"相信和巴菲特的财富一样富足的还有他独特的人格魅力。他被美国人称作"除了父亲之外，最值得尊敬的男人"。

这个魅力十足的男人同样还有一份慈爱的情怀。他一生勤俭得来的巨富，尽数捐献给了慈善机构，其中的300亿交给盖茨基金会，这是人类历史上最大的一笔私人捐款。而接受捐款的盖茨慈善基金会无比感慨地说："我对我们的朋友沃伦·巴菲特的行为受宠若惊。"除此之外，巴菲特把全部资产悉数捐献，可是从来没有一个以自己的名字命名的基金会，他也从来不会插手基金会资金的使用情况。他来到这里仿佛就是要传达上帝的旨意，人人都在虔诚地聆听，可是一抬头，他就走远了，无声无息地淡出人们的视线，而只要人们感激上帝。

巴菲特的建议总会让你受益。如果你很富有，他将告诉你如何利用财富回馈上帝的优待；如果你正在积累财富，他将让你的财富之路缩短并更加平坦；如果你还很贫穷，他将把财富之路展现在你的面前，而且使其"平坦得就像通往教堂的大道"。股市在他面前仿佛是最简单的游戏，投资更像是理所当然地去取得成绩。他从来不会去抱怨上帝没有给他机会，反倒是总有人或者市场抱怨巴菲特没有给他们机会。

别以为他只是一个装钱的袋子，他总是教人们怎么去赚钱；别以为他生在钱堆里，其实他吃过的苦是常人难以想象的；别以为他的世界里只有钱，除此之外，还有责任心、人格以及智慧。他是一个典范，只能够被瞻仰和膜拜。与贫富无关的智慧，总是叫人羡慕不已；与财富无关的人格，总是让人感动不已。

巴菲特常说："别跟我说你的想法，我只知道，你的钱加上我的头脑才能取得最佳的财富。"他无疑是最自信的人，他坚持他的所思所想并努力捍卫。像是早就知道了财富的去路，他要做的，只是在恰当的路口等待。然而他又是一个勤俭到极致的富翁，他甚至认为他积累财富主要的要素在于他的节俭。然而在慈善事业中，他又是如此慷慨大方。当以"亿"为单位的捐款数额到达全世界需要的人手中的时候，我们的世界因为他而变得绚丽起来。

"滚雪球"的人

巴菲特，一位极富传奇色彩的股市投资奇才，一举一动都会影响全球市场走势的投资大师，一个宣称在死后 50 年仍能管理和影响全球经济的人，却只是一个懂得"滚雪球"的人。他说："人生就像是滚雪球，最重要的是发现很厚的雪和很长的坡。"

沃伦·巴菲特出生于1930年8月30日，当时的美国正经历着一场史无前例的金融危机，当时纽约流行一首儿歌："梅隆拉响汽笛，胡佛敲起警钟。华尔街发出信号，美国往地狱里冲！"巴菲特的家境也相当困难，但巴菲特的父母尽可能地让自己的孩子们过得好一些。沃伦·巴菲特从小也很懂事，有一种超乎年龄的谨慎，他被母亲称为"很少带来麻烦的小孩"。沃伦·巴菲特对数字有着异于常人的敏感，并且表现出一种如饥似渴的专注。小时候，他经常与小伙伴们玩一些数字游戏，这为他以后进入投资界打下了良好的基础。

勤劳是财富的本质。美国经济大萧条使巴菲特的父亲霍华德的证券经纪人工作陷入困境，致使家里生活拮据。经历了这些艰辛的岁月之后，沃伦·巴菲特便怀有一种执着的愿望，想要变得非常富有。自那以后，巴菲特先是在家门口的街道边上摆了个小摊，向过往的人兜售口香糖。后来，他又在繁华市区卖柠檬汁。9岁的时候，巴菲特和好友拉塞尔在加油站的门口数着苏打水机器里出来的瓶盖数，并把它们运走，储存在家里的地下室。这可不是9岁少年的无聊举动，他们是在做市场调查。他们想知道，哪一种饮料的销售量最大。不仅如此，巴菲特还从祖父的食品店买来苏打水在炎热的夏季挨门挨户地去推销。他每天早晨送500份报纸，一个月下来可以挣到175美元，他把挣到的钱都积攒起来。

1941年，11岁的巴菲特坐在小伙伴家的台阶上，宣布自己将在35岁的时候成为一名百万富翁。这一看似天方夜谭的梦想，却由于三个因素而得以实现：长达25年的时间、一开始积攒下来可供复利增长的资金，以及他对这个梦想专心致志的追求。那一年，巴菲特购买了平生中第一只股票。他像成年人一样，努力学习关于股票的一切知识。他以每股38美元的价格购买了3股城建公共设施证券，最终以40美元的价格抛售出去。除掉手续费，巴菲特赚了5美元，但股价很快就涨到了202美元。失掉赚更多钱机会的巴菲特并没有沮丧，他说：“至少我不是赔钱，而是赚钱了。”

小巴菲特一边从实践中学习投资，一边坚持不懈地继续着自己的资本积累。在送报纸时，巴菲特找到了最有效率的送报路线，“把本属无聊的重复性工作——每天递送几百份报纸——变成自己和自己的竞赛”，还向送报客户推销台历与杂志。于是，到1944年年底，还是初中生的沃伦已经申报了自己的第一笔所得税——7美元，并且已经完成了

《赚1000美元的1000招》提出的第一步，他那时的储蓄总额大概是1000美元。在高中，沃伦每个月能从投递报纸工作中赚到175美元，比他的老师甚至大部分全职工作的成年人赚得还多，更别提他的几项“新买卖”：零售重新打磨的高尔夫球，出售值得收藏的成套邮票，提供汽车护理上光业务，在理发店摆放弹子机，等等。

智慧是羡慕不了的，而勤劳却可以。3年后，巴菲特已经有了5000美元，这可相当于2007年的53000美元。当我们惊叹于巴菲特与生俱来的理财天赋时，也不应该忽略当中的坚忍与汗水——这一半的储蓄可是靠数年如一日地投递了50多万份报纸才挣到的。

中学毕业后，巴菲特进入世界上最顶尖的商学院——宾夕法尼亚大学沃顿商学院攻读财务和商业管理。但巴菲特对教授们的空头理论并不感兴趣，两年后便不辞而别，回到家乡内布拉斯加州。当巴菲特信心满满的入学申请被哈佛商学院拒绝时，他又向哥伦比亚大学金融系主任戴维·多德发出了诚挚而坦率的信件，这让他没经过面试就被录取了。

机遇不是随机分配的，而是争取来的。事实证明，这封信是如此值得。巴菲特在哥伦比亚大学遇见了自己的偶像、价值投资之父本杰明·格雷厄姆，并从格雷厄姆那里学到了受用终身的秘诀——不受市场短期行情影响，而是运用理性、量化和系统的方式对公司与股票进行估值与投资。巴菲特的投资方法也在这段时间里逐渐形成：“评估投资价值，规避风险，保留安全边际，让复利发挥实际功效”，“只买自己能够理解和评估的股票，并且只在很便宜时买进”。

从那以后，巴菲特创造了一个又一个不可思议的奇迹，自从怀揣9800美元来到哥伦比亚大学以来，20岁出头的巴菲特在1951年一年内就将自己的资产增值了75%。在26岁时，巴菲特甚至准备退休了，因为他已经拥有了17.4万美元，那时他每年资金的增长率超过61%。1964年，巴菲特的梦想已经变成现实，他的个人资产已经达到了400万美元，而此时他掌管的资金已高达2200万美元。

在你面前，他可能是不可思议，在他那里，却早已是理所当然。35岁之后，巴菲特的财富传奇就是一连串不断上升的数据：1973年他开始投资《波士顿环球》和《华盛顿邮报》，他的介入使《华盛顿邮报》利润大增，每年平均增长35%。10年之后，巴菲特投入的1000万美元变成两个亿。1980年，他用1.2亿美元、以每股10.96美元的单价，买进可口可乐7%的股份。到1985年，可口可乐改变了经营策略，开始抽回资金，投入饮料生产。其股价已涨至51.5美元，翻了5倍。至于巴菲特到底赚了多少钱，其数目可以让全世界的投资家咂舌。就在这一年，55岁的巴菲特列入《福布斯》世界400富豪名单。

传奇到此还没有结束，巴菲特在2008年以620亿美元身家成为世界首富，而且是历史上唯一通过投资成为世界首富的人。与此同时，巴菲特还造就了一大批富翁：巴菲特帝国的旗舰公司伯克希尔·哈撒韦刚刚上市时每股价值只有7.50美元；到2007年，伯克希尔的股票交易价是每股14万美元。

巴菲特常说："人生就像是在滚雪球，最重要的找到很厚的雪和很长的坡。"今天，已经89岁高龄的巴菲特仍在继续工作，他的妻子苏珊以为，巴菲特只要赚够800万至1000万美元，就会退出投资业，将部分精力转移回家庭生活中。可是，巴菲特却丝毫没有放缓投资步伐。巴菲特依旧专注于投资，视工作如一种神圣的使命。

多年来，巴菲特积累了大量财富，然而从他那简朴的生活中很难看出他是一个富有的人。今天他依然住在1958年花3万多美元买下的那套住宅里，一个朋友曾经问他："你那么富有为什么不肯花点钱改善一下居住条件？"巴菲特回答道："我是有钱，我想买什么就能买什么，然而我却不能把钱用在这些方面。”巴菲特只是把财富积累看成是事业进程记录牌上的数码而已。时至今日，巴菲特没有收藏一件艺术品，没有名车。他午间在办公室用餐也非常简单：一个三明治、一杯茶。巴菲特虽然也有一架私人飞机，但那是为办公而设的，他给那架飞机起了个名副其实的名字：夺时者。

巴菲特坚持资金积累应从点滴做起，他相信溪流汇成大江的道理。他认为财富是自己的，也是社会的，从某种意义上说，他遵循这个信条由一个寒窗苦书生成为世界富豪。有人问及巴菲特今后的奋斗目标时，巴菲特的回答很简单：“生命不息，奋斗不止。”这位耄耋之年的世界富翁健康状况良好，他表示将把一生奋斗的积蓄在自己走进天国之前全部捐献给社会和慈善事业。

更耐人寻味的是，巴菲特在进行捐赠的同时，却没有考虑为自己留下任何名利，没有用自己的名字命名任何项目，没有对资金用途指定任何个人意向，没有选择创造自己的慈善王国。这或许是因为盖茨基金会和巴菲特所拥有的相同信念——“每个生命都有平等的价值”：在一个理想的世界里，胜者能够自由地去奋斗，但是要帮助失败者填补缺口。

放弃也是获得

坚持并不一定是拥有，而放弃也不一定是失去。有的时候，理智的放弃也是一种收获。所以得到的时候，别扬扬自得，因为你已经失去了些什么；放弃的时候也无须沮丧，因为你已经得到了很多。巴菲特告诉我们，放弃也是一种获得。

巴菲特是一个精通哲学的人，他也常常把他的哲理运用到商道上来。巴菲特的最新传记《滚雪球》中提到，从2000年到2003年，他以4.88亿美元购入中国石油股票，按这个价格计算，中石油的市值约为370亿美元。而在2007年下半年，中石油的市值涨到了2750亿美元，这个时候，大多数的股民都是死死地拽着股票，一路攀升带来的欣喜却没有打动巴菲特，他迅速地将手中的股票以40亿美元全部卖出。他说有升必有降。尽管他卖出中石油股票之后，股价仍在继续上涨，甚至有人嘲笑“股神”浪得虚名，但第二年全球股市大幅下跌后，中国石油H股的价格曾跌至9港元。当那些不舍得放弃的股民还在怨声载道的时候，他早就“功成身退”了。他放弃了冒险，却获得了足够多的利益。懂得放弃的巴菲特告诉那些不愿放弃的人：放弃也是获得，贪得无厌的结果是物极必反。

放弃了一种遗憾，却可以收获一份勇气；放弃了一份固执，却可以收获一份解脱；放弃了一份强求，却可以收获一次成全。人总是感性的动物，会因为感情而对一些人、一些事物恋恋不舍。时间也许已经过去很久了，而人往往还停留在故事发生的那一天。感情，事业，财富，总在困扰我们的精神，放弃是如此难以抉择。但是仔细想想，这些都不过是我们的欲望，没有一种是生命的本色——我们的理想。放弃是一件幸福的事情，我们会因此而少一分疲倦，多一分洒脱；少一分负担，多一分轻松。我们更应该坚持我们最初的梦想，把一切累赘放置一边。那么失去的只是负担，得到的将是闪亮的人生。

美国著名作家苏珊和丈夫离婚之后，独自一人抚养子女，巨大的经济压力和精神压力常常使其难以入眠。于是她决定搬到纽约，可是首先需要做的就是卖掉这边的房子，告别她最要好的朋友和邻居。可是过了很久，房子依旧无人问津，她也天天处在浑浑噩噩的时光里，唯一的安谧时光就是周六去教堂。一天，一个牧师在和她附近的几个男孩对话，她被吸引了。牧师对几个小孩说："我知道你们袋子里都有一个1美元的硬币，只要你们舍得把那个1美元的扔掉，我就把我这个10美元的给你。"这时候，几个十几岁的男孩没有一个人愿意把那个1美元的硬币丢掉。苏珊顿时领悟了，她越是舍不得这里的房子和朋友，就越是会继续活在一种颓废的状态中。于是她马上回家带领孩子搬到了纽约。后来，她在纽约的工作异常顺利，并且成了著名的作家。

作出放弃的选择是困难的，因为那样意味着我们失去了非常亲近的利益或者感情。可是人非圣贤，我们不可能什么都拥有，我们不可能面面俱到，我们也不可能事事成功，趁着我们年轻有为的时候，理性放弃次要的东西，集中精力去做应该做的事才会有所成就。勇敢放弃，理智选择，不必忧心忡忡，不必为因放弃而失去的东西耿耿于怀。因为失去的时候，你也获得一些更有意义的东西。学会理性地放弃是人生的一种乐观态度，敢于放弃，理性放弃，我们才会梦想成真。

当你发现已经处在一个洞穴之中的时候，最重要的事情就是停止挖掘。盲目的执着带来的可能是自我伤害，那么，请理智地放弃吧，你也将得到更多更好的。

你会付给自己多少工资

每个人的人生都是自己亲手经营的，自己既是自己的老板，又是自己的员工，还是自己的产品。那么谁又想过，你会付给自己多少工资呢？

有一个很有意思的事情，作为全球"股神"，作为董事长和CEO，巴菲特的年薪实际上只有10万美元，这是一个固定值。任何一个坐在这个位置上的人拿到的都只有这么多，巴菲特当然也不例外。然而与一般董事长不同的还有两点：一个是巴菲特个人的安保费用达到了近40万美元；另一个则是他的主要收益不在于领导者的职位收入，而主要在于股票投资取得收入，每年的收益高达几十亿到上百亿美元，岗位收入在他的年总收入中是可以忽略不计的。

安保费用之高在另一个方面上也体现了巴菲特身份的高贵，而总收入（股票投资为主）则说明：由岗位赋予的工资只是一种被动的收入，而真正为自己增值的还是主动地创造价值，这样的人，才可以无限地给自己涨工资。巴菲特的一生就是一个不断为自己增值的过程。从7岁开始卖口香糖和柠檬汁，9岁又开始卖苏打水和送报纸，再到13岁开始初步的股票投资，他的工资似乎从来都是自己主动争取来的，他的人生也在这样一步一步地升值，就好像他看准的股票一样。他付给他自己的工资靠的是智慧加上努力。

由此可见，任何人的工资都不是固定的，你可以随意为自己涨工资。这里的“涨”，不一定就是在货币上表现，还可以在自身的成长和提高中体现出来。每一天的进步都是在对自己进行嘉奖，而每一次的成功都像是无声的表彰。人生除了升值就是贬值，千万不要以为停滞下来歇一歇还可以继续占据原有的位置，因为在对手进步的时候，你的停滞意味着落后。

人生就好像是一张只能刷100次的磁卡，我们每一次的使用都应该谨慎小心。每一次都意味着接近死亡，所以我们应该更努力地为生命增值，这样，你才有可能不断地为自己涨工资。一个懒惰的人是不懂得紧张的，得到的也必将是空洞的人生。而唯有勤劳聪敏的人才是热爱生命的人，只有他们才能让生命绚丽多姿，才能为生命增值。

在追求苏珊·汤普森的时候，当时的巴菲特并不富有，长相也很一般。汤普森每天躲着巴菲特，要是巴菲特在前门守着，那么汤普森就从后面溜走。然而，汤普森的父亲却非常喜欢这个聪明的年轻人，常常在家里和他进行交谈，这也给了巴菲特接近汤普森的机会。有一次，当时汤普森正好在场，父亲问起了巴菲特的工资，巴菲特回答说："我的工资每天都在增长，我无法知道一个准确的数字，但我肯定我会变得越来越富有的，因为我已经被一位美丽的女孩吸引住了，因为她的存在，我的工资会更努力地拔高，尽管她有一个缺点，那就是不懂股票，但是她依然无懈可击。"听到巴菲特的甜言蜜语，汤普森和父亲会心地笑了，不久这位还在大学上学的女孩和巴菲特结婚了。虽然他们的婚姻最后以分居收场，可巴菲特的一生却还在不停地"涨工资"。

只有能够为生命增值的人才能够随意地为自己涨工资。为生命增值最要紧的是要经营自己的长处，找到增值的最佳时机，并且不遗余力地采取行动。每个人的人生都是自己亲手经营的，自己既是自己的老板，又是自己的员工，还是自己的产品。那么谁又想过，你会付给自己多少工资呢？做一个有思想的"老板"，指挥采取行动的"员工"，制造出最有价值的"产品"，那么你给你自己的工资必定不会少。

重要的是成为你自己

上天给了猎豹强壮身体的同时，也赋予它追逐的使命。猎豹了解自己的身体，也了解自己的使命。它知道自己为什么要追逐，又为什么能追逐——对于我们每一个人而言，追逐属于自己的人生，也是上天赋予一个人的一种使命。从这个意义上说，成不了巴菲特也并不遗憾。重要的是，成为你自己。

巴菲特说他的成功是基于一些简单的投资理念和每天满怀热情地工作。不过，如果事情只是如此的话，为什么没有人能够复制巴菲特的成功？事实上，当我们每多读一本有关巴菲特的书时，我们自信成为下一个巴菲特的梦想就逼近幻灭。巴菲特的一位女性朋友有一次碰巧在凯瑟琳·格雷厄姆家的客房停留。这位朋友震惊地打电话对巴菲特说，卫生间里有一幅毕加索的真迹。巴菲特回答道：“我在那套客房里住过很多年，但从没有注意到那幅画。”的确如此，巴菲特只注意到卫生间里有免费的洗发水，这就是巴菲特。巴菲特的财商与生俱来、难以逾越，我们可以断定，巴菲特是模仿不了的，他的成功不可复制！

马克·塞勒尔曾分析过巴菲特不可被复制的原因，他说：“任凭你是顶尖学校的MBA，或者拥有注册金融分析师资格、博士学位、注册会计师证书等数十种可能得到的学位和证书，都不可能让你成为伟大的投资者。哈佛也无法把你教成这样的人，西北大学、芝加哥大学、沃顿商学院、斯坦福也不能。你可以通过MBA的学习极大地减少前进道路上的错误。这经常能使你得到丰厚的薪水，即使你离成为伟大投资者越来越远。”而这些原因中最为重要的一点是不受其他意见的左右，坚定的自信，并且果断地行动。

股神只能有一位，这个结论在热衷于探寻巴菲特传奇的人们看来，很矛盾也很残酷，但却是事实。对一个人来说，无论是建立事业、认识世界，还是结交朋友，都像是在滚雪球，要找对雪地，要在最初的时候把雪压紧，要一边前进一边选择积雪皑皑的地方，要扎实、勤奋、不懈地努力，才能成为自己想要成为的那种人。从这个意义上说，成不了巴菲特也并不遗憾。重要的是成为你自己。

在美国的一个小酒吧里，一位年轻的小伙子正在用心地弹奏钢琴。说实话，他弹得相当不错，每天晚上都有不少人慕名而来，认真倾听他的演奏。一天晚上，一位中年顾客听了几首曲子后，对那个小伙子说："我每天来听你弹奏都是这些曲子，你不如唱首歌给我们听吧。"这位顾客的提议获得了不少人的赞同，大家纷纷要求小伙子唱歌。

然而，那个小伙子面对大家的请求却变得腼腆起来，在大伙和老板的一再请求下，小伙子被逼无奈，只好红着脸唱了一曲《蒙娜丽莎》。哪知道他不唱则已，一唱惊人，大家都被他那流畅自然、男人味十足的歌声迷住了。最后在大家的鼓励下，那个小伙子放弃了弹奏乐器的艺人生涯，开始向流行歌坛进军。这个小伙子后来成为美国著名的爵士歌王，他就是著名的歌手纳特·金·科尔（Nat King Cole）。

若不是被逼无奈地开口一唱，科尔可能永远坐在酒吧里做一个三流的演奏者。人摆错了位置就永远是庸才。其实很多时候是，我们时常把别人的成功当成自己的目标，这无疑等于荒废了自己的才华。我们时常生活在这样一个谜团之中，迷失自己，找不到自己真正的目标、自己的兴趣在哪里。也许沃伦·巴菲特的那句话能给我们最好的回答："人生就像滚雪球，最重要的是发现很厚的雪和很长的坡。"试问自己，"我应该把自己摆在哪里？"如果你对投资比较感兴趣，其目的又是什么？是通过投资来达到财务自由，过上自己想过的生活，还是完全出于一种爱好？

尼采曾说过："聪明的人只要能认识自己，便什么也不会失去。"言下之意是说，一旦你认识了自己，了解自己的长处和短处，就能设立正确的人生目标，充分释放自己的潜能，从而把握自己的命运。不想沦为芸芸众生的人只需做一件事，那便是听从自己的内心的呼唤：成为你自己！

风险来自你不知道自己在做什么

市场只帮助那些努力的有目标的人，市场也不会饶恕那些不清楚自己在干什么的人。那些盲目的家伙必将被市场撞得鼻青脸肿，因为风险来自你不知道自己在做什么。

在巴菲特的投资生涯中，并非没有遇到过重大的危机。如九一一事件中，纽约倒塌的双塔就是伯克希尔·哈撒韦旗下的保险公司保险的，伯克希尔·哈撒韦为此支付了巨额的赔偿金，但没有垮掉，这是因为巴菲特进行了足够的风险防范。他说，收了保费后他从没想过不需要支付赔偿，净赚这笔保费，只是不知道发生的时间，他所要做的，就是在发生之前，做好防范措施。他对他的每一笔投资都有明确的了解，并做到防患于未然。

巴菲特认为投资需要的是知道投资对象，以及自己在做什么，不买不懂的东西，每一次都是要保住现有的资金，做到不损失。依靠这个，他没有买网络股，躲过了2000年网络泡沫破裂带来的风险；依靠这个，他没有买复杂的金融衍生品，没有买房屋抵押次级债券，避免了次贷危机。正是对于风险防范的准备，使他渡过一次次危机。

人生就像是一张纸，只有那些有目的的画笔才能描绘出生动的图景来。而漫无目的的人不仅仅是在浪费生命，甚至还是一种自杀，因为被糟蹋的白纸最终的命运是被丢弃进了废纸篓里，而只有那些多姿多彩的生动图景才会被裱起来，摆在醒目的地方。当我们被一种现实的紧迫感催着去奋发向上的时候，我们首先应该清楚的是自己在做什么。在做什么和将要达到的目的是两回事，在做什么是说明你对待事物的一种态度——对自己当前的所作所为是一种负责任的态度，还是一种应付的态度；达到的目的则是做事的功利性和期待的结果。这两者就是过程和结果的关系。而风险只会来自过程，即我们为人处世以及做事的即时心态。

这是一个真实的故事，发生在美国加利福尼亚州。一个小女孩把她父亲最喜爱的卡车刮花了。那是她父亲精心保养的一款车，这个父亲在盛怒之下，居然把自己的亲生女儿用细铁丝吊了起来。4个小时之后，当这个父亲把女孩放下来的时候，女孩的手已经彻底断掉了。看着血肉模糊的女儿，这个父亲后悔万分，送到医院也依旧没有能够保住孩子的手。半年之后，当卡车被重新刷新之后，女孩对她父亲说："爸爸，你的车看起来真是像极了新车，可是我的手呢？"过了几分钟，还在凝望卡车的女儿听到一声枪响，她的父亲举枪自杀了。这是一个完全不知道自己在做什么的父亲，也为自己的冲动付出了生命的代价。

我们太容易头脑发热了，我们太容易冲动了，我们常常在一瞬间失去了理智，还记得那些酒后驾车的"马路杀手"吧，还记得那些抢劫杀人的亡命之徒吧，他们缺少的往往就是对自己行为的认知。

年轻人常常犯的错误叫作"年轻"。一种强烈的功利性左右了我们的理智，还有就是人的惰性，懒散而碌碌无为，却又想凭空变出一番成就来，这些人对事业和生活都是散漫的态度，成功当然也是不可能了。为自己设立一个长期的目标吧，再为每一个阶段设立一个短期目标，再为每一次的行动加上注脚——我到底是在做什么，为了什么。漫无目的的人是没有成功可言的。

只有亲手创建的未来，才是唯一能信任的命运

李嘉诚

LIJIA CHENG

（1928— ）

……

李嘉诚是真正的贵族。在他的身上，

我们找到了教养、责任与自由这些久违了的贵族精神。

他告诉人们，

人真正的富贵不在其显赫的社会地位或巨额财富，

更不在其“炫耀财富”的生活方式，

而在其品行端正，操守优良，

更在其对社会进步的推动，为其他群体提供保护和帮助，

以及对国家荣誉的捍卫。

他们之所以“贵”，在于行动与操守。

他，长期雄踞世界华人首富宝座；他，赤手空拳起家，创造了一个商业神话；他，教子有方，成为美谈；他，高龄之年却依然扑在工作上。这个被人们敬若神明的人，就是有着“香港超人”之称的李嘉诚。

在长达半个多世纪的奋斗生涯中，李嘉诚以顽强的意志，不屈不挠的拼搏精神，渡过了创业中一个又一个激流险滩，创造了辉煌的成就，开辟了一条成功之路。事业上的成功，个人品德的高尚，使李嘉诚逐渐成为香港和内地人所敬仰的风云人物。在集团同人眼中，李嘉诚是一位集胆识才华于一身，有着远见卓识、讲究信誉、沉着冷静、善于应变的企业家；在大众心目中，李嘉诚是对香港和内地的社会发展与进步作出重大贡献的人物。他的成功凝聚和代表了一种奋斗不息的精神。

李嘉诚是一个永远发问并努力寻找答案的人。22岁创业之初，他问自己：“光凭能忍、任劳任怨的毅力已经不够，在没有找到成功的方程式前，如何让一个组织减少犯错、失败的可能？”29岁的时候，他的财富已经可以让其永远脱离贫穷，他问自己：“人生是否有钱便真的会快乐？富有后，感觉不到快乐又该如何？”

在李嘉诚晚年的时候，他虽然已经富可敌国、功成名就，但他清醒地认识到，每个人最终都要离开这个世界，他问自己：“我如何才能让死后的自己比生前做更多的事情？”每天早上醒来时，他问自己：“我的努力和蒙上天眷顾，取得今天的成功，应如何做得更好？”每天晚上睡觉时，他问自己：“我有否过分骄傲和自大？我是否拒绝接纳逆耳的忠言？我是否不愿意承担自己言行所带来的后果？我是否缺乏预见问题、结果和解决办法的周详计划？”李嘉诚就是这样一个时时刻刻、永不停息、无穷无尽、持续不断的提问者，并努力地寻找答案。

李嘉诚这个名字，对于许多人来说意味着财富。他有着“超人李”“大哥诚”“塑胶花大王”“地产猛龙”“地产大王”等称号。然而，李嘉诚并不希望人们把自己称为“富人”，更喜欢人们称他为“贵人”。他认为财富不是单单用金钱来比拟的，内心的高贵才是财富。富有只是一个世俗概念上的成功，而贵则是从一个人的行为而来。真正的“富贵”，是必须懂得用金钱去回馈社会，如果不能做到这样，即使拥有了金钱，也只不过是“富而不贵”。

李嘉诚对责任的深刻理解与认知，让我们在这个贵族阶级早已远去的年代，认识了一个真正的富贵之人，找到了久违的贵族精神。

真正的富贵之人

李嘉诚有两大事业：一个是他成功建立的业务多元化并遍布全球的庞大商业王国，另一个就是以“李嘉诚基金会”为旗舰的慈善公益事业。他因这两项伟大的事业博得了人们的尊敬，被视为当今社会的楷模。财富对他来说已经只是一个概念，在惊天巨富背后，李嘉诚带给我们的影响已经远远超越物质的层面，是一种震撼人心的“李嘉诚精神”。

李嘉诚1928年出生在广东省潮安县一个书香世家。1940年，为了躲避日本的侵略，11岁的李嘉诚随全家人来到香港。1941年，日本占领了香港。李嘉诚的父亲成了一名地位低下的公司职员，而且患上了肺结核，由于收入有限，根本无力承担医疗费用。和记黄埔公司杂志刊登的一段人物简介，描述了父亲的经历对青年李嘉诚的影响。李嘉诚当时也染上了肺结核，这“让李嘉诚相信，金钱多少可以塑造人的尊严。金钱开始与生活本身直接联系起来……成为一种衡量个人价值的尺度，一把通向自由和独立的钥匙。在李嘉诚的早年时代，金钱几乎成了宗教的替代品”。

在李嘉诚的记忆中，第一次强烈的自我改变发生在10岁时。那一年，李嘉诚升入初中，在没有任何人的提醒下，他突然意识到了自己对家庭的责任。这让他一改往日的贪玩，开始发奋，每晚主动背书、默写。这种一夜之间的改变甚至曾令其父不解。到了香港之后，十几岁的李嘉诚主动承担起养家的重任。年少时期，他做过茶馆的跑堂、舅舅钟表店的伙计、五金厂的推销员。

1950年夏天，只有22岁的李嘉诚立志创业，向亲友借了5万港元，加上自己的全部积蓄7000元，在筲箕湾租了厂房，正式创办“长江塑胶厂”。创业初期的一天，李嘉诚在一本外国杂志中看到一则不太引人注意的小消息，说意大利某家塑胶公司设计出一种塑胶花，即将投放欧美市场。李嘉诚立刻意识到，战后经济复苏时期，人们对物质生活将有更高的要求，而塑胶花价格低廉，美观大方，正合时宜，于是决意投产。他的塑胶花产品很快打入香港和东南亚市场。同年年底，欧美市场对塑胶花的需求越来越大，“长江”的订单以倍数增长。到了1964年，李嘉诚已赚得数千万港元的利润，而“长江”更成为世界上最大的塑胶花生产基地，李嘉诚也得了“塑胶花大王”的美誉。

不过，李嘉诚预料塑胶花生意不会永远看好，他更相信物极必反。于是急流勇退，转投生产塑胶玩具。果然，两年后塑胶花产品严重滞销，而“长江”却已在国际玩具市场大显身手，年出口额达1000万美元，为香港塑胶玩具出口业之冠。

挺进房地产业的决定奠定了李嘉诚成为香港首富的基石。当时香港发生了严重的银行信用危机，投资者及市民纷纷抛售房产。香港房地产价格暴跌，地产公司纷纷倒闭。1967年，香港发生了反英暴动，使房地产市场陷于死寂。不过，李嘉诚却看好香港工商业的前景，认为香港这个商机十足的殖民地，不会久乱。他反行其道，在人们贱价抛售房产的时候，却大量购入地皮和旧楼。李嘉诚挺进地产的原则是谨慎入市，稳健发展。具体做法就是初期不卖楼花（“楼花”即在建物业），不贷款，不按揭，只租不售，有效地避开银行挤兑和地产危机。李嘉诚知道，自己初入地产行业，羽翼未丰，他输不起也赔不起，因此只租不售的稳健策略为他日后的成功打下了坚固的基础。

1971年6月，李嘉诚正式创办长江置业有限公司，翌年改组为长江实业（集团）有限公司，正式在地产事业上大展拳脚，并在后来多次石油危机和经济萧条的时期，趁楼价下滑，运用人退我进、人弃我取的战略入货，结果在楼市大升时获得巨利，使手上的资金暴增。1977年之前，李嘉诚只是不太出名的普通成功商人，1977年之后，李嘉诚成了一个名人。在拍卖场上，李嘉诚举手应价，被誉为“擎天一指”，在地产界举足轻重。此后，李嘉诚收购了香港一些具有实力的上市公司，如怡和集团的主要旗舰“九龙仓”、老牌英资公司青洲英泥、老牌英资财团和记黄埔。直至1980年，李嘉诚已拥有超过40%的“和黄”股权。如手到擒来般，顺利登上和记黄埔董事会主席的宝座。

20世纪80年代后，李嘉诚进行了一系列的扩张。除了房地产外，还经营航运服务、电力供应、货柜码头以及零售等，形成一个坚不可摧，在香港举足轻重的大型综合性财团。他分别在加拿大、美国、英国、新加坡设立根据地。业绩一年比一年好，还未到20世纪90年代，李嘉诚就成为香港的首富，并且一直保持着这个地位。

进入2000年后，李嘉诚更以个人资产126亿美元，两度登上世界十大富豪排行榜，也是第一位连续两年上榜的华人富翁。经过数十年的“开疆辟土”，李嘉诚已拥有4家蓝筹股公司，市值高达7810亿港元，包括长江实业、和记黄埔、香港电灯及长江基建，占恒生指数两成比重。集团旗下员工超过3.1万名，是香港第四大雇主。直到2010年，《福布斯》富豪榜显示，李嘉诚居全球富豪榜第十四位，身家为210亿美元。

而进入鲐背之年的李嘉诚还经常精神奕奕地参加公司大大小小的活动。被誉为“李超人”的他表示：“我依旧没有考虑退休。现在我60%的时间是花在集团公务上，40%的时间在私人基金的工作上，并没有淡出的打算。”

李嘉诚早在1980年就成立了自己的基金会，30多年来，李嘉诚基金会所捐献的金额已超过了84亿港元。对香港、内地及全球的教育、医疗、文化、公益事业作出了系统的资助，全球受资助的机构和人士均视他为回馈社会、关爱弱势群体的楷模。与财富的这两种打交道的方式和态度奇妙地统一在了李嘉诚的身上。《商业周刊》每年都会编列美国全年捐献最多慈善家排行榜，而李嘉诚成了这个排行榜上唯一一个华人慈善家。

不仅如此，李嘉诚还表示，未来将会把自己至少三分之一的身家捐给名下的3个慈善基金。根据2010年《福布斯》全球富豪排行榜估计，这个以李嘉诚为名的基金，将是香港最大的个人慈善基金。对于自己的基金会，李嘉诚曾亲切地称其为自己的“第三个儿子”，还特别表示，“这个‘儿子’的财产，家里任何人都没有份儿，任何人都不可以动”。

直到今天，李嘉诚的这种精神依然如故。在通过他千辛万苦，创立起自己的商业王国之后，他的这种精神上升为一种更大的博爱精神。用他的财富和能力，回馈整个社会，帮助众多需要帮助的人成为他的另一种人生理想和境界，同时也深深影响着越来越多的人。

一个寻找答案的老者

古希腊哲学家苏格拉底曾有一句名言：“没有经过反思的人生是毫无意义的。”“我为什么活在这个世界上？”“人生活的目的是什么？”类似的问题，每个人在他成长的过程中迟早都会追问，这样的问题对任何人来说都永远不会有现成的答案，只有亲自去寻找。李嘉诚就是这样一个时时刻刻、永不停息、无穷无尽、持续不断的提问者，并能积极地自觉地寻找答案。

李嘉诚有着一对大大的瞳孔，但眼神不是很犀利，而是柔和的、探寻的，像儿童一样闪现着好奇心。说话时，他语速不快，但抑扬顿挫。他的言语、目光和笑容，都不免让人产生疑问：早年经受的战乱、苦难，以及随后60多年的辛苦工作，这些负面影响究竟是被一种怎样的力量化解，而没有让他成为一个性格极端的人？在很多场合，李嘉诚都会提到自己的一生“蒙上天眷顾”，除此以外，他还认为：“性格才是命运的决定因素。好像一条船，船身很重要，因为机器及其他设备都是依附在这条船里面。”

李嘉诚是一个被神化的人，他的性格也为外界所忽视：李嘉诚是一个性情急躁还是温和的人？他可曾有脆弱或失去自控的时候？如果过往的经历可以呈现出李嘉诚的部分性格，那至少可以说明两点：他随时准备应付挑战，同时，乐于在高度自控下获得内心自由。关于后者，一个最恰当的阐释是他自身的体验：在参与地皮招标时，李嘉诚会不停地、很快地举手出价，但当价钱超过市场的规律，他左手想举起时，右手便立即“制止”左手。很早的时候，李嘉诚就证明了，他从来不惮于改变自己，并永远清楚什么时候该迎接下一次的挑战。

李嘉诚之所以成功，主要在于他永远懂得把握角色变更的时机和方法。在一次演讲中，他说：“每个人都应在人生不同的阶段不停地反思自问，只有这样才会看清未来的路……我有什么心愿？我有宏伟的梦想，我懂不懂得什么是节制的热情？我有拼战命运的决心，我有没有面对恐惧的勇气？我有信息有机会，有没有实用智慧的心思？我自信能力天赋过人，有没有面对顺流逆流时懂得恰如其分处理的心力？”

早在创业之初，李嘉诚就开始了这样的思考，当时他还只是一个无名小卒，但他清楚地认识到，要想将事业做大光凭能忍、任劳任怨的毅力是不够的。如何让一个组织减少犯错、失败的可能，才是新的挑战。随着事业的成功，李嘉诚并未停止自己的思考，29岁时的一个晚上，李嘉诚回顾了自己的过去：从22岁创业，到二十七八岁“像火箭上升一样积攒财富”，那时他已经清楚地意识到自己将会成为一个富人，但却不知如何去做一个真正富贵的人。早年的李嘉诚对于生活细节毫不讲究，而就在那时，他开始在意自己的衣着、手表，但经过反思，他发现一个人真正的富有主要取决于内心的富有，而非物质上富有。从那时起，李嘉诚倡导的“富贵哲学”初现雏形。

对于李嘉诚来说，其一生中最大的一个疑问就是：富有之后感觉不到快乐该怎么办？这位伟大的企业家在1980年用行动作出了最好的回答，他设立了个人基金会，其宗旨就是“通过教育令能力增值，以及通过医疗及相关项目建立一个关怀的社会”，并希望“在我离开这个世界后做的事，一定要比我在世时做的只多不少”。李嘉诚对此表示：“我对教育和医疗的支持，将超越生命的极限。”如今，李嘉诚基金会向社会捐款已经达到84亿港元，而且他还表示未来将把个人资产的三分之一全部捐献给社会。

李嘉诚就是这样一个时时刻刻、永不停息、无穷无尽、持续不断的提问者。当他在汕头大学演讲的时候，向在座的诸多学子们抛出了连珠炮似的“天问”：“当你们梦想伟大成功的时候，你有没有刻苦的准备？当你们有野心做领袖的时候，你有没有服务于人的谦恭？我们常常都想有所获得，但我们有没有付出的情操？我们都希望别人听到自己的说话，我们有没有耐性聆听别人？每一个人都希望自己快乐，我们对失落、悲伤的人有没有怜悯？每一个人都希望站在人前，但我们是否知道什么时候甘为人后？你们都知道自己追求什么，但你们知道自己需要什么吗……”

古希腊哲学家苏格拉底曾有一句名言：“没有经过反思的人生是毫无意义的。”“我为什么活在这个世界上？”“人生活的目的是什么？”类似的问题，每个人在他成熟的过程中迟早都会追问，这样的问题对任何人来说都永远不会有现成的答案，只有自己亲自去寻找。英国思想家卡莱尔也说：“未曾哭过长夜的人，不足以语人生。”他指出了让人能够真正认识人生的往往是叫人长夜哭泣的痛苦。正是因为一些人经常追问如上那些问题，他们的生命才更加富有意义。李嘉诚正是这样的一个人，他不仅善于反省自问、提出问题，更能积极地自觉地寻找答案。

贵族的精神

一部英国贵族史告诉我们，一个社会群体让我们认识了什么是贵族；一个人的历史，一个人对责任的认知，让我们认识了真正的富贵之人。李嘉诚提出的“富只是一个世俗上的成功，而贵则是从一个人的行为而来”——富贵哲学，让我们找到了久违了的贵族精神。

对于李嘉诚的许多崇拜者而言，他是一位杰出的商人，也是一位绅士，更是一位积极投身社会的哲学家。但李嘉诚并不希望人们把自己称为富人，更希望人们称他为贵人。他提出的“富与贵”的理念深深地影响着每一个人，他就曾这样说过：“能够帮助许多人，改变他们的生活，才是我一生的荣幸。”

李嘉诚认为，财富不是单单用金钱来比拟的，内心的富贵才是真正的财富。一个人也许无法使他人变得高尚，但绝对可以使自己高尚；一个富豪也许可以轻易使自己的财富呈几何级增长，却未必可以使社会对他的尊重也呈几何级增长。富豪的不安全感不是社会的施压，而是来自内心的恐惧，内心富贵的富豪是雍容的，是从容的，是宅心仁厚的，是真正的“贵族”。实际上只有富而不贵的人才凄惶，才感叹没有安全感。为此，李嘉诚说：“如果我们只是一味追求金钱和权力，而置人类高尚情操于不顾的话，那么，一切进步及财富创造都将变得毫无意义。没有精神文明、只有物质充斥的繁荣表象，是一个枯燥、自私和危险的世界。”

何谓富？何谓贵？李嘉诚有着自己的看法，他说：“‘富贵’两个字，它们不是连在一起的，这句话可能得罪了人，但是，其实有不少人，富而不贵。真正的富贵，是作为社会的一分子，能用你的金钱，让这个社会更好、更进步、更多的人受到关怀。所以我就这样想，你的贵是从你的行为而来。如果你去看我们中国很多哲学家，他们讲‘贵为天子，未必是贵；贱如匹夫，不为贱也’。就是一个普通大众，底层工作者，未必是贱，你天子也不一定是贵。就是看你的一生所做的事，所讲的话，怎么样对人对事。”李嘉诚特别指出，富只是一个世俗上的成功，而贵则是从一个人的行为而来。在他的眼中，真正的“富贵”，是必须懂得用金钱去回馈社会，如果不能做到这样，即使拥有了金钱，也只不过是“富而不贵”。

历史上，西方国家判定一个人是否为贵族，有许多的标准，如出身、权势、封号、职业、土地财富等。传统意义上的贵族是世袭的，贵族有一套严格的行为规范，这些规范体现着深层的内涵，折射着“贵”的本质。正如莎士比亚所言：“不是拥有了财富就能成为贵族，贵族需要三代人的脱胎换骨。”身为贵族便意味着担当与责任，这也是贵族精神最主要的标志。首先是对自己负责，严于自律。欧洲的贵族传统，非常重视名誉，名誉高于一切，包括最珍贵的生命。而英国贵族被认为是西方国家贵族中的“最优秀者”。英国贵族在长达七八百年的历史中表现出的品性、素质、进取不息的精神、在与王权的斗争中展示的政治素养和技巧、对社会进步的有力推动以及其建立的多方面的功绩，都是被历史肯定了的。正是因为英国贵族的不朽功业，对国家荣誉和社会进步作出的杰出贡献，所以这个阶级的最终衰落才让世人感叹。

同样，正是因为李嘉诚的良好品质，在开创商业帝国的过程中展示的精神，特别是他积极投身社会公益事业付出的心血，才赢得了今天人们的尊敬，人们才愿意称他为“真正的贵族”，同时却对那些或骄奢淫逸或无所作为的伪贵族们嗤之以鼻。可见，单单是一个“贵”字，并不会让人们在心中认为你是一个富贵之人，单单拥有一个显赫的门第或拥有大量的财富，也不会引起今天人们的真正尊敬。

一部英国贵族史告诉我们，一个社会群体让我们认识了什么是贵族；一个人的奋斗历史，一个人对责任的认知，让我们认识了真正的富贵之人，不在其显赫的社会地位或巨额财富，更不在其“炫耀财富”的生活方式，而在其品行端正，操守优良；更在其对社会进步的推动，为其他群体提供的保护和帮助，以及对国家荣誉的捍卫；还要看其是否为民族前途与正义事业付出了代价，是否作出了应有的贡献。只有同时具备了这些素质、功业和条件，这个群体、这个人才“贵”得起来，才有资格被人们称为“贵族”。

人类社会的发展，平民时代的来临，宣告了贵族阶级的死亡。但各种伪贵族们，无论是物质贵族，还是精神贵族却应运而生，这些不再有贵族精神的贵族赝品，充斥了我们的时代。教养、责任与自由，这些久违了的贵族精神，究竟又在哪里？也许，我们从李嘉诚的身上就会发现这种精神。他，是一个真正富贵的人。

富足的真意

阿纳卡西斯曾说：“人的幸运不在于可见的财产的富足，而在于内在的不可见的思想的完美与丰富。”品德高尚、目光远大、致力于促进社会发展进步的人，即使在物质上不一定十分富有，但由于他精神上的富有，同样能够得到他人和社会的认同与尊重。物质上的贫穷可以通过努力加以改变，而精神上的贫穷往往是致命的。

贵，人人皆喜。贫贱，人人皆怨。然而这个世界上，毕竟是富贵之人少，而贫贱之人多。富贵与贫贱的鲜明对比，使大多数人都很羡慕富贵而鄙视贫贱。不过，有一些人却能悟到其中的真味。古往今来，无论是西方的思想家，还是东方的圣贤们，都对富贵与贫贱作出过精彩的描述。

孔子曾说：“富而可求也，虽执鞭之士，吾亦为之。如不可求，从吾所好。”他说，富贵是不可求的，通过不正当的手段取得的富与贵，是可耻的。富与贵虽好，但是不能违背自己的志向操守。如果不能取得富与贵，那就在自己喜欢的领域里努力。

庄子更视财富而不见。楚威王倾慕庄子，就派人带了重金去聘请他，并许诺给他一个宰相的职位。庄子笑言道："千金，重利；卿相，尊位也。子独不见郊祭之牺牛乎？养食之数岁，衣以文绣，以入大庙。当是之时，虽欲为孤豚，岂可得乎？子亟去，无污我。我宁游戏污渎之中自快，无为有国者所羁。终身不仕，以快吾志焉。"这又是何等的洒脱。

一次，子贡去见原宪，原宪衣衫褴褛地来见子贡。子贡忙问："你是不是病了？"原宪回答他说："我听说没有钱是贫，学道而不能按照道的要求去做谓之病。我是贫穷，而不是病。"子贡听后很是惭愧。

由此可见，这些圣贤们并不在乎物质的满足，不在乎浮华的权力，只是在默默地追求精神的升华。富贵与贫贱，只是一种生活的状态。不是富贵的人就快乐安详，贫贱的人就烦恼痛苦。恰恰相反，很多富人终日因为精神的空虚而痛苦烦恼，而很多贫贱的人却因为精神的充实而快乐。

其实，人生真正应该追求的是精神上的解脱自由。正如著名作家罗曼·罗兰所说："快乐不能靠外来的物质和虚荣，而要靠自己内心的高贵与正直。"但是，面对现代社会，物质上的丰裕，在给人们带来了丰富的生活外，也给人们精神上添了不少的怅惘。随着经济的发展，人们的观念也随之发生了变化。一些人常常把物质上的富有作为衡量人生价值的唯一标准，以富为乐，以富为贵，甚至为了发财致富而不择手段。很多人走入一个误区，拼命地追逐物质与金钱，追求刺激与奢华。而越是追求这些外在的东西，他们的内心世界越空虚。"财富就像海水，饮得越多，渴得越厉害。"人的欲望无穷，在得到了想要的东西之后，就会舍弃，又去追逐所谓更好的东西。在忙碌的追逐中，他们只是忙碌，烦恼，失望。这就是现代人的一种心理通病。

正是在这种心态的驱使下，人们才提出了“向巴菲特学习”“向比尔·盖茨学习”……但是又有多少人知道应该向这些人学习什么，难道纯粹只是在财富上的追赶？也许我们真正应该学习的是他们的言行与精神。这些人不只是财富上的富人，而且更是精神上的富人。

在世人的印象中，富人是最懂得如何逃税的。不过，“股神”巴菲特的一句话却令人铭心刻骨。布什政府曾推动约2万亿美元的税赋减免，高收入者可因此减去巨额税金。就在这样一个敏感的时刻，沃伦·巴菲特直截了当地传递给美国布什政府一个讯息——富人应该缴付更多赋税。巴菲特说：“我应该付更多的税。”当时这位身价接近520亿美元的美国富翁，在了解他的员工所付税金之后，抱怨他自己所负担的税金过低。他说：“过去10年以来，税务系统过于向富人倾斜，而远离中产阶级。我认为这并不适当，我认为这应该被提出来。”巴菲特不仅其所言令人刻骨铭心，而且其所行同样令人震撼。

反观中国的富人未免令人大失所望，有些人提议要给月入10万元的富人降15%个税，将缴纳45%的个人所得税减至30%，同时，将最高累进税征税起点10万元/月提高至15万元/月。因为所得税税率太高会吓跑富人，一个国家如果没有富人的话就不会富强。我们无意参与到关于此事是非曲直的争论中去，因为这种争论是很难有最终答案的，而且一些中国富人也是“言为心声”，这实际上也是难能可贵的。只是中国富人的“言为心声”与美国首富巴菲特的言行相比，不难看出差距所在。

在这方面，作为中国巨富李嘉诚作出了表率，可以说他是中国富人们最该学习的榜样。李嘉诚曾说：“我对教育和医疗的支持，将超越生命的极限。”他20多年来累计捐资逾23亿元，独力支持在家乡潮汕地区建立汕头大学，以推动这个发展基础薄弱的地方的文化及经济发展，令广大同乡子弟能够得到知识的力量。甚至在李嘉诚的公司面临较大困难时，他也没有停止对汕头大学的资助。他在给汕大筹委会的信中动情地写道："鉴于汕大创办成功与否，较之生意上及其他一切得失更为重要，而站在国民立场，能在此适当时间，为国家尽心尽力，即使可能面对较大困难的经济情况下，也一定要做这件有重大意义的事情。"李嘉诚这种矢志不渝地资助汕头大学的义举，让无数知情人深深折服。当李嘉诚莅临汕大，学生和教职员工对他表现出诚挚的爱戴和景仰之情，让任何一个人看了以后都会感动。

富与贵并不是连体儿，有人富可敌国，可能富而不贵；有人贫无片瓦，可能贵比至尊。真正的富贵，在于一个人一生所做的事情，对他人对社会有益。如果说巴菲特、李嘉诚是真正富人的话，那么某些富人最多只能说是财富的拥有者，而不是精神的富有者。

阿纳卡西斯曾说："人的幸运不在于可见的财产的富足，而在于内在的不可见的思想的完美与丰富。"一个人在精神上是否富有，取决于其道德素质、精神境界的高低。那些品德高尚、目光远大、致力于促进社会发展进步的人，即使在物质上不一定十分富有，但由于他在精神上的富有，同样能够得到他人和社会的认同与尊重。相比之下，那些狭隘自私、唯利是图、拔一毛利天下而不为的人，虽然可以实现物质上的富有，但由于极少想到回报他人和社会，结果很容易导致自己与周围世界的冲突，他在精神上就是贫穷的。物质上的贫穷可以通过努力加以改变，而精神上的贫穷往往是致命的。

INGVAR KAMPRAD

英格瓦·坎普拉德

不做奢华主义的翘楚，只做极简主义的先锋

（1926—2018）

……

没有谁能够像英格瓦·坎普拉德那样，

对金钱做到如此从容。

而这完全来自他的一种“天职感”

——从工作中发现自己生存的意义，

并感受幸福和自我满足。

他用一生的行动告诉我们，

每个人都应把工作当作一项事业来经营，

在功名之外收获内心的满足和自我价值的实现。

英格瓦·坎普拉德是个天生的商人，虽然出身于穷乡僻壤，但心里却装着一个偌大的世界。当童年卖出第一盒火柴时，他的经商天赋便显露出来；当 17 岁注册宜家时，他与生俱来的商业意识第一次被唤醒；当第一件邮购家具比别的小商品卖得更好时，他第一次感到一种冲动，立誓要从街头小贩发展成为家具经销商……自此，宜家在坎普拉德不屈不挠的带领下步步扩张而逐渐成为一个家居帝国，英格瓦·坎普拉德本人也因此成为亿万富翁，在 2010 年《福布斯》富豪排行榜中以 230 亿美元位列第 11 位。

然而，这位超级富翁却过着与230亿美元身价毫不相符的普通百姓生活。他既没有光鲜的外表，也没有时髦的服饰、昂贵的手表和豪华的轿车，出门旅行总是坐经济舱。这个“小气又吝啬”的怪老头儿，被全世界的人视为“孤独的英雄”，对金钱有着异于常人的淡然与冷静。在他看来，当财富超过个人所需时，金钱只不过是一串数字，它并不会让人变得伟大。一个人真正的财富在于他享受自己正在做的事业，并将自己所有的能量都投放进去，最终成为自己。英格瓦·坎普拉德也确实做到了这一点，他以其超强的人格魅力和敏锐的商业嗅觉成就了如今的宜家，缔造了商界一个伟大的财富神话。

宜家的巨大成功离不开英格瓦·坎普拉德的坚韧与执着，这个把公司当作“家”、把工作看成生活的老者不仅将“拥抱”式的管理融入企业当中，使所有的员工成为“一家人”，还为宜家注入了一种让其常青的精神——宜家精神：真正的宜家精神，是依据我们的热忱，我们持之以恒的创新精神，我们的成本意识，我们承担责任和乐于助人的愿望，我们的敬业精神，以及我们简捷的行为所构成的。宜家因为这种精神而成为世界家居市场的旗舰，英格瓦·坎普拉德也因这种精神被誉为最伟大的企业家。

从卖火柴的小男孩到亿万富翁

在世界的历史中，每一伟大而高贵的时刻都是某种热忱的胜利。17 岁的英格瓦·坎普拉德就是坚守着为大众创造美好生活的热忱和信念，用数十年时间创造了一个以销售廉价成套家具为主的家居帝国——宜家公司。

英格瓦·坎普拉德的商业天赋是与生俱来的。他出生于瑞典南部的斯马兰地区，7岁那年随家人从普加特瑞德教区搬迁到爱尔姆特瑞德地区，他当时居住在阿根纳瑞德这个小村庄附近的爱尔姆特瑞德农场里。英格瓦·坎普拉德的第一笔生意是卖火柴，那年他只有5岁，所以人们都称他为“卖火柴的小男孩”。

从那之后，英格瓦·坎普拉德的“倒买倒卖”生意就没有停止过，从打火机、圣诞卡、植物种子、鲜鱼到圆珠笔、铅笔……凡是有利可图、价格低廉、易于出手的东西都在他的经营范围之内。父亲和奶奶一直是他的坚定支持者。从第一盒火柴开始，英格瓦卖的每一样东西，奶奶都会买下一点，并且总是夸奖他头脑灵活。而父亲在听到小英格瓦“要开一家属于自己的公司”的宏愿后，由衷地鼓励他：“好好努力吧，这可是个好主意。”

17岁的英格瓦·坎普拉德成立公司之后，几乎把所有的课余时间都用在生意上，对他来说，这是最好的娱乐。经过他的精心经营，宜家在3年的时间里已经在当地小有名气了。但英格瓦·坎普拉德并不满足于此，他时常考虑如何将自己的事业做大。

一天早上，英格瓦·坎普拉德看到一辆乳品公司的送奶车，不由得灵光一现。英格瓦·坎普拉德从这里看到了机会，他先是印制宜家的邮购目录，让送奶车带到各个家庭，再从各个家庭里收集订单，之后，包装好的商品再通过送奶车送到顾客手里。那时，父母都成了他的帮手，父亲负责订单和账单，母亲负责接电话和商品包装，宜家成了一个真正的家族企业。

宜家刚成立时，几乎所有的小商品都在它的经营范围内。但在10年后，瑞典政府推出“战后百万家庭计划”之时，英格瓦却颇具远见地发现了家具市场的巨大潜力。于是，他果断地放弃了其他业务，专门经营家具。这次转型获得了巨大成功，但在1955年，竞争者联合供货商集体抵制宜家。不得已，宜家被迫开始自己设计家具。没想到，这成了一个新时代的开始。

这期间，英格瓦·坎普拉德与克斯汀·瓦德琳结婚，可惜这段婚姻只维持了10年。两人离婚的主要原因就是，英格瓦·坎普拉德对工作的热情远远大于家庭生活。那段时间，英格瓦·坎普拉德对工作的热情已经达到了疯狂的地步，他几乎以公司为家，时常工作到第二天早上，满脑子想的都是生意。就这样，他与克斯汀·瓦德琳的关系也渐渐紧张起来。

1956年，一名员工在装货前拆掉桌腿的做法启发了英格瓦，他立即作出决定，开始推出“平板包装”，这不仅大大降低了运输成本，后来还成为宜家所有设计的核心之一。随着平板包装一起诞生的，还有让顾客自己组装家具的主意——这真是一个完美的点子，既让顾客享受了自己动手的成就感，又为公司省下了不少成本。用英格瓦的话说：“这是让顾客成为我们的合作伙伴。”直到1959年，宜家的员工已达到100人。33岁的英格瓦·坎普拉德成了当地有名的企业家。

20世纪60年代，在全球化理论还没有诞生的时候，英格瓦就用自己的行动实践着全球化战略。他带着宜家自行设计的图纸，四处寻找低成本厂家。最终，他在波兰发现了一切适合的条件：大片的森林、悠久的木材加工传统、强大的家具制造能力，以及最重要的——低廉的价格。于是，宜家在波兰建立了第一个海外生产基地。很快，宜家就开始了全球性采购和生产。

经过几十年的发展，宜家商场分布于31个国家和地区，包括欧洲、亚洲、北美洲和大洋洲的广大地区，世界各地的连锁公司及特许经营店销售12400多种商品，相对固定的消费者约12亿人。直到今天，宜家商场还在继续增加。

随着宜家的成功，英格瓦·坎普拉德的财富也水涨船高，2004年《福布斯》杂志公布的世界富豪排行榜显示，英格瓦·坎普拉德个人净资产为185亿美元，排在第13位。到了2010年，英格瓦·坎普拉德以230亿美元位列《福布斯》世界富豪排行榜的第11位。

然而，英格瓦·坎普拉德却过着与230亿美元身价毫不相符的普通百姓生活。他总是身着素服，从来不佩戴昂贵的手表，就连自己的那辆车也是15年前的沃尔沃，出远门需要乘坐飞机时他总是坐经济舱。而且他的工作热情丝毫没有改变，在退休之前，英格瓦·坎普拉德仍像从前一样工作，就好像一部永不知疲倦的机器，快速地运转着。

很多时候，朋友看见英格瓦·坎普拉德像一个囚徒般困在他自己的体系中，痴迷地扩展着他的王国，同时把自己深锁在里面。对他来说，离开宜家的那一天，生命也将失去意义。而当宜家“离开”他的时候，一切会改变，但何去何从无人能预料。可以说，英格瓦·坎普拉德几乎同宜家抵足而眠。就连他自己也说：“我身体里有一个魔障，它告诉我还有很多事情要做……我从不感到满足。某个东西告诉我，现在所做的一切明天必须做得更好。”

当然，英格瓦·坎普拉德的生活习惯、敬业精神、成本意识也深深地植入了宜家，而成为宜家价值体系的一部分，成了宜家精神。为了更好地阐述自己所宣扬的宜家精神，英格瓦·坎普拉德特意撰写了一本名为《一个家具商的誓约》的书，这本书被誉为宜家的圣经。其核心就是他提出的公司就是家，家就是公司的理念。

秉承这一精神，英格瓦·坎普拉德对待一切工作的事情都身体力行：他会亲自动手撰写产品的说明，因为他觉得这是直接面向顾客的平台，所以必须认真对待；他会在自己的店里吃完工作餐后掏出干瘪的钱包付账，因为他认为每一个员工都要培养起成本意识。而他多年来身体力行的节俭行为，如今已成为每一位宜家成员的榜样，甚至是宜家成本体系坚固而不崩溃的基础。

英格瓦·坎普拉德这位亿万富翁在洛桑湖畔过着平静的生活。他会开着那辆老掉牙的沃尔沃在傍晚的便宜时段去买菜，他到全球巡店，说不准某天早晨6点，就会出现在斯德哥尔摩或者南美洲的某个宜家店里并帮着卸货，让店员们措手不及。《金融时报》记者安东·诺茨曾在2002年夏天在洛桑度假时偶然与他见过一面，说他“像老友一样和蔼可亲，有点怪癖；穿着后裤袋上沾了油污的浅蓝色棉布裤子，条纹衬衣的领子告诉人们，这显然是20世纪的样式”。

工作是事业，还是职业

年过八十时，英格瓦·坎普拉德也在说：“我现在没有时间来考虑上帝的召唤，我觉得还有好多的事情等着我去做！”稳健从容、务实开朗的英格瓦·坎普拉德，他的从容让人们明白了一个生活的真谛：把工作当作一项事业来经营，你将收获一个不一样的人生。

德国思想家马克斯·韦伯认为，有的人之所以愿意为工作献身，是因为他们有了一种“天职感”，他们相信自己所从事的工作是神圣事业的一部分，即使是再平凡的工作，也会从中获得某种人生价值。的确，富有事业感的人，他们通过工作所获得的，不仅是物质、荣誉等外在报酬，更重要的是获得了内心的满足感和自我价值的实现。在功名之外，他们努力追求着一个完美的境界，发现自己生存的意义，感受幸福和自我满足。宜家的创始人英格瓦·坎普拉德，正是这样的人。

“我的生活就是工作，没完没了地工作。”这是英格瓦·坎普拉德自己最喜欢的一句话。可以说，宜家的成功完全是来自英格瓦·坎普拉德的勤奋，他一生的大部分时间都是从早晨一直工作到薄暮。英格瓦·坎普拉德并没有将这份工作当成职业，而是将其当作一项事业来经营。即使英格瓦·坎普拉德不再直接管理宜家日常营运事务时，但仍奋斗在工作的第一线。当他80多岁时他每年依然从洛桑到瑞典和其他国家之间巡游，经常出现在全球各地的宜家分店里，像一个挑剔的顾客那样，跟工作人员讨论杯子把手的弯曲度、台灯的形状、地垫的颜色，甚至价格标签的摆放位置。

有人说，英格瓦·坎普拉德爱“宜家”已经超过了爱自己的家，这话确实不假。英格瓦·坎普拉德就像一个被施了魔咒的人，总想着尽可能地挨近工作，他从未试着有所改变，从来不想丢下工作回家。漆饰台桌、淋浴帘布、架板、大杯小杯、新式砧板、家具胶合板、桌面抽屉、简易书架、建立圣·皮特尔斯伯格公司、把废木材当作原料、任命部门经理与主管……这里面到底藏着什么，能如此地吸引他？从某些方面讲，英格瓦·坎普拉德的热情近乎一个渴望创作出完美作品的艺术家，他对工作有着艺术家们独有的痴迷，拒绝任何形式的妥协，并毫不容情，热切而执着。他从来不会说：“这就够了，我已经做了自己分内的事。”

在当今物欲横流的社会，要把自己的职业角色与事业感完美地融合在一起，确实需要更多的自我超越与方向把握。在一些人看来，工作只是一份职业，为别人而干，以物质报酬为终结；而另一些人则将工作当作事业，为自己而干，完成自我的超越。

让我们试想一下，如果把工作当成事业来做，那将会是怎样的推动力？工作，我们也许就只是按部就班地“做一天和尚撞一天钟”，而一旦这一角色附加了“自我意识与追求”，改变了“盲从”的状态，就会从疲于奔命到确立清晰的工作管理目标，从对收入报酬锱铢必较到全身心地投入工作，充分享受工作过程以及随之而来的工作成就感。把工作与事业联系，从实际效益来说，也是职场愿景与效率产生质的变化的最有效载体。其实，在这场看似超负荷、不对等的付出中，最大的赢家就是我们自己。也许这样一道风景对你我都不陌生，手捧着“成功秘诀”或“职场攻略”，却依旧重蹈着“提前半小时遐想下班后的精彩生活、提前一刻钟收拾包袋、下班前5分钟准时走出电梯”的覆辙……其实，当你正充满自信、努力提升“职场技巧”的同时，却忽略了最本真的东西——勤奋。如果能把这些预支的时间用于梳理、预备明天的工作，把手头的工作做得再完美些，成功也就绝不仅仅是纸上谈兵了。

在世界的历史中，每一伟大而高贵的时刻都是某种热忱的胜利。17岁的英格瓦·坎普拉德就是坚守着为大众创造美好生活的热忱和信念，用数十年时间创造了一个以销售廉价成套家具为主的宜家公司。年过80岁时，英格瓦·坎普拉德也在说：“我现在没有时间来考虑上帝的召唤，我觉得还有好多的事情等着我去做！”稳健从容、务实开朗的英格瓦·坎普拉德，他的从容让人们明白了一个生活的真谛：把工作当作一项事业来经营，你将收获不一样的人生。这位著名的工作狂一直在用行动证明着这句话。

试着放远眼光吧，把工作当成事业来做，收获的将不仅仅是成功，还有内心的强大与满足。

用爱工作，而非用爱赚钱

正如英格瓦·坎普拉德所说："把追逐利润的商业动机同永恒的人类社会理想结合在一起。"他一生都在用爱经营自己的事业，而不是用爱赚取财富。他不仅向我们呈现了一个真正富人的形象，还用自己的行动告诉我们如何去做一个真正富有的人：仅仅满足于聚敛财富，而没有帮助更多人的愿望、理想和行动，充其量只是一个暴发户而已，而绝不是一个真正富有的人。

对于财富，英格瓦·坎普拉德有着异于常人的淡然，他经常以一种沉默的态度回避着人们对他财富的讨论。他说："当第一个100万到手的时候，我的确高兴得要命，但现在我已经忘记了，除了汇单上的号码，我全都忘记了。钱不能拿来当饭吃，它只是使你变得富有，并不能让你变得伟大。"

确切地说，英格瓦·坎普拉德抵挡了一个亿万富翁无法抵挡的全部物质诱惑——他从未想过给自己买一辆劳斯莱斯、一艘游艇或者一个足球俱乐部。即使在他隐居了30年的艾普林格斯庄园里，他和妻子的生活也极为简朴，他所能享受到的唯一奢华就是"每天推开窗子能看到洛桑湖的美景"。英格瓦·坎普拉德没有私人司机，没有管家，没有虚张声势的跟班，他不想让自己显得特别，他希望了解普通百姓的感受。

英格瓦·坎普拉德一生中最值钱的房产是在法国南部购买的一处葡萄酒庄——这是他与第二任妻子玛格瑞莎结婚时许下的诺言。可直到

2000年，英格瓦·坎普拉德才兑现这个诺言。有关坎普拉德的悭吝，宜家员工早就有共识。公司里口口相传，他经常把餐馆的一次性餐具带回家使用，他们半嗔半贬地称其为“顽固性节俭症”。

他开的仍然是一辆老掉牙的沃尔沃老爷车，每次出行之前总要戴着老花镜在网上恶狠狠地搜索，直到找出最便宜、折扣最大的航班为止。包括他自己在内，宜家所有员工出差坐火车只能乘坐二等车厢，2007年秋天他参加“宜家斯德哥尔摩高层会议”，会议在国王岛著名的阿姆瑞特第一饭店举行，坎普拉德准时坐在会议桌的首位，刚一落座，他就向高管们出示自己的地铁车票——这位亿万富翁竟然有办法给自己买到一张“老年优惠票”，优惠票让他节省了20奥勒，不到3美分！

在英格瓦·坎普拉德看来，如果自己改变了这些习惯，宜家的成本体系就会崩溃。因为他早已经与宜家融为一体，他的理想就是宜家的理想，正如他自己所说：“把追逐利润的商业动机同永恒的人类社会理想结合在一起。”在《用爱经营》一书中写道，英格瓦·坎普拉德一生都在用爱经营自己的事业，而不是用爱赚取财富。不管经营哪个行业，首先都要热爱它，这样才能忘我地投身其中，才能最终成功。对于企业管理者来说，不仅要培养员工对企业的爱，自己也应用爱去对待员工对待工作。在这方面，英格瓦·坎普拉德无疑作出了最好的榜样。

和那些受人尊敬的富翁一样，英格瓦·坎普拉德将“为普通大众创造美好生活的每一天”作为毕生追求的理念，他决定了宜家仅仅提供美观实用的产品还不够，还要让大多数人都能够买得起。有人将宜家这种精神说成是成本意识，实际上，这正是英格瓦·坎普拉德精神的体现，宜家也靠着这种精神走向成功。

英格瓦·坎普拉德的理念告诉我们，一个真正的富人不仅懂得如何维护穷人的尊严，在乎他们的感受，更应知道怎样去帮助他们实现梦想；一个真正的富人绝对不会以为穷人考虑为羞耻，而是以为他们考虑为荣耀。

如今，坎普拉德先后设立了各种公益基金，力所能及地帮助儿童和其他需要帮助的人们；他建立了以他母亲的名字命名的癌症研究基金会，每到圣诞节的时候，宜家公司总部的员工们都会向这家基金会捐款。在他心中，永远装着的一个梦想就是当一个有利于社会的企业家，而非只知赚钱的资本家。可以说，英格瓦·坎普拉德在实现理想与获取财富之间，做到了完美的平衡。

英格瓦·坎普拉德一贯的节俭还告诉我们，真正的富人绝不会向社会炫耀自己积累了多少财富和资本，他们并非鄙视财富，而是鄙视那些将财富作为资本的人。这些人关注如何获取更多的财富，但更加关注自己的财富流向何处，在乎这些财富到底能帮助多少陷入困境的人，援助多少患者和失学少年。他们很少夸耀自己住什么样的豪宅，开什么样的名车，而是谈论给社会和需要帮助的人群捐助了什么，奉献了什么，改善了什么。他们不会满足于贡献了多少税收，提供了多少就业岗位，不会沽名钓誉，而是发自内心地帮助别人，他们懂得人文关怀，深知社会责任，他们的品格和修养会持久地传递出这样一种精神，“回报社会要趁早”“为更多的人服务才是财富的源泉”……

今天，上帝给了很多人一夜暴富的机会，这些人靠着自己的努力走在大多数人的前面，但很多人还没来得及知道怎么去做一个富人，也许他们还需要一番认真的修为和对财富的重新思考。在这一点上，英格瓦·坎普拉德无疑是最好的榜样，他用自己的行动告诉我们，如果仅仅满足于聚敛财富，而没有帮助更多人的愿望、理想和行动，充其量只是一个暴发户而已，而绝不是一个真正富有的人。

山姆·沃尔顿

SAM WALTON

做一个领袖，而不是一个追随者

（1918—1992）

……

从一个报童到一个世界零售龙头企业的创建者，

他创造了一个“美国梦”；

从一个士兵到一个“销售哲学家”，

他颠覆了以往的商业“道理”；

从借债到成为世界超级富翁，他书写了传奇；

从一个顾不上家的男人到一个世界级的慈善家，

他让人只能够赞美。

他就是世界零售业巨人、沃尔玛的创始人——山姆·沃尔顿。

他可不是一个好好先生，别以为他对你微笑就是在向你示好，那只不过是他习惯性的表情；他也不是什么好商人，每次跟供货商的讨价还价可谓无赖到了极点；他同样不是什么好男人，一生只顾得赚钱，赚钱，直到突然查出得了不治之症永别了他的家人。可是他是一个传奇，从一个报童到一个世界零售龙头企业的创建者，他创造了一个“美国梦”；从一个士兵到一个“销售哲学家”，他颠覆了从前的商业“道理”；从借债到成为世界超级富翁，他书写了传奇；从一个不顾家的男人到一个世界级的慈善家，他让人只能够赞美。

山姆·沃尔顿被人们认为是突发奇想要进军小镇的“乡巴佬”，但是他始终相信他的商品是物美价廉的，他的服务是优质的。他义无反顾地坚持着最初的梦想，创建了最简单却又是最有用的商业哲学。依靠这样朴素的商业哲学，凭借着实践精神，山姆一点点造就了一个商业神话。如今，他的家族是当今世界上最富有的家族，在2001年《福布斯》的排名中，有5个沃尔顿家族成员列在7~11位。山姆以及沃尔顿家族将精力大量投入慈善事业中，《财富》杂志把他的后人称为慈善事业中的“十字军骑士”。

山姆·沃尔顿的一生，没有恢宏的战略，没有跌宕起伏的传奇，更没有复杂权谋的较量。他早在1985年就成为美国首富，却像平民一样勤俭地生活；他从未买过一所豪宅，始终居住在本顿维尔镇的农场里；他没有一辆高级轿车，终其一生都开着那辆破旧不堪的小货车；除了正式场合之外，他很少穿正装，而总是身着一套廉价服装，戴着一顶打折的棒球帽；他的住所也是极为朴素，没有一个仆人；他一直以勤奋、诚实、友善、节俭的原则要求自己，身体力行地实践他所倡导的一切，并将这些高贵的品质注入自己的企业中。如今，他的这种精神已被人们尊称为“沃尔玛精神”。

他留下的沃尔玛哲学是每个商家都奉若珍宝的经营宝典。就连他最强劲的对手哈里·康宁汉也这样评价他："山姆可称得上20世纪最伟大的企业家。他所建立起来的沃尔玛企业文化是一切成功的关键，是无人可比拟的。"每当有人问起沃尔玛的运营情况时，他总是说："朋友，我们正好对付得了，支撑得过去。"他认为这是必要的保密措施，并且要求所有的人这么做。他从来不会放弃任何机会来证明他是天才。

如果山姆·沃尔顿能活到今天，他的资产将更加惊人。这位沃尔玛的创始人，从创建企业开始就为其赋予了灵魂，一种无价的企业精神。以至于《财富》杂志的记者不无惊叹地写道："一个卖廉价衬衫和鱼竿的摊子，怎么会成为美国最有实力的公司？"

从卖货郎到亿万富翁

他像平民一样地活着，纵然出生的家庭穷困，也纵然他成为亿万富翁；他像平民一样地死去，可是整个民族都在缅怀他，整个地球都在为他悲伤。从卖货郎到亿万富翁并没有让他改变什么，反倒是他改变了我们这么多。

俗话说"三岁看小，七岁看老"。山姆·沃尔顿1918年出生于美国阿肯色州本顿维尔镇的一个普通农家。极具亲和力的父亲，做过银行小职员及其他与经济相关的职业，山姆继承来了这份亲和力。山姆的母亲是一名普通的农村妇女，她待人热情，做事勤奋。由于家境不好，山姆的母亲一直很节俭，山姆又继承了母亲的勤俭。可以说，父母的两种品质浇铸了山姆的人格，也为他以后的成功奠定了基础。

山姆在7岁的时候，就开始打零工，他靠送牛奶和报纸为自己赚得一些零花钱，另外他还饲养兔子和鸽子出售。并不富裕的家境，使他养成了勤俭、节约的良好习惯。在山姆·沃尔顿心目中早已根深蒂固地扎下了“对每一个美元都珍重不已”的观念，这对他后来形成的经营风格不无影响。

天才总是比平凡人更快地领悟上帝的意图。18岁的时候，山姆进入密苏里大学攻读经济学学士学位，并担任过大学学生会主席。毕业后，山姆便来到J.C.Penney百货公司工作，他迅速展露了自己在零售业务上的才华。山姆对于如何向人们推销商品非常有一套，一家沃尔玛商店的经理回忆道：“山姆走进店来说：‘在这个箱子里放1美元3条的裤子，那个箱子里放1美元4条的，中间放上尼龙丝袜，我保证它们能卖出去。’这些东西真的很快就卖光了。真是不可思议！”山姆·沃尔顿对于顾客心理的研究远远超越了那个时代。

然而，随着第二次世界大战的爆发，山姆不得不放下工作参军。“二战”结束后，山姆回到了故乡。他向岳父借了2万美元，加上自己当兵时积攒的5000美元，和妻子海伦在纽波特租了几间房子，开了一家小商店，专卖一些价格很便宜的商品。由于山姆待人和善，附近的住户都愿意到他店里来买东西。

“薄利多销”可以说是山姆销售哲学的根源。虽然收入不错，但山姆并不满足于此。一次偶然的机会，山姆意识到了连锁、零售的好处和实惠。他说：“如果我用单价80美分买进东西，以1美元的价格出售，其销量是以1.2美元出售的3倍！单从一件商品上看，我少赚了一半的钱，但我卖出了3倍的商品，总利润实际上大多了。”直到今天，这一价格哲学依然被很好地继承下来。

机会对每个人都是均等的，就像是从夹道欢迎的人群面前走过，就看谁会伸手和它击掌。就在山姆创业之初，零售业市场上已经存在了像凯玛特、吉布森等一大批颇具规模的公司，这些企业的目标市场就是城市。至于那些小城镇，它们根本就不放在眼里，因为这些企业都认为小城镇的利润太小，根本不值得投资。然而，山姆·沃尔顿却有着自己的想法，他认为在美国的小镇里同样存在着许多商业机会。尤其随着城市的发展，市区的人口必将向市郊转移，这无疑会给小城镇的零售业带来巨大商机；同时，汽车进入普通家庭中又无形地增加了消费者的流动能力。用他的话说就是“如果他们（消费者）想购买大件，只要能便宜100美元，他们就会毫不犹豫地驱车到50公里以外的商店去购买商品”。

1945年，山姆和妻子卖掉了原来的小店，回到阿肯色州的本顿维尔，并用25000美元在那里买下了一家不景气的本·富兰克林加盟杂货店。5年内，这家杂货店成为阿肯色州最好的加盟店，也是附近几个州最大的杂货行。不料，第一次的成功却因沃尔顿在房子租约中的疏忽而未能维持多久，因为房契上规定：5年之后，房东可以自由处理。贪财的房东早就眼红山姆的商店，自然不会再把房子租给山姆了。但是，第一次成功展示了他在零售业方面非凡的才能。1950年，山姆在美国阿肯色州本顿维尔镇开办了一家廉价商店，沃尔顿夫妇用家庭的姓氏给它取了名：沃尔顿家庭商店。

沃尔顿说：“金钱，在超过了一定数量之后，就不那么重要了，重要的是企业的规模。”为了赢得更多小城镇的顾客，山姆将“低价销售、保证满意”作为自己的经营战略。他坚持每一种商品都要比其他商店便宜，为了达到这个目的，山姆开始提倡低成本、低费用结构、低价格、让利给消费者的经营思想。为此，山姆付出了极大的努力。由于缺少资金，他不得不自己动手改造租来的厂房。他将公司的目标利润率定在30%，后来又降低到22%，而其他商场的目标仍维持在45%左右。在这种情况下，沃尔顿家庭商店自然吸引了大批顾客，正如山姆当初所预料的那样，商店每天都会迎来许多慕名而来的城里人。经过12年的努力，山姆成功了，当时在他的名下已经有了15家分店。1962年，山姆和他的弟弟詹姆斯·沃尔顿在阿肯色州的罗杰斯城开设了第一家完全属于他们自己的商店，并把它命名为沃尔玛。

如果故事到此为止，山姆·沃尔顿的名字就永远不会出现在《福布斯》的杂志上。山姆并没有因巨大的成功而停止自己的脚步，就当人们以为山姆会进军城市，与那些像凯玛特这样的大型廉价商店一决高下的时候，山姆却作出了一个相反的决定。他几乎在美国所有的小城镇创办沃尔玛商场，就连不到5000人的小镇也照开不误。这一举措为山姆带来了巨大财富，沃尔玛立即成为全美最著名的廉价商店。沃尔顿的神话开始了。

20世纪70年代到80年代，沃尔玛开始在全球大规模地扩张。山姆·沃尔顿一直坚持以低价销售知名品牌，这不仅赢得了顾客的青睐，也获得了极高的口碑。尽管在数量上，沃尔玛少于凯马特，但却毫不妨碍其销售额上的优势和行业公认的领袖地位。

山姆·沃尔顿不仅是企业的创建者，也是企业灵魂的牵引者，终其一生亲自领导它的日常业务，决定着它的发展方向。山姆一生都在勤勉地工作，即使到60多岁时，仍坚持每天凌晨4点半开始工作，一直到晚上。偶然还会在某天早上访问配送中心，与员工一起吃早点喝咖啡。山姆每天都把自己的工作安排得满满的，从一家分店跑到另一家分店，在沃尔玛开始扩张的最初几年间，山姆保持一年至少对每家分店访问两次的频率，尽管其店铺遍布世界各地，但山姆熟知每一家分店的经理和员工。

山姆·沃尔顿一生中获奖无数，但他早已超越了这些所谓的荣誉。

1992年，当时的总统布什在沃尔玛总部大礼堂亲自授予他“总统自由勋章”，这是美国公民能获得的最高荣誉。布什总统这样评价道：“山姆·沃尔顿先生展现的创业精神，是美国梦的缩影！”这位74岁的老人露出了欣慰的笑容，并回答道：“这是我们整个事业最辉煌的一刻。”就在山姆·沃尔顿获奖3个星期后，这位像平民一样活着的亿万富豪离开了人世。

“开源”与“节流”

开源是一种进取的精神，节流是一种内敛的品质。一个不懂得开源只顾节流的人是难以成为富人的，而一个懂得开源却不知道节流的人也是不可能成为富人的。财富需要兼顾这样的两个方面。山姆·沃尔顿告诉我们开源与节流二者要兼而有之。

山姆·沃尔顿是无可争议的销售哲学家。他创造了一系列的销售理论，其中最著名的是“女裤理论”，这也是沃尔顿销售策略的最好证明：一条女裤进价0.8美元，售价1.2美元。如果降到1美元，则可能少赚一半的钱，可是却能够卖出3倍的货。用我们的话来说，这就是“薄利多销”。正是这样的策略，使沃尔玛迅速打开了全美市场，在整个20世纪70年代，以年均40%的速度增长。营业收入和纯收入分别在10年内增长了40倍和35倍，并且在20世纪80年代成了美国零售业的巨人。最低价的销售策略配以最优质的服务，这就是沃尔顿的“开源”之举。

但是更令人敬佩的却是沃尔顿的“节流”。作为沃尔玛的缔造者，他本身就是一个节流的典型：虽然他是当时的世界首富，但是只住在一座小镇上的普通房子里，平时开一辆旧车，穿着像普通工人一样，平时还会亲自去超市送货。沃尔玛也是本着这样的精神不断壮大的：沃尔玛本应叫“沃尔顿玛特”（Walton Mart），但沃尔顿在为公司定名时把制作霓虹灯、广告牌和电气照明的成本等全都计算了一遍，他认为省掉“ton”3个字母可以节约一笔钱，于是只保留了“WALMART”7个字母——它不仅是公司的名称，也是创业者节俭品德的象征。几个字母的节省，足见精神。如果全世界4000多家沃尔玛连锁店全都节省一个字，那么整个沃尔玛公司在店名、广告、霓虹灯方面就会节约一笔不小的费用。在沃尔玛，打印纸要求双面使用，做广告从来不请明星助阵，而是由员工或员工的孩子出演。光是这两项，每年节省的资金就不下百万美元。

中国有句俗话说：“穷不过三代，富不过三代。”穷到了一个界限，他的子孙就会有充足的进取心，去改变现状，并为此而努力。富有经过了一段时间，他的子孙慢慢丧失了斗志和精神，而只知道挥霍和享受，失败也是可以预见的。所以富不过三代，是因为开源时候的进取精神已经被消磨干净了，这些富人的子孙只会享受和挥霍了，祖辈们辛辛苦苦积攒下来的家业就这样轰然倒地。

有一个调查显示：在美国的家族企业中，企业发展到第二代还继续存在的仅为30%，第三代仅为12%，而到了第四代，则只有3%。在中国的300万民营企业中，95%以上也是难以摆脱富不过三代的命运。他们的失败，是不懂得开源节流，失去了进取心导致的失败。

“开源”“节流”虽然只有4个字的长度，却是很多人一辈子学不完的天书。富人的成功不在于他的家业和上帝的眷顾，而是他们更好地理解了“开源节流”的真义。拥有一种进取的精神，一种节俭的秉性，如果一个人能够如此，他必定成为富人；如果一个企业如此，它必定打破“富不过三代”的怪圈；如果一个民族，一个国家如此，它必将永远繁荣昌盛。

做人要没有成见

没有成见就是一种自由。既不会活在前人的影子里，也不会因为未来的未知而缩手缩脚。没有成见是一种独立。既不会依赖他人的理论，也不会惧怕权威。没有成见就是不会去抱怨，既不会心里暗生不爽，也不会指西望东地跟人较劲。没有成见是一种坦然的心态。

了解山姆·沃尔顿的人都认为他是一个对任何事物都没有成见的人。所以他可以一心放在事业上，放在自己的打算和计划上，旁人的一切表扬和批评都对他不起作用。他只是醉心于进货、卖货，只追求万千细节中的合理性。那份迷醉，是只有初坠情网的人才能有的状态。山姆把它带进了事业，他无限地爱他的事业，爱他的顾客，爱他的员工。正是这份对焦点以外的事物漠不关心的痴醉，让山姆获得了充分的自由。

他似乎从来都不遵从以往的商业道理，他按照自己的理想建立了自己的哲学。只有按照自己的计划行动的人才不会戴着有色眼镜看待世界。沃尔顿就是一位没有成见的富翁，眼前的事物，就能深深地吸引住他，他的视界有一道粗壮的线，隔断了所有其他的事物，包括流言蜚语和嘉奖。他总是像第一次见到一名员工一样，不管这名员工做过了什么，做错了什么，那些都只是代表过去，他似乎更关注此时站在自己面前的人，不是他的过去。他与员工之间从来不会有隔膜，因而才会更加信任员工，在这样的氛围中的员工也必将尽心尽力了，这也是沃尔玛成功的一个必要因素。

成见是一种隔阂，不管是朋友、亲人还是恋人，都会因为这种隔阂而变得冷漠。成见绝对是一个挑拨离间的家伙，明明没有的事情，会因为成见而心生暗鬼。我们还会因为我们的成见变得犹豫不决，因为我们的成见而给一切事物贴上邪恶的标签，因为我们的成见导致彼此不信任。怀疑是一种昂贵的成本，而成见就是那骇人听闻的高利贷。

所以首先把成见清除出去，因为太多事例都在证明：如果一个人有成见在先就会妨碍他客观地认识事物。比如说，当年斯大林就是满脑子抱有对与希特勒才签订的“互不侵犯条约”的绝对信任，有了这个成见在先，对美国送来希特勒在秘密会议上制定侵略苏联的文件纪要根本不相信，对英国送来德国即将侵略苏联的信息也听不进去，外国的情报不相信情有可原，但是苏联情报局亲手搞到的德军颁发给士兵学俄语的小册子，内有“你是苏联党员吗？缴枪不杀”等学俄语内容，也是视而不见！就是傻瓜也应当知道德军让他们的士兵大学“你是苏联党员吗？缴枪不杀”这样的俄语内容，肯定是德军在作侵略的战争准备，可是斯大林就是不相信刚刚与其签订“互不侵犯条约”的德国会来侵犯略！可见，成见妨碍人客观地认识事物。

赶紧抛弃你的成见吧！没有了成见，我们的心灵会异常清冽。我们的动作也将变得灵巧。没有成见就是一种自由。既不会活在前人的影子里，也不会因为未来的未知而缩手缩脚。没有成见是一种独立的体现。既不会依赖他人的理论，也不会惧怕权威。没有成见就是不会去抱怨，既不会心里暗生不爽，也不会指西望东地跟人较劲。没有成见是一种坦然的心态。

失败不必耿耿于怀，成功则要大肆庆祝

只要路是对的，就不怕遥远；只要在接近成功，就不怕挫败。成功了就要大肆地庆祝，失败也不必耿耿于怀。

对于失败，沃尔顿很坦然。2001年，沃尔玛首次位列世界500强榜首，但这个世界上最大的连锁商进入德国市场4年来却连遭败绩，不仅损失超过1亿美元，而且它在财务上遮遮掩掩的做法，还引起了以严谨著称的德国人的不满。沃尔顿要求员工不要对自己过于严肃，过于伤感，过于羞辱。后来他们吸取教训，重整旗鼓，很快就反败为胜了。

但是对于成功，他可是大肆庆祝。1984年，沃尔顿曾向第一家山姆会员店的员工们提出了一个特殊的挑战——倘若员工们第三季度的销售业绩能超过第二季度，那么，他将心甘情愿地在华尔街上跳草裙舞。一时之间，整个企业都沸腾了。大家都想知道，一向衣着得体的山姆·沃尔顿是否真会穿上草裙在大街上跳舞。为了追寻究竟，员工们焕发了极大的工作热情。经过坚持不懈的努力，整个企业终于完成了原本不可思议的业绩。而山姆·沃尔顿也没有食言，他果真穿上草裙在美国金融中心当众跳舞，并且成了当天报纸的头条新闻。

失败并不是最绝望的事情，最绝望的事情是精神的破产。成功是检验的标准，只有成功才能证明你曾为此付出过。所以，失败了也别耿耿于怀，成功了就要大肆去庆祝。这样失败剥离的勇气和决心就会相对较少，而成功对我们的感动又会被放大好几倍。其实，每一个人的能力都是足够胜任他的工作的，他们缺乏的是承担失败的坦然，以及获取成功时的骄傲。

一位体操运动员连续两年参加世界大赛，第一次由于一个小小的失误，导致他无缘奖牌。他的朋友知道他付出了很多，也为这次比赛准备了很长时间，可是面对安慰，他似乎更像是在安慰别人：“呵呵，本来是准备拿到奖牌给你挂在脖子上照相的，只好等到明年了。”朋友的诧异似乎在一年以后又出现了。这次他的确是拿到了金牌，当他满场地奔跑并且挨个地照相的时候，他的朋友用尽全力，才把他送到了休息室。报纸的头版也是他喜极而泣的场面，他的朋友问他如何看待去年的失败。他擦擦额头说：“失败并没有什么值得在意的，一个人只有在意成功，才能取得成功。”

的确，在意失败的人会被困住手脚，身心俱疲，而唯有在意成功的人才能积极进取。所以失败了，只要懂得总结，就淡然地一笑了之吧。所以成功了，只要可以放纵，就大肆地庆祝吧！

一步一个脚印的好处

一步一个脚印最大的好处就是专注于当前。看不到的前方的诱惑，就会对此处的“风景”格外留恋。一个人把目光专注在一项事业上，那么他必将取得连他自己都会觉得惊奇的成绩。

山姆·沃尔顿一生只做了一项事业，那就是经营他的商店，他只专注于这一个领域，而对当时人们争相进入的钢铁、房地产事业视而不见。他也不在乎政府选举，不在乎经济危机，他也不管海湾战争、越战，他只关心他的商场如何改进，如何更盈利，所以他把他的目光界定在最狭小的范围之内，任何超出他视野的东西，他都充耳不闻。他只坚持他最简单的低价销售哲学。

纵观山姆·沃尔顿的一生，我们可以看到，一个人的一个简单想法，是如何发展成一个可以触摸的商业帝国的故事。其中，没有传奇，没有惊险，没有权谋的较量，没有恢宏的战略，没有跌宕起伏的情节，却有着一个不甘平凡的人，具有旺盛的创业精神，做简单的事，始终如一的关注和坚持。沃尔顿的成功在于他的关注和对梦想的坚持。

人没有必要时时刻刻“目光远大”，因为前面总是充满了诱惑，这样会不自觉地打消你对当前事情的积极性。人们常说“对岸的风景最美”，其实就是这个缘故，你没有抵挡住周围风景的诱惑，就急不可待地前往对岸了，可是当你到了对岸的时候，又发现原来还是之前的那边更漂亮。当我们还在为不可挽回的盲进而自责的时候，风景又从夏天变成了秋天。人似乎很难认可咫尺之间的机遇，而对遥不可求的东西翘首以盼。仿佛太容易得到就有陷阱或者危机，又或者说，太容易得到就不能够体现他的能力。可是，往往最简单的就是最深刻的。对于眼前的机遇，唯有那些懂得专注的人才能真实地把握。也只有专注的人才能创造生命的奇迹。

一个住在市郊的美国男人在院子里装了一个喂食器，这个喂食器一般都是被用来吸引一些珍奇的鸟儿光顾他的院子。但是每次他把食物放到喂食器，院子里的松鼠就会蹿上喂食器，把里面的食物吃个精光，这个男人马上开始寻找对策，尽管耗费了那么多心思，最后松鼠还是会把食物偷走。这个男人几乎要发疯了。这人跑到当地比较有名的一家杂货铺，买了一个“防松鼠喂食器”满心欢喜地回家，可是第二天他还是发现食物又被松鼠拿去当了家用。他气愤地来到杂货铺质问那天卖给他“防松鼠喂食器”的店员。

店员不紧不慢地说：“先生，那我问问你，你一天花几分钟来琢磨怎么对付松鼠的事情？”这个男人回答说：“大概两小时吧。”店员笑着说："可是你要知道，松鼠的生命中的每分钟都在专注于怎么进入你的喂食器。"

专注于当下并不代表没有远见，而是告诫我们更应该注重眼前。没有当前的努力和关注，所谓的远见都是空中楼阁。远见固然重要，可当前才是基础，才是达到你的愿望的阶梯。当今的人们过于强调远见，就好像每天都是带着望远镜出门的。可是在步行的过程中，你永远看不清你周围的环境，就算你看清楚了远方，可是你到达不了那里。

摘下你的望远镜吧，挡住你的其实只是一棵小草，而小草的后面是一株鲜艳的花朵，千万别错过。在生命的途中，有时我们更应该务实一点，更应该一步一个脚印向前走。

戈登·摩尔

GORDON MOORE

从盛名中断舍离

（1929—　　）

……

戈登·摩尔，IT行业近乎神的人。

他塑造了英特尔不断淘汰自己的勇气和精神，

让其成为世界上最赚钱的公司。

这位集科学家和亿万富翁的称号于一身的人，

用商业方式诠释了人生需要战胜自我并不断超越自我。

在硅谷历史上，戈登·摩尔是最受人尊敬的科学家，没有人比他更能体现英特尔的模式：以技术起家，靠创新成长，是真正的技术领袖和最可亲的企业家。依靠着摩尔这位天才，英特尔公司主宰了芯片产业，而摩尔本人，就像是一位舵手，带领着整个产业马不停蹄地发展。毫不夸张地说，任何与电子技术相关的领域都或多或少地从他那里获得了恩惠。

人们习惯将戈登·摩尔视为信息产业的偶像，由他创立的摩尔定律不仅把英特尔这个企业带到了产业的顶峰，还深深地影响着整个IT产业的发展。在英特尔，人们更愿意将他比作上帝。英特尔公司高级副总裁帕特·基辛格就曾这样描述摩尔："若干年前，接到通知说摩尔博士请我到他办公室开会讨论技术，感觉就像是接受上帝的召见一样。"

而在英特尔公司前任领导人、摩尔一手栽培的安迪·格鲁夫心里，摩尔更像是"一个父亲的角色"。正如格鲁夫自己所说："摩尔是一个懂得技术的领导，对于技术人员的想法他从不强加干涉，正因为这样，他的每句话才备受重视。站在这样一个巨人的肩膀上，我们才能有今天的成功。"

《福布斯》杂志对戈登·摩尔的评价是："毫无疑义，在技术界人们需要永远牢记摩尔的名字，他对整个电子技术产业的贡献不可估量，他是一位出色的领袖。"

除了技术界，戈登·摩尔也是值得人们永远牢记的名字。虽然作为一个科学家，他远没有爱因斯坦、霍金那样对人类产生深远的影响；作为一名CEO，他也未必像诺伊斯、安迪·格鲁夫那样称职。戈登·摩尔不是一个商业领袖，但却是一个伟大的精神领袖。他具有不断探索的精神，不断淘汰自己的勇气，而这也成为英特尔的企业精神。他不仅是英特尔公司的"大脑"，更是英特尔公司的"心脏"。他塑造了一种精神并改变了英特尔，英特尔因为这种精神而改变了世界。

戈登·摩尔的个人资产早在2004年就已达到55亿美元，位居《福布斯》富豪排行榜第75位。如今，戈登·摩尔的名字在这个财富排行榜上已经看不到了，但这个伟大的名字却在福布斯富豪慈善排行榜上占据多年。早在2000年，戈登·摩尔和他的妻子贝蒂一起捐款50亿美元发起成立了“戈登·E.摩尔与贝蒂·I.摩尔基金会”。

在美国《商业周刊》发布的2005年美国“50位最慷慨慈善家”排行榜中，摩尔夫妇在2001年至2005年期间共捐款70.46亿美元，位居榜首；全球首富比尔·盖茨夫妇在该期间捐款54.58亿美元，位居次席。直到今天，戈登·摩尔仍在慈善排行榜上名列前茅。这位世界上最安详、最实在的亿万富翁，因他的慷慨与精神让其走向了伟大。人们除了被他的精神所激励之外，还会对他产生一种由衷的敬仰。

英特尔的“大脑”和“心脏”

戈登·摩尔并不仅仅是一位商业领袖，他还是一位杰出的精神领袖。他塑造了一种精神，并改变了英特尔，英特尔因为这种精神而改变了世界。集财富与荣誉于一身的他，仍保持着一个平民的姿态。对人类未来环境、科学和高等教育各领域发展的热切关注，不仅让这位老人成为世界上最慷慨的富翁，也让他成为被全世界敬仰的伟人之一。

在IT行业有一个神话，这个神话就是一条定律把一个企业带到成功的顶峰，这个定律就是“摩尔定律”。信息产业几乎严格按照这个定律以指数方式领导着整个经济发展的步伐，这个定律的创立者就是戈登·摩尔，世界头号CPU生产商英特尔公司的创始人之一。

不光是在英特尔，甚至是在整个产业中，也很少有像戈登·摩尔这样兼具技术和商业头脑两大优势于一身的天才。他既带动着技术创新，又能恰如其分地迎合市场，这也许就是他和英特尔成功的最大奥秘。更不可思议的是，好运也总能相伴左右，他的故事因此更富有传奇色彩。摩尔长期担任英特尔公司的名誉主席，离开了技术最前沿的他已从技术领袖和商业领袖上升为永远的精神领袖。

戈登·摩尔于1929年出生在美国加州旧金山的佩斯卡迪诺。他的父母文化水平都不算高，父亲17岁时因祖父早逝而退学养家，担任该县司法长官的助理。母亲也只是中学毕业，家庭环境并没有给戈登·摩尔的成长带来多少熏陶。少年时期的摩尔曾立志要成为一名优秀的化学家，带着这个梦想，他考入了位于伯克利的加州大学攻读化学专业。1950年，摩尔获得学士学位，继续在加利福尼亚理工学院深造。4年后，又获得物理化学博士学位。作为家中的第一个大学生，这无疑是摩尔家族始料不及的荣誉。

毕业后，戈登·摩尔回到家乡过着平静的学院研究生活，他进入约翰·霍普金斯大学应用物理实验室。但两年漫无目的的研究工作，改变了他的思想。1956年，戈登·摩尔加入肖克利的实验室，与另外7位极为优秀的人组成了前所未有的天才团队。肖克利虽是伟大的科学家，却是一个不太好的老板，家长式的作风以及散漫的管理使8位年轻人难以忍受。不久，这8位年轻人就“背叛”而去，当时人们称他们为“叛逆八人帮”，戈登·摩尔自然也是其中的一员。从那以后，这8位年轻人踏上了创业之路。

当时他们挨家挨户地寻找合作伙伴，却都吃了闭门羹。幸运的是，仙童公司对他们十分感兴趣，于是将8个人全部纳入旗下，创办了极具神话色彩的仙童半导体公司。由于诺伊斯有着出色的领导才能，被选为总经理。到了1958年年底，这家小公司已经拥有50万美元的销售额和100名员工，依靠技术创新优势，一举成为硅谷成长最快的公司，人们称它是由“一群淘气孩子们创造的奇迹”。

1965年的一个无意瞬间，摩尔发现了一个对后来计算机行业极为重大的定律，这就是摩尔定律。戈登·摩尔天才地预言道：“集成电路上能被集成的晶体管数目，将会以每18个月翻一番的速度稳定增长，并在今后数十年内保持着这种势头。”摩尔所作的这个预言，因后来集成电路的发展而得以证明，并在较长时期保持了它的有效性。

两年后，仙童公司营业额已接近2亿美元，在当时这可是天文数字。人们都说：“进入仙童公司，就等于跨进了硅谷半导体工业的大门。”戈登·摩尔和其他7个人忽然发现自己都拥有25万的股票。对这帮科学家来说，这无疑是一笔意外之财。

随着公司的壮大，总公司的总经理不断把利润转移到东海岸，去支持分公司的盈利水平。目睹这种现状，仙童的大批人才精英，纷纷出走自行创业。1968年8月，诺伊斯也提出辞职。一个月后，负责研发工作的技术天才戈登·摩尔也追随而去，同行的还有当时尚没有什么名气的安迪·格鲁夫。他们在加州硅谷的一幢旧楼中，成立了日后著名的英特尔公司。尽管当时没有额外的资助，没有客户，但他们却雄心万丈，立志要闯出一番伟大的事业。

一年后，英特尔推出了自己的第一批产品——双极处理64位存储器芯片，代号为3101。第二年，又推出第一个大容量（256位）金属氧化物半导体存储器1101。1972年，他们又乘胜追击推出第一个容量为1KB的动态随机存储器1103，这种价廉物美的产品深受欢迎，供不应求，它的诞生正式宣告了磁芯存储器的灭亡，并最终成就了个人电脑革命。

此时，摩尔定律不断地被一个个成功验证着。在摩尔定律的指导下，英特尔公司好戏连台。1971年对外公布了世界第一个微处理器4004，宣告了“一个集成电子新纪元已经来临”。1974年，又推出了微处理器8080。8080被专家们称赞为有史以来最成功的微处理器之一，也正是从8080开始，个人电脑开始在全世界范围内迅速发展起来。

诺伊斯卸任之后，时任副总裁的戈登·摩尔正式登上了总裁和首席执行官的宝座，开始了英特尔腾飞的路程。作为技术出身的企业家，摩尔从不认为自己是公司的总裁，高高在上。他十分注重技术的转化，消除英特尔研究实验室和制造部门之间的瓶颈，加快了新产品从实验室向工厂、向市场的转化。不过，当时戈登·摩尔的英特尔却遭遇了日本5家电气公司的科研挑战，在那场惊心动魄的商战之中，英特尔惨败。

戈登·摩尔并没有一蹶不振，立刻将主要产品转移到微型计算机的“心脏”部件——CPU，正是这一决策，最终确立了英特尔今日在全球微处理器市场上的霸主地位。在这期间，戈登·摩尔依循着自己创立的定律，领导英特尔不断突破极限。从1987年起，英特尔成功地推出运算速度比IBM个人计算机快3倍的台式386计算机；4年后，英特尔又与IBM公司达成一项为期10年的微处理器协议，研制一种容量更大、速度更快的处理器。

技术上的创新使英特尔不断领先于同行，始终占据着微处理器市场的大部分市场份额，利润连年上升。但摩尔并没有满足于现状，他相信自己的摩尔定律，清楚市场的淘汰是多么快速，依然以极大的频率“自己淘汰自己”。1993年3月，英特尔又推出微处理器的第五代CPU产品——Pentium（奔腾）。就这样，提供PC核心部件的英特尔从一个存储器制造商长成为一个更加辉煌的英特尔。戈登·摩尔正是这场伟大变革的最大推动者和胜利者。

1989年，60岁的戈登·摩尔不情愿地离开英特尔首席执行官的位置，这个规定也是他本人设立的。后来，已经72岁的戈登·摩尔说道："我认为72岁对现在的这个年代来说，或许是一个十分保守的年纪，很多人在如此高龄的时候，仍然能作出非常大的贡献。"尽管离开了英特尔，但作为公司永远的名誉主席，戈登·摩尔巨大的影响力依然弥漫着整个英特尔公司，可以说他是英特尔真正的"心脏"。

当然，戈登·摩尔也有足够的时间和心情，扛一根钓竿到硅谷港区钓鱼，享受宁静的晚年时光。钓鱼帮助戈登·摩尔思考这个世界，令他重新充满活力，也促成了戈登·摩尔的另一段有意义的人生——成立摩尔基金。他去过很多偏远的地方，但当几年后再次去的时候，却发现那里到处是高级酒店和高尔夫球场。"某些地方真的需要保护！看看世界变化有多快，我们人类发展的速度已经超过自然界所能承受的极限。恐怕我们是最后一代能够在地球上看到荒无人烟的地方的人。"这激发了摩尔夫妇对保护自然资源的兴趣。

2000年，戈登·摩尔和他的妻子贝蒂一起捐款50亿美元发起成立了"戈登·E.摩尔与贝蒂·I.摩尔基金会"，这是全美国最大的慈善基金会之一。戈登·摩尔对保护自然资源的兴趣大于一切。他的基金会包含了几个方面，有一些资金用于环境保护，更多的资金用于科学和高等教育。他妻子贝蒂最喜欢的项目，是尽一切可能帮助改善护理事业。摩尔基金会的50亿美元资产中，每年运营的预算就达到2000万美元。虽然戈登·摩尔的财富很难与更多的富翁相比，但他却是物欲横流的世界里，生活得最安详、最实在的亿万富翁之一。

不断淘汰自己的勇气

英特尔的成功离不开戈登·摩尔创立的“摩尔定律”。没有谁比戈登·摩尔更能体现英特尔的模式：才华横溢，说话温柔，自我超越。他敢于不断淘汰自己的勇气，帮助英特尔成为长盛不衰的品牌并占据了全球过半的市场份额，让英特尔渡过了一次又一次危机。从戈登·摩尔身上，我们看到了一种永恒的进取精神。

“每天都要淘汰你自己”，这是戈登·摩尔告诫所有英特尔公司员工的一句话。假如你不淘汰自己，可能就会被别人淘汰，这是当今社会中的“终极进化论”。

在英特尔，戈登·摩尔并不是个抛头露面的人物，在他事业的生涯中，经常被同伴遮去光辉，但他却是英特尔最令人敬佩的人。戈登·摩尔创立的“摩尔定律”深深地影响着英特尔，激励着英特尔公司不断前进，从而成为世界上最赚钱的公司之一。可以说，摩尔定律代表着戈登·摩尔敢于不断探索的精神，不断淘汰自己的勇气。而这也成为英特尔公司的企业精神，这种精神为英特尔公司的不断前进提供着永恒的动力。我们完全可以说，是戈登·摩尔点燃了英特尔腾飞的火箭。他塑造了一种精神，并改变了英特尔，英特尔因为这种精神而改变了世界。

美国著名指挥家沃尔特·达姆罗施才华横溢，仅20多岁就当上了乐队指挥，成名之后的他仍保持着谦和、勤勉的作风，没有忘乎所以。不过，就在刚开始的时候，沃尔特·达姆罗施也有些飘飘然，以为自己的地位无人可撼。然而，一次排练让他彻底改变了自己的想法。那天，沃尔特·达姆罗施忘了带指挥棒，正准备派人去取。他的秘书却建议他向乐队其他人借一根，沃尔特·达姆罗施本以为乐队中只有自己才会有指挥棒。但他还是随便问了一句："谁有指挥棒？"令沃尔特·达姆罗施没有想到的是，大提琴手、小提琴手和钢琴手，都掏出了一根指挥棒。这时，沃尔特·达姆罗施突然醒悟：原来自己并不是什么不可或缺的人物，很多人一直在暗中努力，随时想要取代自己。从那以后，每当沃尔特·达姆罗施想偷懒的时候，那3根指挥棒就会浮现在他的眼前。

在这个"物竞天择，适者生存"的社会，我们要想生存，要想在这个社会立足，就要有自己的立足之本。英特尔流行着这样一句话：要想成为行业的龙头，就要学会不断地淘汰自己的产品。一家企业要在市场中总是占据主导地位，那么就要做到第一个开发出新一代产品，第一个淘汰自己现有的产品。在这个竞争异常激烈的社会里，淘汰自己的产品是不可避免的。与其让别人迫使你的产品淘汰，还不如自己淘汰自己的产品。而这种法则的优势是可以审时度势，在竞争中占据主动。做人亦是如此。

只有不断地进行自我淘汰，淘汰自满，从而不断地淘汰自身的不完美，才能走向辉煌。"每天淘汰自己，不断地自我更新，自我挑战"，世界亿万富翁戈登·摩尔就是靠这样的精神与信念获得了今天的成就。在他的理念中，与其让竞争对手开发新的产品，来挑战自己或者取而代之，不如先自我淘汰，这样不但能够领先市场、主导市场甚至于垄断市场，同时也让对手难以跟上。一个真正有智慧的人会先掌握这种通向成功的有力法宝，明智地与时俱进，做行业的主流。

人类的历史就是一部活生生的竞争史，这是一个很残酷的现实，不仅仅存在于动物界。有时候，人类社会的竞争比动物界更残忍。物竞天择，适者生存。这在任何时候，都是一条不变的法则。你不与别人竞争，并不意味着别人不会与你竞争；你不淘汰别人，就会被别人淘汰。

永远不要停留在表面的安稳上，这是一个非常危险的信号！非洲草原上的羚羊要想获得生存，就必须跑得比狮子快；狮子要想不被饿死，就必须跑得比羚羊快。无论是羚羊还是狮子，早晨起来的第一件事，就是奔跑！因此，追求安稳，只是你坐以待毙的开始！

永生不息的超越精神

超越精神包含天地万物、人世百端的至理，它历时数千年而不衰，表明了人类勇于探索的生命力，而人恰恰是一种“需要随时随地审视自己生命意义的存在物”。于是，当人具备了超越精神，就会达到一个新的境界。人生境界就是一种精神境界，本身便包含不断超越的意义，并不需要另外再设一个精神境界。

人类在认识自然的过程中，不甘被动，也在不断地学习改造自然，不断超越已经取得的巨大成绩。今天，人类已创造出许许多多自然界所不曾有过的东西，深入大洋深处，飞向遥远星球。然而人类满足了吗？没有。人类还要去更遥远的地方，去探索更微观的世界，更遥远的星球。就如同奥运比赛一样，今天已经是很令人惊叹的世界纪录，可能明天就会被刷新，就会被超越。博尔特取得的成绩震惊世界，但只能说是“空前”，谁也不能说“绝后”，因为人类挑战自身极限的超越永无止境。而正是在这种超越中，人类实现了巨大的、不断的进步。

当然，这个过程是极其漫长而艰辛的。让我们看看人类历史上那些曾经被认为无法被超越的东西，在今天是怎样变成现实的。1876年西方联合电报公司的《内部备忘录》上面写着“电话缺点太多，无法作为通信工具”，1891年法国陆军元帅、第一次世界大战指挥官费迪南·福熙曾说“飞机是一个有趣的玩具，但没有军事价值”，曾经的美国专利局局长查尔斯·杜埃尔大声宣布“所有能够发明的都已经被发明了”，20世纪福克斯公司总裁达里尔·扎努克更加自信地表示“电视上市6个月之后，不可能还有市场。每天盯着三合板盒子，人们很快就会厌烦的”，甚至连无线电之父李·弗雷斯特博士也觉得“无论将来科学如何发达，人类不可能登陆月球”……

无论是个人，还是一个企业，甚至一个国家，都不能没有超越精神。不能带着满足的心态，一味只谈眼前是不是完美，而是应该在已有的基础上去开拓一个更大的空间。个人只有不断地超越自己，才能寻找到自我的价值。企业只有不断地超越自己，才能创造巨大的利润。诚如萧伯纳所说：“生命中真正的喜悦，源自当你为一个自己认为至高无上的目标，献上无限心力的时候。它是一种自然的、发自内心的强大力量；而不是狭隘地局限于一隅，终日埋怨世界未能给你快乐。”

只去超越别人是不够的，伟大的成功更来自对自我的不断超越。英特尔是计算机行业的领军人物，生产着电脑的“心脏”——CPU，是真正的芯片巨人。很少有计算机制造商，敢拒绝英特尔的产品，敢不使用著名的奔腾系列，虽然计算机战场硝烟四起，但几十年来，英特尔永远处于不败之地，几乎成为完美的化身。它的完美与成功正是来自一次次的超越，不断地淘汰自己。

伟大的企业与伟大的CEO之间，存有一种共生的关系。当CEO认真追求比一己之成功更远大的目标，便会产生脱胎换骨的转变，企业也将因此得到迈向伟大的蜕变机会。不只英特尔如此，IBM也几乎走过同样的一条道路而变得伟大。汤玛斯·沃森将一家无名小公司打造成美国的代表性企业，他认为市场与技术来来去去，只有建立一个拥有优秀人才的伟大企业，才能不断演进与适应，屹立数十年甚至数世纪不倒。他的儿子小汤玛斯·沃森则给了IBM一个更宏观大胆的目标，为企业打上了预防针，避免自满的后遗症，让其不断挑战新的高峰（当时的IBM在计算机上处于落后，但是他利用发展IBM360作为大目标，帮助IBM抢得进入数字经济的领先位置，维持了许多年的优势）。到了路易斯·葛斯纳的时代，他更是完成了许多人眼里的不可能完成的任务：让走下坡的IBM重振雄风。他推翻了狭隘的传统与愚蠢的规定，同时又重新活化IBM的核心价值与追求卓越的热情。路易斯·葛斯纳超越了他的前辈，让IBM起死回生。

管理大师彼得·圣吉曾说："自我超越的精义便是学习如何在生命中产生和延续创造性张力。高度自我超越的人会永不停止学习，自我超越不是你所拥有的某些能力，而是一个过程、一种终身的修炼。"确实如此，无论个人还是企业，都有很多认知的误区，深陷误区不能自拔，你就不能实现自我。要突破自己的认知误区，就必须要学会超越自己。

超越不是超脱，不是阿Q式的自我安慰；超越不是自我的消沉和颓废，它是凤凰涅槃式的重生。超越是一种更高层次的自我审视和自我反思，是心灵境界新的升华和洗礼，是舍弃后的自我解剖，是一种智慧。

超越需要有开放的胸怀。只有胸怀宽广的人，才有超越自我的勇气和决心。人们常说，你要战胜别人，首先要战胜自己。有了开放的胸怀，你才能不断地发现别人的长处，你才能敢于不断解剖自己，纠正自己的缺点和错误，才能知耻而后勇，敢于突破自己的思维定式，才能无往而不胜。每一次科学的发现，无不是科学家的自我超越；每一次企业的成功改革，无不是企业家的勇气和智慧。

超越精神包含天地万物、人世百端的至理，它历时数千年而不衰，表明了人类勇于探索的生命力。而人恰恰是一种"需要随时随地审视自己生命意义的存在物"。于是，当人具备了超越精神，就会达到一个新的境界。人生境界就是一种精神境界，本身便包含不断超越的意义，并不需要另外再设一个精神境界。

慈善是一门专业，需要智慧和能力

慈善是一种爱心，如何执行、使用善款则是一种责任。社会需要爱心，每个人都应当奉献出更多的爱心。但任何爱心的付出，其前提是应建立起高效透明的慈善捐助机制，让捐助者明白自己的爱心归向，让真正需要捐助的人们得到关怀。否则，被黑洞吞噬的爱心迟早会变得麻木。

戈登·摩尔在IT业是一个近乎神的人，作为英特尔公司的创始人之一，他的地位已无人可居其右。但是人们提起他，并不是因为他的财富和职位，而是他的谦和、沉稳和平静的作风，人们从他身上看不到自满、骄奢与狂妄。1999年，这位身价100亿美元的老人可以从容地享受荣誉和财富，但他却在盛名之下，将自己谦和地封藏起来。一年后，戈登·摩尔和他的妻子贝蒂发起成立了摩尔基金会，这是全美国最大的慈善基金会之一。

就在基金会成立不久，戈登·摩尔于2001年10月28日向加利福尼亚技术学院捐款6亿美元，创造了美国单一学校获得的最大笔捐款纪录。这项捐款将用于该校未特指的项目，并将在10年内付清。当时72岁的摩尔说："加利福尼亚技术学院历史上曾创造过巨大科学贡献。我的捐款最好不要用于盖楼房，而应该用它干一番新事业。"这位身价100亿美元、温和而慷慨的老人在一个拥有数十亿美元资产的基金会中扮演慈善家的角色，他要在余生让自己的财富发挥最大的作用，这个意义不亚于他在英特尔的贡献。

作为一名慈善家，戈登·摩尔也深刻地认识到了自己作为慈善家的责任。他并不想成为一个盲目的捐钱人，与越来越多的大慈善家一样，戈登·摩尔开始把商业管理的理念运用到慈善事业中来。他并没有简单地为某一个问题捐款，而是通过那些他自认为能够产生“显著而且可衡量”结果的项目提供资助，从而确保他所捐赠的每一分钱都能产生最大效果。

这种责任感不仅是一个真正慈善家应具备的，也是每一个慈善基金会的工作人员应具备的。为了让善款发挥其最大功效，亿万富翁约翰·马克斯·坦普尔曼就曾把科学和宗教信仰融合在一起，他每年用6000万美元资助一些混合了科学和信仰、传统研究和投机买卖的机构与领域。如美国医学协会就把坦普尔曼基金提供的捐款用于精神和医药学科上，在过去10年中，这些学科已经成为全美三分之二医科大学的基础课程。在美国大部分慈善家看来，坦普尔曼的捐赠是一种冒险行为，但他的做法却得到了不少人的赞赏。

就在坦普尔曼追求精神目标的同时，戈登·摩尔则牢牢立足于现实世界。正如他自己所说：“我相当肯定地认为，你必须对你是否能够取得成果予以衡量，而基金会领域并没有彻底贯彻这一原则。”为了确保对结果的关注不会受到弱化，戈登·摩尔不仅亲自管理自己的基金会，而且还聘请了许多有责任感的人从事这项工作，他的儿子就亲自担任基金会评估和信息技术主管，专门负责衡量捐款的成效。

美国房地产建筑商、位列慈善排行榜46位的艾拉·富尔顿夫妇，在被问及“你如何知道那些大学用你捐的钱做了什么”这个问题时，他们说道：“他们必须向我汇报，我与那些校长和教员会面，我不愿意给他们免费的午餐。如果你教一个人如何去工作，他们将学会自己生存，这就是我想要做的事情。”

慈善是一种爱心，如何执行、使用善款则是一种责任。慈善机构是没有利润的，而做事是需要成本的，所以重点不在于提取多少管理费，而是这些钱用在了什么地方，是否透明公开。在西方发达国家，公益组织的运作是具有相当高技术含量的工作，其复杂程度丝毫不亚于商业公司，同样也追求“投资回报率”。因此在西方，将商业领域的管理方法和技术引入慈善事业，摆脱以往的“施舍性质的济贫院方式”，以投资来解决根本问题，进而凸显自由、个人价值以及企业精神的观念早已深入人心。

哈佛商学院的管理学大师迈克·波特认为，由于管理不善或者花钱不善，人类浪费的善款不下数十亿美元，很多慈善活动根本就没有什么效果。为了改变这种现象，波特认为，慈善活动应该向商业活动学习，很多慈善家已经在谈论“投资”“风险慈善”“市场导向”等术语，这些词原本属于商业领域的概念。但只有引进这些概念，慈善才会变得更为有效。

因此，很多成熟健全的非营利组织，其运作与商业组织无异，甚至也会开展一些“赚钱”的经营活动。如盖茨基金会，它的赚钱和营利组织的本质区别在于：所获得的收益必须被用于公益的用途，而不是用于投资者的分红。国内的慈善机构应该从中看到效率和专业化对于“做好事”的重要性，改变过去只凭一腔热情就能做慈善的刻板印象。显然，花钱和赚钱一样需要智慧和能力，慈善是一门专业。

松下幸之助

MATSUSHITA KONOSUKE

在经营中修炼素直之心

（1894—1989）

……

他用半个世纪的时间，

从三流的小时工变成全日本一流电器企业的掌舵者；

他用16年的时间，

从一个商海中叱咤风云的人物变成了全世界一流的人生导师；

他再用人生最后的9年时间，

从一位神一样的大师变成了最为人仰慕的人才培养的老师；

最后，他用1秒钟离开了日本，却让整个世界缅怀。

他就是“经营之神”——松下幸之助。

松下幸之助所达到的成就，远比他的名声要大。在他的领导下，松下电器公司的收入曾经超过了伯利恒钢铁公司、高露洁公司、吉列公司、固特异公司、家乐氏公司、斯科特纸业公司以及惠尔浦公司销售额的总和。尤其在作为一个具有激励作用的榜样方面，没有一个人能与松下幸之助相媲美。

在西方，松下幸之助的名字鲜为人知，因为他从未想方设法引起人们的注意。但他是日本的另一个“天皇”级人物，将日本的果敢决断、忠诚敬爱以及爱国的精神通通复兴了，并且融进商业领域，这也成了战后日本经济复兴的精神之源。在成功学领域，松下幸之助是与戴尔·卡耐基、拿破仑·希尔齐名的世界三大成功学导师之一。

他从不愿意在人们面前提起他所获得的成就和荣誉，而更愿意提及1960年公司宣布5天工作制，愿意回忆1929年公司最艰苦的时候，自己却坚持不裁员的那段日子，愿意提及创立PHP研究院，为改变日本改变世界出谋划策而创建的“松下政经塾”，及其日本飞鸟的保护工作，等等。他提炼出“自来水经营哲学”，即以品质优良的产品，用消费者能购买的价格，像自来水一样源源不断地提供给顾客。有人总结说，在松下的经营史上，松下幸之助在困难中依然坚守信念，不忘为民众服务的经营思想，使公司的凝聚力和抵御困难的能力大大增强，所以每次都化险为夷。而这正好说明，与他的成就最密切相关的是他的品质，其次才是智商、魅力、特权、运气。

松下幸之助被日本人称为“经营之神”、日本商业精神的化身。与其说他是一个伟大的商业家，不如说他是一个善于冥思的智者，再晋升为人人朝拜的弥勒，一尊佛龛。松下幸之助不仅为世人留下了堪称典范的企业经营理念、管理智慧、用人之道，更重要的是在充满争夺、充满功利、充满丛林法则的人类商业史上，他投射一道永恒的人性光芒。他将善念、感恩、责任与尊严深深植入人类商业的肌体，而这正是常常被人忽视的商业的灵魂所在。

哈佛商学院的天才教授约翰·科特在《科特论松下领导艺术》一书中极力向西方企业界宣扬松下的成就：他的管理方法超前他的时代50年还多，直到20世纪末，西方管理学家和企业家才开始将他的管理思想运用到自己的企业运营中去，松下幸之助是当之无愧的20世纪最伟大的企业家之一。

经营的是人生

一个人思想的高度决定了他成就的高度，而一个人计划和执行能力的大小决定了他人生的成败。一个人的出身并不决定他的人生，态度才决定一切。松下幸之助称这些为经营之道，他说：经营企业也是经营人生。

任何一个成功人士背后都有一段鲜为人知的辛酸往事，他们的成功都是付出了极其辛苦的代价而得到的。松下幸之助也是这样，刚满9岁的时候就要自谋营生，这是常人难以想象的。在大阪的一个火盆店里，他不仅要做学徒还要兼看小孩，可以说工作十分辛苦，可是这还不算，还有一些顾客不礼貌的责难，也需要这个刚刚9岁的小男孩自己承担。随后又被迫找到第二份在自行车店里的工作，辛苦像是烙在了他的童年的记忆里。

然而，经历本身就是一笔财富，在不知不觉中增加了一个人的价值。随着松下幸之助年龄的增长，他的经营天赋也逐渐显露出来，通过几年的学徒工作，他意识到自行车行业的利润已经越来越少了，而新兴的电器行业却前途无量。于是，怀着大干一场的决心，松下幸之助毅然离开了自行车店，来到一家电灯公司做实习工。没想到这份看起来卑微、不起眼的工作，不仅让他与这个行业结下了不解之缘，而且改变了他的一生。

在大阪电灯公司里，松下幸之助一如既往地努力工作，很快就被提升为检查员。要知道，这个工作一般都是经验丰富、年纪较大的人才可以担任的，如果松下幸之助是一个天性安分、循规蹈矩的人，他可能会从这个位置一步步升上去，直到老年领一笔可观的养老金而了此一生，但他的冒险精神在人生的这个关键点助了他一臂之力。松下幸之助是个极为用心的人，在工作中他发现公司生产的产品非常需要改进，于是向公司上层提了一条改进插座设计的建议。公司对此的态度却十分冷淡，因为他们怎么可能随便听从一个初出茅庐黄毛小子的话。换作任何一个人在老板跟前碰了一鼻子灰，恐怕也就把这事淡忘了。可松下幸之助却不同，他认为新型插座的利益真是太明显了，老板既然视而不见，为什么不自己干起来呢？于是他凭着一股少年勇气，辞掉了那个令人艳羡的工作。

没有钱财并不可怕，可怕的是没有想法。人们对松下幸之助的行为颇不理解，放弃安安稳稳的小职员生活，却要创办自己的企业，真是异想天开。松下幸之助并不在乎别人的想法，不过刚开始的确需要处理一些棘手的问题。首先就是“三无”：一无资金，二无人员，三无厂房。但最难解决的还是技术问题。虽然此前他已经设计出了一种改良插座，但是外壳材料问题令他一筹莫展。不过他没有退缩，他认为“不懂有不懂的好处”，因为这样就无所顾忌，敢于试验、尝试。

正是凭借这种执着精神，他与妻子，还有3个助手开办了一个家庭工厂，生产这种插座。那是1917年，他只有22岁。松下幸之助生平第一笔投资数目是多少呢？只有100日元！初生之犊的幸之助太乐观了，他本以为可以很快制造出这种产品，但解决绝缘问题费时费料，他那100日元投资远远不够，只好靠典当妻子的衣服首饰来换钱维持。最终，他还是生产出改良版的插座。但问题接踵而至，销售又成了一大难题。由于没有具体的生产和销售计划，没有资金，也没有薪水保障，他的合作者最后都纷纷离他而去。松下幸之助再次变得一无所有，此时，他也有另谋其他生路的打算。但是这种念头一闪即过，他认为无论如何也不能放弃努力，一定要坚持下去。而且他一直坚信，自己的选择和眼光都是正确的。正是依靠这种信念，他终于得到了机会的垂青，在第一笔订单中他赚到了80元。随后，经过改进的物美价廉的新插座得到了市场的认可，财源滚滚而来。

20世纪20年代，日本满街跑的是自行车，由于夜间行车，需要车灯照明，可当时的车灯极不适应行路照明的需要，松下幸之助在这种“不便”中再次看到了商机。他研制了一种全新的车灯。这一次，松下幸之助又大获成功。人们不仅把这种灯安装在车上，有些人干脆买来摆放在桌子上当日常照明用，用以代替笨重而又散出废气臭味的煤气灯。这又启发幸之助设计和生产台式灯。于是不久后一台命名为“National”的台灯开始面市。这是National（松下公司的产品名称）第一次为人所知，从此这个品牌传遍日本，而且名满世界。如今，在世界的一些相当偏僻的角落，凡使用电器的地方，从老人到稚童，几乎都能辨识National这个标志。“National”品牌的成功，让松下幸之助在1925年成为日本首富。

就好像做皇帝一样，打江山容易，守江山难。全球经济危机的爆发，使松下幸之助的公司产品销量骤减，库存猛增。当时所有的商家考虑的不是生产产品，而是建仓库。在这种局势下，多数企业开始裁员。

就连日本员工待遇最好的钟纺公司，也开始降低工资。当时松下幸之助正在病中，公司的上层来同他商量裁员问题。幸之助经过认真考虑，提出了方案：工人一个不裁，工资一分不减，但产量减半，而且员工取消休假，全体动员从事销售，消化库存。用了两个月时间，库存消化完毕，生产恢复正常。经过这次事件，松下考验了自己的员工队伍，一种上下一心、全力以赴的风气逐渐形成。这也成了松下公司的一种精神力量，足以和任何的外在的困难作抗争。

1932年，松下幸之助对企业经营有了自己的领悟，提出了著名的“自来水经营哲学”。他决定以5月5日为松下公司的创业纪念日。更令人惊讶的是，他为松下公司制定了250年的目标，以25年为一个周期，分10期来实现这个目标。正当松下幸之助准备大干一场之时，第二次世界大战爆发了。松下幸之助的经营刚刚有所起色，就被卷入日本发动的侵略战争之中。战争让一切哲学都失去了意义。“二战”期间，松下公司在政府要求下，停止民品生产并开始从事军品生产。松下公司在战后的5年中，生产停滞，债台高筑，几乎到了破产的边缘。在这种情况下，松下幸之助做了他从来不愿意做但不得不做的事——大面积裁员，公司由1.5万人减少到3500人。松下感到良心受到极大的谴责，可是在战争面前只能忍受。

随着日本的战后重建，松下公司开始重整旗鼓。为了使松下不再出现偏差，松下幸之助专程到美国考察学习。松下幸之助被美国的经济形式惊呆了。从美国一返回，就开始主持与荷兰飞利浦公司的合作，以引进技术来带动松下新的起飞。在他的带领下，松下公司的经营进入了快速发展阶段。松下幸之助当时制订的计划是5年之内营业额翻4倍，松下的出口贸易也快速增长。1961年，66岁的幸之助宣布辞去社长一职，改任会长（董事长），顺利完成了经营权的交接，但他一直在幕后掌管着公司的运营情况。当松下公司在1964年遭遇难关之时，这位69岁的老人再度出山，甚至亲自站在销售第一线，进行了松下的销售经营全盘改革。这次改革，使用户至上的服务思想得到了真正的贯彻，松下公司再次走到了日本经济起飞的前沿。

晚年的松下幸之助致力于日本社会公益事业，历史遗产的保存和日本精神的传承。直到1973年，年近80的松下幸之助辞去会长一职。大量捐赠、慈善、公益活动，几乎花费了这位老人的所有时间和大部分财力；关于企业经营、国家管理和社会发展的思考，成为他这一时期著述的主题。1989年4月27日，松下幸之助逝世，但是他和他所缔造的商业神话将永远为人所铭记。

他不仅是日本人的商业领袖，还是精神领袖；他不仅是电器王国的领导者，同时还是日本民族精神的复兴者。就是这样一个只读过小学四年级的辍学生，硬是用传奇一生的阅历为后辈们留下了成功哲学的鸿篇巨制。

经营成功的企业家如过江之鲫，而像松下幸之助这样能够进入管理思想史的企业家却为数不多。尽管在幸之助逝世后，松下公司的经营已经产生了种种问题，但是，这都不能抹去松下幸之助的成就和思想贡献。正如福特公司被通用公司超越了，但亨利・福特依然被人们铭记一样。尤其是一种面对人生的特有态度，更是值得任何一个企业和民族去学习。

千里马也应该识伯乐

机遇只有一分是偶然获得的，还有九分是需要人们去争取的。不是所有的

千里马都有机会等着伯乐的发掘，千里马也要有寻找伯乐的能力。所以不能空等贤人对你的垂青，而更要有慧眼去寻找伯乐。

松下幸之助就是一匹会识伯乐的千里马。当年，在火盆店工作的他忍耐着辛苦，但是还能保证家人的温饱。可是当他经人介绍，去大阪的“五代脚踏自行车店”当小职员的时候，他是如此心甘情愿地前往，因为他发现店主在经商方面卓有才能，并且道德高尚，对那些买不起自行车但是会前来观看的人绝对不会瞧不起，而是会细致礼貌地给予讲解。松下被他的气质和品德深深地吸引了，而店主也发现了松下在经商方面的才华，随之便让他从清洁工变成了真正的销售员。

可是当日本电车开始在大街上铺设轨道的时候，松下马上就看到了自行车的前途会被挤到狭窄的发展道路上去。于是他又转投电器行业，几经周折，终于进入了大阪电灯公司，可是这一次，虽然瞄准了事业发展的方向，可是公司的上层却并不是真正的伯乐，因为当松下为公司提出了一个改进产品的绝佳建议的时候，却被否决得一无是处。于是松下毅然辞职了。没有伯乐的地方，千里马终究是会被埋没的。

千里马常有，而伯乐不常有，所以更需要千里马去寻找伯乐。寻找伯乐不是为了证明自己是千里马，而是认定了自己就是千里马。有这样一个故事，一只黑马对一群马说：“我们去找伯乐吧。”群马笑着说：“如果我们是千里马，为什么还需要找伯乐呢？如果我们不是千里马，又何必找伯乐呢？”黑马不知道怎么应答，只是自己去山那边找寻伯乐去了。一天天的风餐露宿，一个个山头的艰苦跋涉。黑马最终还是没有找到伯乐，它回到了马群里，群马讥笑地说：“你找到伯乐了吗？答案当然是没有。”黑马回答说：“虽然我没有找到伯乐，但是我收获依旧很大，经过累月的奔跑，我已经比以前强壮了很多，日行千里也不在话下。”不久，伯乐专程来找到了那匹黑马，将它献到宫中。

作为一匹马，不要等伯乐，而是去寻找伯乐，不论成败，却已经在实质上成了千里马。人也一样，在这个人才集聚的社会里，伯乐显得更加稀少了，等待意味自我放弃。不管是对自己太过信任，还是太不自信，在今天这样的社会里，还依旧用等待来获取成功机遇的人都注定是失败的。尤其是刚出校园的大学生，更要找到真正的伯乐，让人生可以在广阔的地带驰骋。而对于一般的企业也是一样，也要有寻找伯乐的决心，企业得到他们的帮助，同样也会快速成长。

而寻找“伯乐”的人和企业，不是去寻找救命稻草，不是没有了伯乐就无法生存，而是要有这样的决心能够成为“千里马”，并且不断地充实自己，加强自己，就算最终没有能够遇到伯乐，也依旧能够“日行千里”，这个时候，你就是你自己的伯乐。

财富到底是成本，还是资本

人对财富的态度决定了他的生命轨迹，也决定了命运对他的裁决。财富到底是成本还是资本？

早在1925年，31岁的松下幸之助就已经成为日本第一富豪。然而，他的成功绝不仅凭借机遇，还在于他做到了财富与智慧的结合。幼年时家境的沦落使松下幸之助被迫辍学，背井离乡开始了漫长的学徒生涯。他以100日元起家，创办了自己的小工厂。经过数十年的苦心经营，松下工厂迅速发展壮大，直到成为日本电器制造业的巨人。

正是因为有了少年时代的贫苦经历，松下才有了“自来水经营哲学”和“财富就是再投入的成本”的财富观。松下幸之助成功创业之后，并没有如人们想象那样大量聚集财富，而是让家用电器进入寻常百姓家，使之像自来水一样取之不尽，用之不竭。

当松下幸之助成为日本首富之后，他也没有想到疯狂扩张，最先想到的却是回馈社会，将利润作为再投入的成本。他认为，任何一桩事业如果得不到社会的认可，那么它便没有存在的价值。正是出于这样的经营理念，松下幸之助一生淡泊名利，恪守“自奉必须俭约”的信条。作为松下电器公司的创始人，松下幸之助完全可以像一些资本家一样，掌控松下王国的财富，但他并没有那么做，而是离开了松下电器。其家族拥有的松下电器公司股份还不到3%。可以说，松下的财富观可以理解为“取之于社会，用之于社会”，他也因此受到了世人的尊重。

与松下幸之助一样，战后日本财经界还有一位传奇式的人物，他就是被人誉为“流通革命的领袖”的中内功。两个人有着许多共同之处：他们都经历过战前苦难的生活，都通过努力创造了辉煌的事业，都拥有着巨大的财富……然而，两人尤其是晚年的生活经历却大相径庭。

与松下幸之助的“财富是再投入的成本”的财富观不同，中内功认为，财富是再扩张的资本。流通领域巨头大荣集团的创始人中内功，从1957年在大阪开设第一家店铺“主妇之店”，到1972年超越老字号的三越百货公司成为日本零售业霸主，只用了短短的15年时间。可以说，大荣创造了一个又一个商业神话。

中内功在事业成功之后开始了大规模扩张，其发展模式可以用“圈地运动”来形容。在中内功看来，财富是企业再扩张的资本。20世纪80年代是日本的“大超市时代”，房地产热使日本经济的“泡沫”越吹越大。作为日本的超市大王，中内功在日本的城市郊区和小县城不断圈地，将超市开到日本列岛的每一个角落。中内功对掌控财富的执着超出常人，他不顾周围的反对相继将长子中内润、次子中内正破格提拔为集团副总经理和核心企业总经理。此举引来其他创业者的不满，一些曾与中内功共同打天下的元老甚至选择了离开，这似乎验证了“财散人聚，财聚人散”的道理。

然而，当泡沫经济崩溃之后，银行深受坏账困扰，陷入“自身难保”的窘境。大荣公司最终在数次得到金融支援仍然无法复苏的情况下，于2004年年末向产业再生机构申请破产保护。中内功最后落到了不得不通过变卖家财应付债主的地步，2005年9月这位日本流通史上的传奇人物在一片讨债声中溘然离世。

曾几何时，中内功被视为消费者权益的代表。20世纪60年代，大荣与松下在定价问题上发生严重分歧，不顾供应商的反对低价销售产品。因为中内功认为，决定商品价格的权利在消费者手中，而代表消费者权益的是零售商而不是制造商。因为大荣不顾制造商的反对实施降价销售，松下电器从1964年停止供货直至1996年达成和解。这与松下幸之助形成了鲜明的对比，对于某种新产品，松下幸之助根本不知该如何定价时，便诚实地告诉经销商这种产品的成本是多少钱，请他们帮助定价。经销商为某种产品而要求杀价时，他就告诉人家这种产品成本几何、正当利润多少，不能降价。

松下幸之助与中内功的对立实际上是两种财富观的碰撞。中内功希望通过低价格实现价格革命，成为消费者的代言人，获取财富的目的是通过扩张聚集更多的财富；而松下幸之助认为企业必须保持“适度的利润”，通过纳税、提高员工待遇等形式反馈给社会。可以说，两种财富观都是一定历史时代的产物，不能简单地以成败论英雄。但是，松下幸之助和中内功的财富观以及由此产生的经营理念上的差异却值得财富的拥有者，以及试图拥有财富的人们去思考。

侮辱是一种动力

任何时候，侮辱都是一种破坏力，它让人歇斯底里地冲动，用言语或者武力报复对手。可是有的人懂得忍耐，于是侮辱变成了一种动力，这是一股强劲的力量。

松下幸之助讲过一个故事。有一天，收到来自边远小城的一封信，说看松下演讲，觉得哪里都很好，就是所戴眼镜实在不像话，要求免费为松下替换眼镜。松下以为是广告宣传，置之未理。然寄信人锲而不舍，多次来信催促，松下不为所动。

一个偶然机会，松下到此边远小城演讲，寄信人是座上客，力请松下光顾眼镜店。松下盛情难却，勉为其难走进眼镜店，经营之神简直不敢相信自己的眼睛。原来这里有全世界最优良的验光配镜设备和最专业的工作人员。老板坚持免费为松下配备最好的眼镜，松下问其缘故，回答说：您是名人，却没有佩戴最好的眼镜，人们会以为我日本没有世界一流眼镜业。松下感慨良久：此乃日本民族得以自立世界之真精神也。

日本民族是一个自尊心极强的民族，也正因如此，所以他们的名人在世界舞台上露面的时候，任何一点点的瑕疵都将被视为一种侮辱，也正是有这样的民族精神，不断地促使他们在商品上精益求精，以至趋于完美才肯罢休。一个懂得受辱并且将之内化为动力的民族是让人敬佩的，他们会自己对自己苛刻，用不着监督，也犯不上检查，他们追求完美成了一种习惯，就像是流淌进了骨子里的血。

有种精神是羡慕不来的，那就是以侮辱为动力，来回击侮辱的品格。曾经有这么一个传奇故事，一个摄影师把一个穷孩子激励成了世界上最富有的人之一。这个摄影师是专门去一个学校给一个班级的孩子拍照的，当孩子们都排好队之后，这位摄影师发现学生中有一个孩子衣着破烂，他认为这样会破坏了照片的美感，于是点名要求那个男孩子离开拍摄的队列。男孩的自尊心被伤到了极点，因为他本身就是一个穷孩子，父母为了他的将来，省吃俭用供他来学校上学，衣服的破烂是自然的事情。

男孩最终还是被“请”出了队列，他为此几乎哭了三天三夜。不是因为没能拍照，而是受到了极大的侮辱。于是他心里暗暗立下了誓言：请人拍照算得了什么，我以后要请画家专门为我画画。他向老师要了这张没有他的照片，并且把照片放在房间里最显眼的位置上，他最终真的成功了，这个人就是石油大王——洛克菲勒。

每个人都有享受荣耀的时候，那多数是在肯定你的能力，人们的喝彩是对你的才能和道德的嘉奖，但不可否认的是，我们还会受到侮辱，是能力不行，或者是做人不行。一个冷静的人在荣耀面前是冷静的，他会说这只是代表过去。一个冷静的人在侮辱面前同样也是冷静的，他说这实在是能力欠佳。侮辱倒不全是坏事，至少它可以成为衡量我们能力的标尺，并且还能将它变成奋发的动力。

起点决定不了终点

成败与否的关键，不在于起点是否相同，而完全取决于你途中的努力。起点是决定不了终点的，就好像水源决定不了水流的方向，就好像陨石决定不了流星的生死。一切都在于途中的努力，在于一个人对自己命运的把握和主宰。

有一个穷人家的孩子，为了养家糊口，他必须去找工作。与他年纪相仿的那些孩子们还在校园里过着无忧无虑的生活，他已经必须为了生活而奔波操劳了。他来到一家电器工厂，对负责人说，他只想要一份能给他们一家人带来固定收入的工作就可以了。哪怕是最低下的，他也做。负责人用余光看了看这个年轻人：衣着肮脏，又瘦又小。负责人觉得很不理想。碍于面子，免得伤他自尊心，便没有直接说，找了一个借口说："厂里暂时不需要人，你过一个月再来吧。"

对于一般人来说，应该都明白了负责人的言外之意，这一个月根本就是虚幻的。或许也根本就用不着等。但是，一个月后，那年轻人却真的来了！负责人无奈之下，只好推托说："再过些天吧。"

过些天后，那年轻人真的又来了。如此反复，负责人也顾不上照顾他面子，直接说："你衣着太脏了，不够资格进我们工厂。"于是，年轻人回去了。第二天，负责人见那年轻人衣冠楚楚地出现在面前。"先生，这是昨天借钱买的。觉得怎么样，现在我应该可以了吧？"年轻人说完笑了笑。"还不行，关于电器方面的知识，你几乎一窍不通。"负责人苦笑着摇了摇头。几个月后，年轻人再一次来到这家企业，找到负责人，说，"先生，我抓紧时间学了一些电器方面的知识，您看，我哪方面还不符合贵工厂的用人标准，我一项一项再弥补。"听着年轻人那句话，负责人望了他好半天，终于说话了，"我干这一行已经好几十年了，第一次碰见你这么有耐心的人！好，年轻人，明天来上班吧！"这个年轻人，就是松下幸之助。

从一个穷小子的执着，到一个"经营之神"的称谓，从这份坚持里，应该能想到一个词：理所当然。可是我们细想一下，其实这也是在说明一个道理：起点并不决定终点。有无数个和松下一样贫穷的孩子，也有很多比他条件优越的人，可是"经营之神"却只有他一个。那是因为松下有着比一般人更多的付出，他的成功不在于天资而在于汗水。

起点并不决定终点，它们之间的关系也是微乎其微的，而真正起决定作用的是后天的努力。还记得仲永由天资聪慧到“泯然众人矣”；还记得朱元璋由乞丐到皇帝；还记得洛克菲勒由小时工到石油帝国的缔造者；还记得爱因斯坦由最初被人称为“低能儿”到一代科学巨擘；还记得苏格特因“小儿麻痹”而险些丧命，到一代文豪……

这些成败的故事无不在证明一点：后天的努力才是成败的关键。就算终点是一样的，也不能代表他们起点是相同的。两个人在酒吧里喝酒，一个服务生对另一个服务生说：“他们两个可都是百万富翁。”这时候店长走了过来说：“你们可知道，他们可是一点都不一样，虽然都是百万富翁，因为其中一个是由一个穷人通过努力变成百万富翁的，而另一个则是由继承千万家产，然后挥霍成为百万富翁的。”也就是说，起点相差很远的人，也可以通过努力去和起点较高的人取得同样的成就。

人生并不平等，至于你的贫穷与富裕也都不是上天的硬性规定，没有人有权利让你做一个穷人或者富人。然而一个不争的事实是：富人总是比穷人少。于是很多人都在抱怨，“他的爷爷是院长，他当然可以比我更容易获得那个岗位”，“他的表哥是经理，和他竞争我一点优势都没有”，“他的爸爸是富翁，花点钱就可以弄个好职位”。这些都是事实，但是也只是你在给你自己找一个懈怠的借口，难道每个职位都有这样的“贵族”吗？难道每一个职位仅仅只招聘一个人吗？是你羡慕他们的起点，还是你实力不够？还是你不自信？怨天尤人的人总会因为一点点的不公平而变得激进不已，可是这只是无用功，改变不了什么，唯一能做的是再接再厉。

如果生下来时贫穷，那不是你的过错，但是如果你临终时还是一无所有，那一定是你的问题。

余彭年

YUPENGNIAN

让财富流向最有意义的地方

（1922—2015）

……

“穷则独善其身，达则兼济天下”

是余彭年一生的真实写照；

“春蚕到死丝方尽，蜡炬成灰泪始干”

格外契合余彭年的慈善情怀。

余彭年在中国慈善业的出众之处不在于其财富之路的异常艰苦，

抑或捐赠的异常慷慨，而是其异常的坚持和异常的专注。

他被世界称为“中国最慷慨的富人”。

成就微软帝国的比尔·盖茨曾许诺，将把自己大部分的个人财富捐给他的基金会，用于资助贫困国家的卫生与教育事业，而他的3个孩子只能从父亲500亿美元的身家中，得到几百万美元的遗产。在中国也有一位这样的慈善家，只不过他未留给子女一分一毫，他就是被誉为“中国最慷慨的富人”——余彭年。

香港《文汇报》称余彭年是“中国的诺贝尔”；《第一财经日报》认为，余彭年的过人之处在于：他利用旗下的事业来为中国的慈善作贡献，把慈善当作事业一样来经营；《中国新时代》表示捐出全部家产的余彭年，将成为“中国第一慈善家”，今后若干年内，恐怕都无人企及……余彭年的义举为慈善世界带去了福音，也许几十年后，当提起他的名字时，人们想到的不再是富豪，而是一个懂得感恩的慈善家。

“穷则独善其身，达则兼济天下”是余彭年一生的真实写照；“春蚕到死丝方尽，蜡炬成灰泪始干”格外契合余彭年的慈善情怀。余彭年在中国慈善界的出众之处不在于其财富之路的异常艰苦，抑或捐赠的异常慷慨，而是其异常的坚持和异常的专业。他通过慈善事业构筑了自己“人到无求品自高，助人行善是快乐之本”这一崇高的生命境界。

余彭年在慈善事业上的坚持，不仅从50岁坚持到80岁，而且坚持到下一代。从1981年捐出第一笔款项，余彭年就为自己的财富以及子孙的财富找到了光明出路。2008年，余彭年立下遗嘱，将全部财产尽数捐出，没有为子孙留下一分一毫。而他的儿子和孙子，还在为酒店打工，酒店的盈利将继续从事慈善事业。

余彭年在慈善上的专注更值得敬佩。他一生专注于光明事业，自2003年“彭年光明行动”启动以来，惠及中国20多个省区，有30多万名患者获得了免费手术的机会。对于那些重见光明的患者而言，余彭年就是传说中的光明使者。余彭年不仅将光明带给了数十万的白内障患者，更将光明带给了整个社会。他的一生也成为光明的一生。

余彭年一直坚持着慈善事业，让人们感受到他正在改变着中国的富人形象。慈善不是一次金钱的简单付出，更不是施善者寻找自我成就感的通道，它是感恩之心的见证，一种在个人成功实现之后的精神追求。

慈善的使命

当个人达到完满状态时，去散发自己的光热给大众，是一种无私；倾尽自己所有去帮助他人，需要豁达与坦荡的心胸。余彭年最惊世骇俗的举动是订下一份慈善遗嘱，将所有资产都用于慈善事业，待他百年归老后，任何人均可根据遗嘱内的慈善项目申请赞助。也许他觉得这才算是功德圆满。余彭年这一生，带着慈善的使命，一直在修行，为世人奉献。

1922年，余彭年出生于湖南省蓝田镇的一个普通商人家庭，他原名彭立珊，到了香港之后才改名为余彭年。余彭年父亲彭麟阁早年曾在涟源县蓝田镇做过一些小生意，数十年间兢兢业业。余彭年大学未毕业时，就跟随父亲辗转于长沙等地。那段时间他们父子二人几乎什么生意都做，所以余彭年早期这段东奔西走的从商经历似乎并不顺利。余彭年晚年回忆起那段时光颇多感慨，还写下了这样一段文字：“商场如战场，由北到南，由东到西，败奔失走，无容身之地。”

大学毕业后的余彭年还曾担任过长沙《大众晚报》的特约记者，至今他还保留着自己1982年1月1日在香港《百姓》半月刊发表的文章《从一个无色彩的立场看国共和谈》，他很自豪于自己当记者的经历和当年写文章的文笔。不过，这段时间并不长。1949年，余彭年就辗转来到上海。万万没有想到，不久就被人诬陷为“逃亡地主”和“有海外关系”，判刑三年。服刑期间，余彭年因“表现好”和“有文化”，被安排拆阅犯人的外来书信，并加以归类、分发，这个工作让余彭年几乎悟透人性。“每一个犯人入狱，都差不多重复一样的经历：开始时，恋人来信，海誓山盟；夫妻来信，义重云天；朋友来信，两肋插刀；父母来信，饮血规劝。可是几度春秋，斗转星移。恋人反目，朋友检举，妻子变心。后悔信、离婚信、揭发信，雪片般飞来。”三年劳教刑期届满之前的两个月，余彭年的“逃亡地主”罪名查证不实，被释放后的余彭年别无选择地去了香港，开始了自己的传奇人生。

初到香港的余彭年，境况十分悲惨。他被误认为是小偷而遭到殴打；被视为偷渡者而被关押；仅仅为好奇而观看打群架，也被误认为是同党而遭到追打。1988年的一份《湖南日报》就曾记载了余彭年对其早年香港经历的讲述：“1958年，经过合法申请批准，由上海来到香港，做过清洁工、勤杂工、建筑工。连洗厕所都要洗得最干净……每天晚上要花钱买两份当天剩下的报纸看，寻找机会。”

虽然余彭年身份卑微，但性格极为坚韧，他一直在寻找让自己立足于香港的机会。到了20世纪60年代初，台湾房地产业的兴起，让余彭年有机会跟随一位老板来到台湾，迎来他人生中第一次真正改变命运的机会。由于余彭年勤奋好学，工作极为出色，被老板任命为经理，月薪1万台币。老板以“单独出资，利润双方平分”的方式让余彭年自组公司进行经营。人到中年的余彭年掘到了“第一桶金”。

为了能赚更多的钱，余彭年踏入自己毫不熟悉的股票市场，没想到灾难随之而来，1967年，香港股票狂跌，余彭年那一年就损失2000万，几乎让他倾家荡产。股票投资失败之后，余彭年把所有的精力又投到自己熟悉的房地产界。香港影星李小龙的离去，为余彭年带来成功的机会。他不顾别人的阻挠，自掏30万元的同时，又从银行贷款70万元，买下了李小龙的豪宅，并装修一新。但他并未打算出售，而是租给外国人使用。8年后，余彭年不仅还清了银行贷款，到了1996年，这栋豪宅的价值早已直飞冲天，达到了7000万元，几乎飙升了70倍。余彭年在1975年用同样的方法购得某国领导人的一处房产，当时投入250万，20年后，这套房子升值至8000万港元。两次巨大的成功，为余彭年的经商之路奠定了牢固的基础，事业也随之步入正轨。

虽然这两次投资为余彭年赚取了财富，但在他看来，自己的事业与那些真正房地产商人还差得很远。真正让余彭年赚取上亿财富的是他晚年投资深圳房地产和建设彭年酒店。1990年，已经68岁的余彭年意识到深圳将是整个中国最具房地产投资价值的城市，他立即成立了福华地产发展有限公司，注册资本就达260万美元，他在深圳开发开放之初，掘取了大笔利润，也由此开始全力建造自己位于深圳罗湖闹市区的彭年广场及五星级的彭年酒店。

“将57层的彭年酒店建起来，一分钱没有借银行，没有出租一块地，许多公司顶不住了，余彭年却像他挥笔题写的那样‘任凭风浪起，稳坐钓鱼台’。”余彭年自制的画册中，流露着他建立彭年酒店的得意。据《时代人物周报》对余彭年的资产调查看，他的身价总数约30亿元人民币，其中彭年广场、彭年酒店资产共24亿人民币，香港资产约6亿港元。

就在余彭年赚取大量财富的同时，他从1981年就开始投入慈善事业中，而且一直坚持至人生谢幕。他最初做慈善的冲动来自他父亲临终前的叮嘱。余彭年幼时家乡水灾，一家8口人及房屋财产全部被洪水冲走，水灾过后，在家乡人的鼎力资助下，父母及他兄弟6人得以团聚，重建家园，继续从事小本经营，因此父亲病逝前，千叮万嘱床前几个儿女：“日后若有出息，一定不要忘记父老乡亲的恩德，为家乡做几件好事。”“我喜欢直接帮助穷人，我见不得穷人难过。最早，我在家乡修路、办学。我做这些事，不为青史留名，只因为我自己也吃过苦，我知道穷人的难处，人不能有了钱就忘本。”

1998年长江特大洪灾，当地民众通过电视见到了余彭年脸带歉疚的神色及其解释，“亚洲金融危机影响了我的资金调动，在建中的彭年大厦需要资金。我只能捐出100万元，对不起……”

余彭年对家乡的捐赠，在1988年被记载。湖南长沙市五一广场地下通道角落有一块纪念碑，上面详列了余彭年自1981年以来的捐赠项目，包括：涟源市人民医院救护车、各种医疗设施，涟源市处理污水的立珊水坝，涟源市龙卷风救济款，涟源市立珊学校，长沙火车站新建现代化大型彩灯喷泉，长沙彭立珊救护中心，长沙市汽车东站高级男女公共厕所等12项。碑文写道：“以上捐赠项目，共折合人民币约1600万。”也就在1988年，余彭年还成立了“彭立珊长沙福利基金会”，以更好地将自己捐赠的钱用到实处。

捐助家乡之后，余彭年再将捐赠的重点逐步放在深港两地。1989年深圳大火、1991年中小幼教师奖励基金、1994年深圳大学、1997年深圳社会治安基金、2000年“彭年科技奖”、2003年抗击非典有功医务人员，余彭年均捐赠出数百万元。

随后，余彭年将自己的慈善范围陆续扩大到中国20多个省区，为30多万名患者做了免费手术。

余彭年凡事都亲力亲为，决不容忍雁过拔毛。2000年，余彭年宣布彭年酒店为“慈善酒店”，未营业就已声名鹊起。他还作出承诺：彭年酒店的产权不准抵押、不准转让、不准继承、所得利润不得转作他用，必须捐给社会。《胡润慈善排行榜》就曾这样评价道："他更关心慈善捐款如何花的问题。这是中国慈善事业最困难的一步；同时也给国内其他的慈善家树立了一个榜样，他成功了，肯定可以带动中国慈善事业的发展。"

余彭年90岁高龄时，精力仍然十分惊人。他平均每天要处理15件左右的事情，既有慈善方面的，也有酒店经营方面。将30多年的慈善事业让余彭年5次进入胡润慈善榜榜单，其中3次名列榜首。

更令人敬佩的是，余彭年把自己所有资产全部捐献给社会，一分不留。对于"裸捐"，接受《外滩画报》专访时，余彭年如此解释："子孙强如我，留钱做什么；子孙弱如我，留钱做什么？"2007年，他入选美国《时代》周刊评出的"全球十四大慈善家"。《时代》当时的评语是："2003年至今，余彭年捐出逾20亿元人民币给科技、教育和社会福利开展活动，出钱为数万名贫困农民做白内障手术，他获选中国最慷慨慈善家。"

行善不止的老人

"财富"与"慈善"这两大主题词，贯穿于余彭年人生中最精彩、最丰厚的篇章，但对于他本人而言，财富只是条件，慈善才是结果；财富只是手段，慈善才是目的。他在将二者合而为一，不断探索、实践的过程中，充分诠释了人生的真谛。

"穷则独善其身，达则兼济天下"可谓是余彭年一生的真实写照；"春蚕到死丝方尽，蜡炬成灰泪始干"更格外契合余彭年的慈善情怀。

他的人生经历就是一部奇迹。他在港台经商50年白手起家，从一个打工仔到地产经理，又从地产到酒店业，艰苦创业，最终从勤杂工成为五星级酒店董事长。而从企业家到专职慈善家的角色转变，更是史无前例。

余彭年常说的一句话是“宁可我助天下人，不愿天下人助我”。靠房地产业起家的他对生活在贫困地区的人，始终抱有强烈的同情心，他说：“我喜欢帮助穷人，因为我也曾经是穷人，我理解他们的苦衷。”

在余彭年的慈善事业中，“彭年光明行动”是最重要而且规模最大的一个计划。因为曾经失去，所以了解失去的无助和痛苦。曾经也深陷白内障痛苦的余彭年说：“失去光明是非常难过的，眼睛比任何一个器官都重要，没有眼睛的痛苦真是一言难尽。这种无助的感觉让我至今难忘。失去眼睛，我觉得就是失去一切了。想到昂贵的医疗费用会使许多患者一生都无法摆脱失明的痛苦，所以我决定设立专项基金资助贫困白内障患者。”

为了让“光明行动”能够持续地执行下去，余彭年甚至辞去彭年酒店董事长职位，亲力亲为。只要精力许可，他都会不辞辛劳地亲临现场。回想起跟随医疗队下乡救治的情景，余彭年动情地说：“看到他们重见光明宛如新生的欣喜，我觉得自己做了人生中最有意义的事。”

“故人不独亲其亲，不独子其子。使老有所终，壮有所用，幼有所长，鳏寡孤独废疾者皆有所养。”《礼记》中关于世界“大同”的梦想，也是余彭年一直的梦想。

相对于余彭年在慈善事业上的大气与慷慨，生活中的余彭年却显得简单得不能再简单：来来去去就是一套西装，衣柜里还放着20多年前的短袖。他常穿的一件外套，后背和腰身处都被手工缝制上松紧带，他说这是“合理利用，胖瘦都可以穿”。除了应酬以外，余彭年每天都到公司食堂和员工们一起吃工作餐，本色不改。平易近人的余彭年让员工对他崇敬有加，在许多人看来，余彭年根本就不像一个亿万富翁，他总是和员工们一起吃饭，一起工作，经常教导身边的人，态度和蔼亲切，更多时候员工都认为他是大家的祖父。

余彭年的财富观更令人震撼，子承父业是中国历来的传统。但他不给子女留下一分一毫的作为，让人们重新认识了这位老人。当余彭年再次位列“胡润中国慈善榜”第一名时，人们忘记了“动机”这个词，尽管这使胡润慈善榜几乎每年都会引起猜测和成为谈资。人们被余彭年的诚心而感动，不仅因为他30多年的坚持，还有他面对巨额财富的淡然与洒脱，更因为他的财富正流向最有意义的地方。

不过，拄着拐杖上台致辞的余彭年却称自己“深感荣幸，但有一点惭愧”，“深感做得不够”，并希望自己的观点在有钱人中得到传播。他强调，自己的所有财产全部委托香港汇丰银行托管、监管。所有财产不继承、不变卖、不投资，全部用于慈善事业。“每一笔钱我要亲自看到，才放心。我这样做不是锦上添花，而是雪中送炭，能使贫困人得到实惠，这是我多年来的目的和意愿”。余彭年的致辞被胡润评价为“难得、感动”，余彭年的义举也将引导中国富人“由富及贵”。

有人说，财富的背后往往伴随着一种缺失。此话虽不乏偏激之处，但无疑也说明了社会上的某些富翁尽管是物质上的富有者，却同时也是精神上的贫乏者，他们习惯于在公众面前流露出一副让人仰视的“高贵”，然而，将近90岁高龄的余彭年老人，在拥有财富之后，却不忘反哺社会，将巨额财富无私奉献以救助社会弱势群体。“宁可我助天下人，不愿天下人助我。”从这位行善不止的老人身上，我们真切地感受到了他崇高的使命感、责任感和奉献意识，以及人生观、价值观和金钱观的完美结合。他用自己执着的追求和高尚的行为书写了一幅内涵深厚的道德长卷，为社会奉献了一笔丰盈的精神财富。

慈善与感恩

慈善不是一次金钱的简单付出，更不该是施善者寻找自我成就感的通道，它是感恩之心的见证。其目的就是有人需要帮助并得到帮助，慈善的过程就是这么简单，只有为慈善卸掉那些所谓回报、感恩的包袱，让慈善回归纯粹，施善者才会更加快乐，而受助者在没有目光注视、道德衡量的松弛状态下，才可能回归一个原本的人，不丧失人性之初的善良之心、感恩之心。

“宁可我助天下人，不愿天下人助我”是香港富商余彭年的人生信条。耄耋之年，一掷600万元协助香港大学毕业生就业的善举之后，业已委托银行，待他百年归老后即将全副身家捐做慈善之用。这些慈善行为不仅让我们感到了他普生济世的精神，还看到了他感恩的态度，同时也引发了我们对慈善文化与感恩文化的诸多思考。

感恩是人类的美德，如同心灵之泉水，源源不断地滋养心田、浇灌生命。古人云，“心头感恩血，一滴染天地”。羊羔尚且跪乳，乌鸦也知反哺。懂得感恩的人，是幸福的人。懂得感恩的民族，是有情义、有希望、有未来的民族。

余彭年的善举源于他的感恩之心，在他年幼之时，家乡涟源遭遇水灾，“全家八口及房屋财产全被冲跑，兄姐六人一齐落难”。水灾过后，在父老乡亲的关怀照顾下，余彭年才得以重建家园。余彭年心中至今充满感激之情，他说：“如果不是在大家的帮助下重建家园，也就没有今天的我。”他一直牢记父母生前的叮嘱，“日后如有出息，一定要为家乡做几件好事”。重返家乡的余彭年不仅兑现了自己当年的诺言，还作出了更大的贡献。“君子富，好行其德。”为富且仁的余彭年成为社会文明道路上重量级的领跑者。

当然，社会期待富人的慈善同时，更离不开普通人的感恩。大多平凡甚至平庸的贫困者，并不希望永远活在被人怜悯的目光中。当社会一再要求受助者回馈资助者乃至回报社会，那么，救助便成为一种类似贷款式的契约关系。当慈善被理解为一种施爱与回报式的互动游戏，慈善事业真正的魅力就会消退，那种大爱无形、润物无声的特质蜕变为一道投入产出算数题，消解了慈善能够给予人类最美好、最伟大的力量。

有人说过，能用钱解决的事情，是世界上最好解决的问题。慈善是什么？它不是一次金钱的简单付出，它更不该是施善者寻找自我成就感的通道，它是感恩之心的见证。其目的就是有人需要帮助并得到帮助，慈善的过程就是这么简单。只有为慈善卸掉那些所谓回报、感恩的包袱，让慈善回归纯粹，施善者才会更加快乐，而受助者在没有目光注视、道德衡量的松弛状态下，才可能回归一个原本的人，不丧失人性之初的善良之心、感恩之心。

彼得·彼得森

PETER PETERSON

在更高海拔找到自己

（1926—2018）

……

无论是作为政治家还是商人，

华尔街的“白衣骑士”彼得·彼得森在其一生的商业活动中，

始终恪守社会责任和商业道德。

他认为，真正的财富应与道德共生。

所有人都应树立正确健康的财富观，

尤其是在子女的教育上更坚定不移地坚持这一原则，

在他看来，继承遗产绝不是一次简单的财富接力，

更是一种高贵精神的传承。

除了约翰·皮尔庞特·摩根之外，在今天能配得上“华尔街之王”这个称号的恐怕只有史蒂夫·施瓦茨曼，而彼得·彼得森则是这位华尔街之王的导师和提携者。20世纪70年代，希腊移民之子彼得·彼得森凭借自己杰出的能力和独到的政治见解渐渐在美国政坛崭露头角，并在石油大王约翰·戴维森·洛克菲勒的引荐下，成为美国尼克松时代的商务部长，扮演着尼克松内阁成员中经济领域的“基辛格”的角色。这不仅为他步入商界打下了坚实的基础，也赢得了众人的尊重。

凭借出众的组织才能，离开政坛的彼得·彼得森拯救了濒临破产的雷曼兄弟公司，这一壮举为他赢得了“华尔街白衣骑士”的美誉。此后，他与比自己小20岁的史蒂夫·施瓦茨曼组建了百仕通集团（Blackstone Group）。经过20多年的苦心经营，百仕通集团一跃而起，彼得·彼得森也成为一名亿万富翁。美国《财富》杂志曾发表文章评论道，百仕通集团的每一项辉煌都是彼得森与施瓦茨曼并肩战斗的成果。两个人一人是“润滑剂”，一人是“发动机”，配合得几乎天衣无缝：年富力强的施瓦茨曼坚忍不拔的毅力和充沛的精力是百仕通这部庞大的“生财机器”得以顺利运转的“发动机”，而老谋深算的彼得森在金融界及政界浓厚的人脉资源和游刃有余的外交手腕则是百仕通的“润滑剂”。

如果说百仕通集团是一个传奇，那么这仅仅是彼得森“美国梦”的一个部分，甚至并不是最精彩的部分。功成名就的彼得·彼得森并不想成为一名伟大的金融家，他更希望做一个有道德的、受人尊敬的金融家。退休之后的他将自己的大部分财产用于慈善事业，为此他成立了自己的基金会。

与那些致力于教育、医疗等传统事业的慈善家不同，彼得·彼得森希望通过自己的财富来解决美国的经济难题，督促政府采取稳健的财政政策，同时呼吁公民增强节俭的理财意识。尤其是他对美国青年人的殷切期望，及所做的一切更是给所有美国人作出了榜样。彼得·彼得森一生都在坚守着一个原则：每个人都应该坚持道德底线，不要急功近利，并且努力去做有价值的事情，改变值得改变的东西，而这也正是他赢得美国民众尊敬的最主要原因。

华尔街的“白衣骑士”

无论是作为一位政治家，还是一名商人或者是慈善家，彼得·彼得森的每一段生涯都非常辉煌而独特。《财富》杂志就曾如此评价：“如果说史蒂夫·施瓦茨曼的成功是伴随着百仕通集团的崛起，那么百仕通集团只能算是彼得·彼得森经历中的一个片段；如果说施瓦茨曼攀上了私人股权投资基金的顶峰，那么彼得森在很多方面都是巨人。”

1985年，彼得森创办百仕通时，只有40万美元和4个人，在华尔街尚属无名之辈。今天，彼得·彼得森将百仕通推上行业顶峰，其行事风格也烙在了百仕通运转的每一个细节上。百仕通的员工们尊称他为“精神教父”，《财富》杂志更将其誉为“华尔街之王的导师”。

彼得·彼得森是一个恪守社会责任和商业道德的金融家，他出生在美国的一个希腊移民家庭。高中毕业后的他选择去了麻省理工学院学习。1944年秋季，他因为抄袭同学的论文，被麻省理工学院开除，而他一开始却以为，自己对论文作过改动，并且加了很多自己的内容，所以算不上是作弊。这次开除事件让彼得·彼得森认识到，自己应当避免“对可疑行为的利己合理化”。第二年，彼得·彼得森进入了美国西北大学学习市场营销专业，毕业后他受雇于俄勒冈波特兰一家百货商店，担任玩具部助理采购。4个月后，他便辞职了，因为他很讨厌做零售。

彼得·彼得森驱车去芝加哥的路上，意识到自己具有敏锐的分析能力，可以去做市场调研，于是他去了一家小规模的市场调研公司。在那里，彼得·彼得森的才华得以展现，两年之内就从初级分析师升任执行副总裁，后来他又成为麦肯广告公司的主管。

彼得·彼得森是一个责任感极强的人，当美国民权运动、越南战争、肯尼迪和马丁·路德·金遇刺等事件爆发后，他意识到作为一个有良知和责任感的美国人，决不能在这样的事情面前退缩，于是彼得·彼得森走到前台。由此也受到了约翰·戴维森·洛克菲勒的注意。

可以说，美国富豪约翰·戴维森·洛克菲勒是彼得森生命中的贵人，也是他的伯乐。1969年，彼得森接受洛克菲勒和美国前财政部长克拉伦斯·道格拉斯·狄龙的邀请，出任一家私营慈善基金会的董事长，这家基金会与华盛顿历史上最悠久、最具权威也是最受尊敬的智库——布鲁金斯学会紧密相连。任职期间，彼得森对当时最新的外交、国家安全以及经济和社会政策有了全面的了解，这也为他日后进入尼克松的内阁奠定了基础。正是在布鲁金斯学会期间，彼得森的才干被华盛顿发现。1971年，尼克松邀请他出任总统国际经济事务助理，1972年2月又转任商务部长，并兼任国家生产力委员会主席和美苏商业委员会主席，彼得森的政治荣耀达到了顶峰。然而，到了1973年，彼得·彼得森作出一个出人意料的决定，他辞去商务部长的职务。

离开华盛顿的彼得森并没有回到芝加哥，而是迈进了华尔街。虽然没有金融界的职业经历，但他在华府的广泛人脉和之前的企业高管经历还是让众多的华尔街金融机构向他摇起了橄榄枝，其中就包括所罗门兄弟、第一波士顿和雷曼兄弟。最终，彼得森选择了雷曼兄弟公司出任其副董事长，开始了他的投资银行家生涯。

彼得·彼得森的商业才能再次凸显出来，在彼得森进入前，雷曼兄弟的收入只有1800万美元，尽管赢利，但急需对公司进行重整。入职几周后便升为董事长和CEO的彼得森，在雷曼兄弟公司开始了大刀阔斧的改革。到了1983年，雷曼兄弟公司已拥有资本2.5亿美元，是当时华尔街最大的投资银行之一和历史最长的合伙企业。当时的《纽约时报》称彼得森是华尔街的“白衣骑士”。

正当彼得·彼得森即将迎来一生中第二个辉煌期的时候，雷曼兄弟公司内部发生了严重分歧，精于交易业务的格拉克斯曼提出要废除双CEO制，想要自己独揽大权。久经考验的彼得森无意与格拉克斯曼争夺，主动向董事会递交了辞呈，然而，就在彼得·彼得森离开不到9个月时，雷曼兄弟公司便被美国运通公司收编。

与彼得森一同离开雷曼兄弟公司的，还有备受彼得森赏识的史蒂夫·施瓦茨曼，这位先后毕业于耶鲁和哈佛的高才生在彼得森的提携下，在31岁就升至公司合伙人。离开雷曼兄弟后，二人决定成立一家私募股权投资公司，并取名为“百仕通”。1985年，彼得森和施瓦茨曼各出资20万美元，在纽约公园大道租了一个小办公室，百仕通就这样开张了。在当时，除了彼得森、施瓦茨曼之外，还有两个助理，全公司只有这4个人。

创业之初，百仕通的日子相当艰难，几乎到了入不敷出的地步。彼得森和施瓦茨曼决定首先以并购顾问业务来弥补公司的运营困难。在当时，主流投资领域崇尚的恶意并购浪潮正汹涌蔓延，但彼得·彼得森为百仕通立下一条规矩：不做恶意收购。这在当时的华尔街显得很“另类”，但也正是这一标志性策略使百仕通成为一个连对手都愿意与之打交道的公司。彼得·彼得森因此也赢得了良好的口碑，被誉为“非主流世界大师”。

在彼得·彼得森的身上，人们看不出一点急功近利的影子，无论是作为政治家还是商人，他始终坚持自己的道德信念，自觉按道德要求行事。在其一生的商业活动中，他一直恪守“绝不恶意收购”的经营原则，这一原则也赢得了业内的尊敬。就这样，彼得·彼得森一方面通过自己在政界和商界的广泛人脉为百仕通带来了大量订单；另一方面他对收购对象的尊重为其赢得了更广泛的声誉，各方人士都乐意与彼得森打交道。

百仕通的第一桶金来自索尼，凭着彼得森与索尼总裁盛田昭夫的朋友关系，百仕通抢得索尼收购哥伦比亚唱片公司的代理权。之后，百仕通一跃而起。到了1987年，百仕通共募资8.4亿美元。百仕通的巨大成功并未麻痹彼得森，他此刻居安思危，开始为百仕通制定一系列的新规则，包括对合作方的选择、员工的管理、百仕通品牌的管理等。除了设定百仕通严格的公司标准，彼得森还和施瓦茨曼决定永远不设关联公司，除非是业界的顶级公司。

2007年，百仕通成功上市。作为公司的创始人，在距离彼得森退休还有一年的时候，一笔18亿美金的巨款打到了彼得森的账户上，这是彼得森出售百仕通股票的所得。每当想起这一时刻，彼得森总称自己是一夜暴富。

2008年年底，彼得森退休。拿着数十亿美元巨款的彼得森曾不停地询问自己这样一个问题：“我拿这些钱能做什么？”让这笔钱继续增值并不能令彼得森感到充实，而购买奢侈品也不是彼得森的想法。彼得森想起父亲，当年父亲积攒了很多钱，但也挥霍了不少，最终得到了“挥金如土”的恶名。

彼得森开始观察身边亿万富翁的生活，他发现，几乎所有他所钦佩的亿万富翁现在都成了著名的慈善家，例如，股神沃伦·巴菲特、当时的全球首富比尔·盖茨、纽约市最有权力的政客迈克尔·布隆伯格、美国“金融大鳄”乔治·索罗斯等，他们中的每一个人都拥有做善事的满腔热情，他们都在捐出自己财富的过程中享受着快乐。至此，彼得森终于找到了自己人生的新方向，做一个有道德的、受人尊敬的金融家，投身于慈善事业中。2008年，彼得森捐赠10亿美元成立了以自己名字命名的基金会。

与那些致力于教育、医疗等传统事业的慈善家不同，彼得·彼得森关注的是未来，他认为一个良好的社会环境和人们健康的财富观才是促进社会发展的首要因素。为此，他对某些伤及美国未来的事情提出了自己的建议与看法，比如，政府专项补贴，社会保障制度，医疗保险计划，美国巨大的国际收支不平衡、财政赤字、外债，美国人储蓄不足，等等。此外，彼得·彼得森还告诫那些年轻人应当树立起正确的财富观念，只有这样人类社会才能永续地健康发展下去。

彼得·彼得森是就是这样一个有道德的、受人尊敬的金融家，他一生都在坚守着一个原则：每个人都应该坚持道德底线，不要急功近利，并且努力去做有价值的事情，改变值得改变的东西。

倡导“道德经济”的金融家

我们从彼得·彼得森身上找不到任何市场经济的消极影响——纵欲、贪婪与卑鄙。相反，我们更多看到的是责任、诚实的道德信念和健康的财富观。从这位金融家的身上可以看出，道德并不是反功利的，有时候在道德约束下的经济行为往往会令人获得别人难以企及的成功。

大多数的企业经营者认为，经商永远都不会文质彬彬、温良恭俭让，商场犹如战场，一切皆商品，市场的唯一德行就是获利。这一“德行”把市场变成了强制性的社会力量：你或者因为这个“德行”而成为人上人，或者被这个“德行”剥夺得一无所有。不论你愿不愿意，必须有人作出牺牲。虽然在竞争中的成功者只能是少数，但人人都必须为这个“德行”身体力行，因为没人想成为失败者。

正是在这种获利心的驱使下，毫无节制的欲望把一些人推向了极端追求“利益最大化”的歧途，而忘记了道德的约束，甚至是法制的约束。可以说，人性扭曲、急功近利、道德沦丧等当代人类面临的问题都能从“利益最大化”中找到根源。

经济和道德这二者之间是否有着某种必然联系？这是经济学家和伦理学家共同关注的问题，功利主义伦理学的奠基人边沁，就曾将道德原则确立为多数人的最大幸福，而经济学研究的正是在各种资源有限的条件下社会财富极大化的方法。华尔街的“白衣骑士”彼得·彼得森则将这两者完美地融合在一起。

我们从彼得·彼得森身上找不到任何市场经济的产物——纵欲、贪婪与卑鄙。相反，我们看到的更多是责任、诚实的道德信念和健康的财富观。从这位金融家的身上可以看出，道德并不是反功利的，有时候在道德约束下的经济行为往往会令人获得别人难以企及的成功。

彼得·彼得森是一个真正恪守社会责任和商业道德的金融家，他一生都在坚持自己的人生信条——凡事坚持道德底线，必须诚实守信。彼得森早年在麻省理工学院因为抄袭论文被勒令退学，这次挫折让他痛下决心以更高的道德标准要求自己，对一切违背道德标准的行为都予以抵制。创立百仕通之后，他仍坚持禁止公司从事任何形式的恶意收购，因为他认为这会影响到客户的利益，并且损害公司的名誉。这一原则不仅让彼得·彼得森获得了巨大成功，同时也赢得了人们的尊敬和敬仰。

在彼得·彼得森看来，道德和自利并非水火不容。只有两者完美地结合才能实现社会的共同富裕，道德与利益是市场经济这枚硬币的两面。市场经济的基础是人与人对等，因此，既要有自己的利益，也要照顾别人的利益，但当出现人与人地位不对等的时候，就要求人们牺牲自己的利益去照顾别人。例如富人和穷人，强者和弱者。

西方国家并不反对人们对财富的追求，并且肯定人们的这一追求。但与一般功利主义者的不同，在于主张财富要取予有度，即人们对财富的追求需要接受一个社会规范的约束，不能仅顾自己的利益而去伤害他人和社会的利益。实际上，这与中国儒家的财富观并无差异。孔子的“君子喻于义，小人喻于利”这两句话，认为这是强调重义轻利，不重视财富，更反对人们对财富的一味追求。其实这是一个误解，孔子并不反对人们对财富的追求，他甚至还强调求富之心是人之本能。用他的话说，就是富与贵是人之所欲也，贫与贱是人之所恶也。

无论西方教育，还是孔子的思想所强调的核心都基于一点，那就是道德，也就是孔子所说的“义”。这些思想就是让人见利思义，先义后取。英国古典经济学大师亚当·斯密在其名著《国富论》中提出，这个世界不会去尊敬一个没有竭尽全力追求财富的人，除非他不是借助于卑劣行为和不公正就能获得财富的话。

在经济全球化的今天，发展经济只有恪守诚信，才能在恶浪滔天的世界经济中有立锥之地。我们所有人都能体会到在一个没有道德约束的社会中生存是怎样的一种负累，生活将变得越来越可疑。可以说，彼得·彼得森为我们所有人作出了榜样，他视道德为一种不断升值的无形资产，这不仅让他赢得了华尔街的尊重，同时也给自己带来了让人惊叹的巨大财富。

财富应与道德共生

精神的贫瘠很难与道德共生，而更容易与不道德成为孪生兄弟，精神的贫瘠和不健康的财富观念往往是并肩而行的。彼得·彼得森这位恪守社会责任和商业道德的金融家，用自己的一生告诫人们，真正的财富应与道德共生。有了道德的支撑，一贫如洗的人也能从黑暗走向光明，最后获得解脱。若失去了道德，富可敌国的人也会从光明世界坠入罪恶的深渊。

在传统的儒家哲学中，往往将义和利对立起来，因此很少谈及利益。至少在表面上，大多数人都耻于言利，似乎金钱就是庸俗的代名词。应当看到，尽管“君子固穷”的清贫思想在中国有着悠久的历史，但落实到生活中，还是不乏言行不一的伪君子，因为利益是如此实际而富有魅力，使人很难抵挡它的诱惑。

西方人本思想则肯定了追求利益的合理性，只要在不伤害他人的前提下，对利益的追求就是道德的。正如思想家狄德罗所说的那样：“一切人类社会的经济都依赖于普遍而又单纯的原则：我愿意幸福，但是我和别人一起生活，他们和我一样，也愿意幸福；让我们寻求使自己幸福、同时也使别人幸福，至少不能妨碍别人幸福的方法。”

在西方近代发展进程中，人们关于财富进行了长期的争论。德国的政治经济学家和社会学家马克斯·韦伯对清教徒传统财富观念的发掘和修正，形成了这样的观念：如果上帝赐予某个选民获利的机缘，虔诚的基督徒要尽可能地利用这天赐良机；如果你拒绝它，那么你就会背离上帝赋予你的天职和使命，上帝的圣训是，你须为上帝而辛劳致富，但不可为肉体、罪孽而如此；清教徒将一贫如洗视为对上帝荣耀的贬损。这一观念为近代西方的财富活动提供了道德依据和正当理由，并且成了当时人们主流的财富观。

换句话说，西方人将创富当作自己的天职。对于他们来说，金钱不仅仅意味着财富。尽管金钱居于他们生活的中心地位，赚钱、攒钱并不仅仅是为了满足自己直接的需要，而是为了满足对某种安全象征的需要。西方的一些富人把钱视为上帝，但他们并没有完全成为金钱的奴隶。他们从小就被灌输这样的观念：金钱是上帝赐给他们的最好礼物。在他们看来，金钱是一柄双刃剑，钱既可以使人很好地生存，也可以腐蚀一个人的灵魂。

今天，在很多情况下财富已经成为很多人的终极目的，而其实财富却只是人们获得幸福的一个手段，但是，有的人却在日复一日追逐财富的征途中远离了人生最终的目的。随着社会财富的增长，在某些角落甚至滋生了唯利是图、金钱万能的财富观，相当一部分人怀有扭曲的财富观：坐名车、住豪宅、吃黄金宴、买奢侈品，才能显示出排场和身份，才能证明自己的成就。然而这些把奢侈和浪费视为荣耀的心态，本质上是为物欲所扭曲的财富观，是异化的、病态的财富观。

我们不禁想到，现在我们能否游刃有余地驾驭我们的财富？什么样的财富观才是正确的、健康的？我们对财富的认识为什么总是从一个极端走向另一个极端？关于财富观，我们许多人是否需要补补课？

重新建立财富观并不单单是个人的事，更是一个社会重新回归正确财富观的标配。彼得·彼得森就提出，全社会对于财富认知的心态、理念、思维、判断都面临着转换，所有人都需要树立健康的财富观念，逐步拥有良好的财富心态，负起应有的财富责任，因为只有这样，财富才能充分涌向社会的每一个角落，与社会责任充分结合起来，才能够使社会更加稳定、更加文明、更加健康地发展。

彼得·彼得森认为，尤其是那些处在社会顶层的少数人群更应树立健康的财富观，建立起道德信念。作为社会的强势群体，毫无道德标准的经济行为，必会给整个社会带来危机。彼得·彼得森认为，没有道德约束的经济行为会造成越发明显的贫富差距。在美国，一些CEO通过期权可以获得比以往任何时期都难以想象的巨额报酬。CEO们近乎疯狂地并购和扩张，变得越发急功近利和野心勃勃。对此，彼得·彼得森特意指出，“股票价格上升几块钱，他们就能赚一大笔钱。当一个CEO必须面对正当与非正当、合法与非法、对与错的准线时，他可能会更多地权衡手中数百万的期权，其他因素就显得无关紧要。”

《商业周刊》就曾作出这样的统计：1982年，大公司CEO的收入是普通员工的42倍；而进入2000年后，这个数字增加到411倍！彼得·彼得森说：“贫富差距愈大便愈会形成特权阶级，这也会阻碍社会的发展。一些富豪不仅拥有动辄千万美元的豪宅，而且家属也享受诸多的‘报销’待遇，而RJR-NABISCO公司原CEO罗斯·约翰逊更是被传曾用喷气式飞机将他的狗送回家，但当这些人的特权超过了公众所能容忍的程度，势必会引发不稳定的因素。”彼得·彼得森认为，要想阻止这种情况的发生，最有效的办法就是让人们建立起道德信念和健康的财富观念。

对于那些年轻人，时年80多岁的彼得·彼得森更是提出了自己的想法，教育奢侈而短视的美国年轻人应学会节俭。为此，他推出了一款名为“债务雪崩”的在线游戏，这款游戏的主角被称为“小猪银行”。在游戏过程中，玩家必须克服各种障碍，想尽各种办法增加“小猪银行”的储蓄，降低债务，并保持“小猪银行”的幸福感，这样，“小猪银行”才不至于被债务压垮。彼得森说，游戏的目的是教育一些美国的年轻人学会管理自己的金钱和债务，在日益紧迫的经济危机下，提高美国年轻人的节俭意识。

尽管彼得森的“拯救行为”在短期之内并不能起到实质性的作用，但作为一个先行者，他孤独且坚定的身影必定会影响后面的人。他告诉人们，财富是怎么来的，财富应该怎么支配，对社会应作出什么贡献。他对财富与责任关系的认知，让我们感受到高尚的社会人格和道德情操。彼得·彼得森这种以向社会多做贡献视作责任的财富心态，正是我们这个时代应该大力倡导的财富观。

彼得·彼得森这位恪守社会责任和商业道德的金融家，用自己的一生告诫人们，精神的贫瘠很难与道德共生，而更容易与不道德成为孪生兄弟，精神的贫瘠和不健康的财富观念往往是并肩而行的。真正的财富应与道德共生。有了道德的支撑，一贫如洗的人也能从黑暗走向光明，最后获得解脱。若失去了道德，富可敌国的人也会从光明世界坠入罪恶的深渊。

继承的不是财富，而是精神

财富和权力的传承，甚至比得到它们还要艰难。中国的一些富豪简单地认为，对后代进行精英教育就足够了，从而忽视了孩子对慈善、对良心的认知。要知道，精英教育不是花钱就能买到的“商品”，教育是要用心来培育的，是需要用心选择的。培养合格的接班人，不仅仅是企业家自己的家务事”也是全社会的责任；这不仅是一次简单的财富接力，更是一种高贵精神的传承。

对身家上亿的富翁而言，什么是他们最担心的事情？答案或许不是破产，而是自己的子女成为第二个“坏女孩”帕里斯·希尔顿。英国《星期日泰晤士报》报道说，越来越多的欧美富人意识到，为防止自家孩子重演“豪门败家女”的故事，必须让他们在继承巨额财富之前，先学会自己工作、挣钱。

彼得·彼得森就把自力更生的观点灌输了给自己的女儿霍莉·彼得森，霍莉·彼得森十分赞成这一方法，因为她自己就得益于此。她说：“你的父亲为你买房子、买衣服吗？我父亲没有这样做。因此，我不得不自己工作。”大学毕业后的霍莉·彼得森在美国广播公司新闻部做研究员，年薪只有3万美元。而她的父亲至少拥有净资产25亿美元，当时却只给她每个月600美元零花钱。

霍莉·彼得森曾说在自己20多岁时和父亲大吵一架，原因是她想多要点零花钱，而父亲不给。“其实在我们吵架的最后30秒时间内，他就已经通过存款利息挣到了我所要求的那么多钱。”霍莉说，“他那时告诉我，‘我能给你的最大财富就是独立。’20年后，我不得不承认，他是对的。”

不少企业家忽视了一个根本性的问题：即在学会做事之前，首先应该学会做人。在培养企业接班人管理知识技能的同时，要加强他们的个人品德修养。要做好企业，未来的企业家必须先要把这个大写的“人”字写好！

TED TURNER

泰德·特纳

人生里没有后退只有前进，没有牌理只有决心

（1938— ）

……

泰德·特纳坚信，人生没有一劳永逸的胜利，

只有不断冒险才能成功。

冒险意味着进取，也意味着敢于承担责任。

尽管这位亿万富翁如今已经失去了自己大部分财富，

但他毅然选择了另一种方式的冒险

——创建第一个联合国私人基金会。

可以说，泰德·特纳这一次冒险所取得的成就，

远远超过了他创立CNN时的成就。

在世界传媒史上，有一个人是永远都不能被忽略的，他就是泰德·特纳。在人们心目中，他是精明的企业家、亿万富翁、帆船比赛冠军，但在这层堂皇的外壳下隐藏的是一个脆弱、冲动、爱想入非非的人。不管你是喜欢他还是讨厌他，他都是一个值得你去了解的人。

泰德·特纳曾这样评价自己的成就：“我试图打破一项纪录，那就是成为一生中完成了最多事业的人。我的竞争对手是亚历山大、拿破仑、甘地、基督、穆罕默德、释迦牟尼、乔治·华盛顿。”事实上，泰德·特纳也几乎全做到了。他创办了CNN，改变了世界的传播格局，并且改善了民众与政府的关系，也践行了他的国际观，并无意中证明了麦克卢汉的地球村理念……他是唯一一位堪称伟大的媒体人。美国《60分钟》节目制作人利斯莱·斯泰尔曾经如此评价泰德·特纳——“在电视新闻的变革当中，这位西部牛仔般的企业家奋勇战斗，彻底改变了人们进行信息交流的方式，从总统到下里巴人、从首席执行官到普通员工，任何人都无法逃脱他的影响，因此，我们完全可以说是特纳改变了这个世界。”

随着CNN被收购，泰德·特纳悄然离去，富豪排行榜上再也没有看见过他的名字。尽管他也始终对自己未能把时代华纳收购而去避免一些难以预料的事件耿耿于怀，不过当他重新开始另一种人生思考的时候，他才发现自己于社会的意义更为重要。于是他将全部精力投入社会慈善事业中去，成了一名世界人道主义者和环保主义者。在他亲眼看见了苏联的核武器现场之后，他开始成了抵制7000颗核弹头的传教士，他在乎的根本不是荣誉，而是这个奖杯背后的影响力和话语权；他支持联合国的人道主义行动，即便在他的个人资产严重损失的（个人资产由80亿美元缩水到16亿美元）日子里，他还是坚守向联合国捐赠10亿美元的承诺；他还关心环境污染问题和妇女问题……

泰德·特纳从不认为一次胜利就可以一劳永逸，CNN的前总裁里克·卡普兰就曾说：“我认为，泰德·特纳创办CNN绝非仅仅为了钱，他的想法应该是，‘这是一件会让全世界都受益的事情’。正如他曾一掷千金给联合国，特纳对于慈善事业一如对CNN那般热心。”作为一名慷慨的慈善家，泰德·特纳的名声和影响已经远远超越他一手创办的CNN，在历史长河中熠熠生辉。

如今，已经远离聚光灯的泰德·特纳并未躺在功劳簿上尽享财富，而是一肩挑起拯救世界的重担。不管泰德·特纳的命运如何，他都将保持行动。“你应当建立超越你的能力的目标，这样你活着才总是有所追求。”这是他父亲曾经对他说过的话。特纳若有所思地说：“在人的一生中，时间是永远不会足够的。我一直在为保持领先而不断战斗。我对自己说你所要做的就是不停地把一只脚迈到另一只脚的前面，坚持走下去。”毕竟，明天又将是新的一天。

传媒界的亚历山大大帝

人们习惯称泰德·特纳为“南部的口舌”，泰德·特纳对投资的项目可真是说到做到。这个貌似粗鲁的佐治亚州的富翁，用他的钱投资媒体，启动了世界上第一个全天候直播新闻电视网——CNN，他如亚历山大大帝一样开拓自己的帝国。直到20世纪80年代中期开始，泰德·特纳转而开始行善。特纳基金会为环保投资了数百万美元，他许诺捐赠给联合国的礼物——10亿美元，是迄今为止数目最大的个人单笔捐款。

泰德·特纳是一个地地道道的美国人，出生于美国辛辛那提。他的父亲是一名海员，母亲总是带着妹妹随着父亲四处奔波。泰德一直独自在家乡的寄宿学校生活，泰德·特纳不仅继承了父亲那外向的性格和母亲的美貌外表，性格上更是放荡不羁。在别人眼里，泰德·特纳就是一个花花公子，在上大学二年级时因与女友在房间“鬼混”而被校方开除，泰德·特纳直接回家与父亲一起做广告生意。

令人没想到的是，泰德·特纳倒是一个经商的天才。他的父亲埃德·特纳骄傲地看到儿子已经轻松超过了他手下最好的职员，他决定让泰德·特纳去管理佐治亚州的分公司。但在1963年，他又因担心负债过多而打算卖掉这家分公司，为此泰德·特纳埋怨他过于胆小。1963年之前，公司一直由父亲掌管，泰德·特纳只不过是公司里一名普通的员工。就在这一年，他的父亲居然开枪自杀，这给泰德·特纳带来沉重的打击。父亲的死是泰德·特纳一生中最悲痛的经历。当时他意识到终日与之吵闹，横加斥责自己的父亲，其实是他最好的朋友。除了留下一笔可观的遗产外，最重要的是父亲还给他灌输了源源不断的竞争精神，经过父亲的苛刻训练，泰德·特纳兼具了天马行空与脚踏实地的双重性格。

接管了父亲的公司以后，泰德·特纳果断地将自己的那些大胆的经营理念付诸实施。通过收回已经出卖的分公司、兼并弱势对手、实施别出心裁的创意等举措，特纳广告公司迅速迈上了一个新台阶，成为地区内的行业翘楚。

公司运作走上正轨，泰德·特纳此时有钱有闲，帆船赛事成了他生活的重心，但泰德·特纳的血管里永远流着不甘平庸的血液，这时他作出了一个令所有人惊诧的决定——当时对电视业尚且一无所知的他，以高价买下了一个全美最为混乱的电台。泰德·特纳凭借广告公司的优势，将这家电台办得红红火火，并且兼并了4家同类电台。泰德·特纳在两年时间内，很快又买下另外4家电台，广告公司与电台相得益彰，两方面都是大获其利，生意兴隆。

正当泰德的事业大获成功、钞票滚滚而来之际，他却看到了电视将比其他媒体发展得快，电视抢走户外广告生意的日子为期不远。为此，他决定彻底离开广告业，用不付现款的方式买下亚特兰大一家亏损了80万美元的电视台，又把特纳广告公司与电台、电视台合并，组成了特纳传播集团，并且奇迹般地让它在完全没有现金的情况下成了上市公司。

最先使泰德·特纳获得成功的是拳击比赛。他把拳击擂台直接搬到演播室进行直播，节目收视率一下子突破了纪录。后来他又得到了转播亚特兰大棒球队“勇士队”比赛的权利，这更使他大获成功。他们的节目赢得了一批忠实观众，到1976年他索性买下了这支棒球队，亲自当起了球队老板。

1971年3月31日，全美第二大独立电视台联合广播公司放弃了亚特兰大，在没有任何预告的情况下停播了。作为亚特兰大唯一的独立电视台，泰德·特纳开始展示了他的个人才能。他打破传统做法，大胆采用买断版权的办法，结果使特纳传播集团成为全美最赚钱的电视台。

此后，泰德·特纳斥资近90万美元，建立了一个卫星信号地面接收站，泰德·特纳的新电视台TBS特纳广播网开始通过卫星播放节目了。当时也只有时代通讯集团下属的一家公司在使用这颗卫星来传播电视节目，而规模上，则与TBS根本无法相提并论。更叫人大跌眼镜的是，泰德·特纳接下来的行动居然是搭上全部家当，成立了CNN（美国有线新闻网），24小时直播新闻节目。要知道，这种举措连“时代通讯”这样的大公司都望而却步，没想到泰德·特纳凭借一个人的能力就创造了奇迹。不过，一直因厌恶新闻而著称的泰德·特纳却说：“我创办CNN，只是想看看这个计划是不是行得通，其实我目前对新闻这种骗人的魔法一窍不通。”泰德·特纳创造了传播界的革命，因为他改写了“新闻”这两个字的定义，令新闻不再是既成的事实，而是正在发生的事。随着CNN的巨大成功，美国三大电视网都视泰德·特纳为敌，称他的电视台是“超级恶棍台”。不过，当时的古巴领导人卡斯特罗倒很喜欢CNN，他甚至写信给泰德·特纳，称CNN播出的是“世界上最公正的新闻”。

泰德·特纳成功之后，将CNN交给斯科菲尔德料理。他自己则购买船只，培养队员，一年花10多万美元用于参加各种国际比赛。甚至因为过于痴迷帆船，冷落妻子，导致连续两任美貌的太太都离他而去。

1995年，泰德·特纳把CNN卖给时代华纳，人们都奇怪他为什么不与华纳的总裁莱文争夺第一把交椅。对此泰德·特纳的解释是：“我当一把手已经有33年了，对任何人来说这都是个相当长的时间。我想尝尝做第二名的滋味。”事实上，这只不过是泰德·特纳搪塞记者的话罢了。此时他已经看出CNN规模过大而不可避免地出现一些问题，影响力不断下降，他及时抽身是经过深思熟虑的。如今的CNN的母公司时代华纳在2000年已经被美国在线吞并，CNN也淹没在这个世界上最大媒体集团的庞大机构之中。

卖掉CNN的泰德·特纳在佛罗里达州土地广袤、树木繁盛的阿瓦龙庄园里，过着悠闲的田园生活，但他并未就此停下自己的脚步。正如他的前妻简·方达说的那样：“他从没想过躺在功劳簿上睡大觉，他从不认为一次胜利就可以一劳永逸。”泰德·特纳已经投入5亿美元大肆购买土地，而他花费在野生动植物保护身上的钱比这更多。如今的特纳帝国里充斥的不再是新闻记者、通信卫星，而是木鹳、秃鹫、加拿大盘羊、黑脚白鼬以及黑尾草原狗等濒临灭绝的野生动物。

泰德·特纳还是联合国基金会的创建人，这个基金会主要职责就是为联合国在世界各地的社会发展项目贡献和募集资金。回忆起联合国基金会成立的初衷，泰德·特纳说作为一个美国人，当时他为美国政府总是不能按时缴纳会费表示愤怒。当时他这样说道：“美国已经是连续好几年没有按时缴纳联合国会费了。联合国的财政状况出现问题。它不得不延迟支付维系运作的费用，实际上，是许多发展中国家在支付联合国的开支。我始终认为富裕的国家应该为这个国际机构多做贡献。作为一个美国人，我想也许我个人可以先做些什么来改善这种局面。”为此，泰德·特纳个人向联合国捐了10亿美元。2001年早期，泰德·特纳还个人出资创立了削减核威胁倡议协会（简称NTI），目标在于减少世界上来自核武器和生化武器的威胁。

虽然在2002年，泰德·特纳失去了他的大部分资产，个人财产从80亿美元缩水至16亿美元，但他依然是这个世界上最慷慨的慈善家之一。而且他还是第一个建议列出最大捐赠人排行榜的人。美国老牌的Slate杂志就曾说是泰德·特纳给出了他们制作这个排行的主意。显然这个主意变得很流行，《福布斯》杂志已经公布了许多不同类型的此类排行。

泰德·特纳是一位有责任感的土地主。从20世纪70年代末开始，泰德·特纳就对农场和种植园感兴趣。拥有将近200万英亩（英制面积单位，1英亩约为4046.86平方米）土地，泰德现在是美国最大的私人土地拥有者。他所有的土地都以一种可持续的方式进行管理，并且成了许多濒危物种的家园。如今，泰德·特纳的“慈善王朝”跨越了三代人，他的子女都是濒危动物的保护者。泰德·特纳本人也是50位美国最慷慨的慈善家之一，总捐款近20亿美元，占个人资产的68%。

冒险意味着担当

泰德·特纳从没想过躺在功劳簿上睡大觉，他从不认为一次胜利就可以一劳永逸。因为他知道，安逸使人逃避现实，更让人忘记了责任。不敢冒险有时候往往是因为害怕去承担未知的后果，越是这样，我们越轻视责任。这样的“安逸”是不自由的，是有缺陷的。在这方面，泰德·特纳给我们作出了最好的榜样。

雅典伟大的政治领袖、“第一公民”伯利克里在阵亡将士国葬典礼上，曾对这些将士作过这样的评价：“他们对国家的贡献多于他们在私人生活中所作的祸害。他们这些人中间，没有人因为想继续享受他们的财富而变为懦夫；也没有人逃避这个危难的日子，以图偷生脱离穷困而获得富裕。他们所需要的不是这些东西，而是要挫折敌人的锐气。在他们看来，这是最光荣的冒险。他们担当了这个冒险，愿意击溃敌人，而放弃了其他一切。至于成败，他们让它留在不可预测的希望女神手中；当他们真的面临战斗的时候，他们信赖自己。”

泰德·特纳的人生无疑是这段话的完美重现。对他来说，人生就是一场最光荣的冒险，人生最有魅力的事业就是将自己的命运安排在最有风险的绝壁之上。泰德·特纳不仅担当了这个冒险，而且极为成功。正如他在个人传记中说的那样：“我没有打算成为亿万富翁，我只是希望取得成功。”

在许多人看来，泰德·特纳以孤傲、强横、特立独行出名，他是一个意志坚定的人，更是一个努力将构想付诸实践的人。特纳生性不甘平庸，有人称他“自信过了头”，创业之初将自己的电视台自诩为“超级电视台”，然而，与当时美国的三大广播公司相比，泰德·特纳的“超级电视台”就像参天大树底下的一株可怜的小草，永无出头之日。人们认为泰德·特纳异想天开，面对周围人的冷漠和不信任，特纳并未退缩。他明白只有敢于迈出第一步，才会有成功的机会。为了争取生存发展的权利，泰德·特纳几乎是单枪匹马战胜了强大的美国广播电视公司。此后，他又为CNN在白宫记者团成功地争取到一个高级记者的席位。勇气与冒险使泰德·特纳不断胜利，一步步走向辉煌。

世间没有一劳永逸的事情，也没有一劳永逸的胜利。泰德·特纳这个依靠冒险精神一步步走上世界巅峰的人，为我们树立了榜样，他告诉我们“人的一生坐在山脚下，人是舒服了，但是永远看不到山顶上旖旎的风光”。

所有见过泰德·特纳的人都会感染上他对事业的热忱。他虽然复杂又矛盾，却令人信服。有人说，泰德·特纳唯一缺少的就是“谦虚”，他曾面对着众多的嘲讽大发狂言：“我说过6月1日开播就绝对算话，播出直到世界末日，即使到了世界末日，CNN也要现场转播那一刻！”但不如说他比别人更加自信。他喜欢竞争，因为竞争让他在对抗中提升自己；他喜欢冒险，因为冒险能让他超越别人。

在泰德·特纳看来，“竞争”和“冒险”的本质都是在帮助自我认知，学会坚持，也学会放弃。最重要的是，它们能让自己明白，成功绝非一蹴而就，需要不断冒险，事业永无止境，唯有冒险、探索、创新和不屈不挠才能成功。

在世界近代史上，西方世界接连出现了一连串功勋卓著的探险家，哥伦布发现了新大陆；麦哲伦驾着帆船环球航行，证明地球是圆的，为西方世界掠夺东方财富开辟了道路。近代史早期的两个殖民帝国——西班牙和葡萄牙的殖民先驱达·伽马、柯尔蒂斯、阿尔马格罗也全是冒险家。柯尔蒂斯征服了墨西哥和中美地区，阿尔马格罗征服了幅员辽阔的印加帝国——除巴西外的整个南美洲。更为神奇的是：柯尔蒂斯的军队只有400人，阿尔马格罗只带了180名非职业军人，他们的对手是淹没在万山丛中神秘陌生的庞大帝国，没有置生死于度外、不干出惊天事业不回头的冒险精神，就没有人敢向前迈进一步。

今天的世界已是一个秩序井然的世界，拓荒者的梦早已成为遥远的记忆。在我们看来，似乎再也没有荒原等待我们开辟，一些人将稳定安逸的生活作为人生最大的追求目标。殊不知，稳定安逸的生活正是人生最大的陷阱。很多人就像青蛙掉进正在升温的水锅一样，陶醉于暖洋洋的感觉中，等到危机出现时，就再也跳不出来了。清朝时期的八旗子弟，靠着父辈的庇荫，不需要刻苦读书也能得到功名，不需要工作也能生活得很富裕，不需要创造业绩也能受到大家的尊敬，不需要很好的做人功夫，也能受到大家的追捧，日子过得要多安逸有多安逸。可是，一旦家道中落，需要靠自己养活自己时，他们就全都崩溃了，因为他们要头脑没头脑，要手艺没手艺，也只能靠他人过活罢了。

同样，在大多数的公司，某项成功可能让人轻松10年。但微软看出这种安逸背后隐藏的危机。在微软，今天的绩效永远不代表一切，这样的成功只代表一个人下个工作可能会做得更好，微软绝不会让员工停留在过去的成就上，任何人想要停留在原地就会被别人超越。因此，在这种环境下，人人都要全力以赴，任何人都不许找理由或借口。比尔·盖茨就曾说：“在计算机领域内，技术与应用发展更新极快，对其技术的掌握很难做到一劳永逸。”他认为，在这个世界上，一劳永逸的产品、一劳永逸的知识和技术是不可能存在的。

安逸不仅使人逃避现实，更让人忘记了责任。不敢冒险有时候往往是因为害怕去承担未知的后果，越是这样，我们越轻视责任。这样的“安逸”是不自由的，是有缺陷的。所以，我们都不应拒绝和排斥竞争和冒险，因为只有它们才会有助于我们变得自信而独立，敢于承担。

泰德·特纳运营企业的宗旨和微软有相似之处，从不畏惧冒险，也从不害怕竞争，他以实际行动向我们诠释了勇气的伟大和生命的真谛。随着互联网泡沫的崩溃，泰德损失了他的大部分财富，但他毅然选择了另一种方式的冒险——创建第一个联合国私人基金会：特纳基金会。可以说，泰德·特纳这一次冒险所取得的成就，远远超过了他创立CNN时的成就。作为慈善道路上的先行者，泰德·特纳获得了人生中最可贵的提升。正如他的前妻简·方达所说的那样："他很清楚，终有一天自己会退出历史的舞台，但是他绝不希望作为一个贪婪的企业家离开这个世界。"

人生就是一场光荣的冒险

人生就是一场光荣的冒险。无论我们生活得快乐还是悲伤，最终都要奔向坟墓，这中间的过程就是生命存在的意义。泰德·特纳是一个喜欢冒险的企业家，他不断放大自己的梦想，不断地寻求超越，也许正是那些难以实现的梦想使他对生活充满了热爱。

房龙在《宽容》中写道："生活本是一次光荣的冒险，结果却变成了一个可怕的经历。之所以如此，就是因为迄今为止，人类的生存完全被恐惧控制着。我要重复一遍：所有不宽容的根源，都是恐惧。"房龙的"宽容"有更丰富的内涵：它是指对新事物的包容、接纳与追逐，是对别人生活方式的理解，对别人理想追逐的激赏。

生活中，我们不知道未来，不知道追逐的前方是否是自己的期待，也许追逐的结果连我们现在已拥有的，都会失去。于是，我们不敢再前进，我们得守住已有的东西，于是，今天的日子就是10年后的日子，看今天的生活就看到了自己一生的生活。这样的人生经历是单调的、无聊的、可怕的，谁也不想让自己的一生就这样度过。

这一切的根源就是我们内心的恐惧与不宽容。从泰德·特纳的经历可以看出，冒险是一种人生的超越，他用敢于担当的个性作为冒险的资本，并善待冒险行动中的种种失败，以一种坚定的信念和舍我其谁的顽强精神作为向上的阶梯。可以说，船长式的冒险精神造就了泰德·特纳的一生。他赢得“环南大洋帆船赛”的情景至今令他的队友们记忆犹新，其中一位队友回忆说：“泰德一参加比赛，所有船只都不得不尾随他从黎明到黄昏不停地激烈角逐，他简直像是征服了海洋的波士顿。”

泰德·特纳是一个喜欢冒险的企业家，他的下一步行动永远是如此出人意料。泰德·特纳显然继承了自己父亲的某些品性，比如自信、冒险精神、控制欲，只不过他比父亲更加自信、更富冒险精神、更喜欢操控一切。他一生中两次孤注一掷的大胆行动体现了两种至为重要的品质，而他自己也靠着这两种品质多次摆脱困境，那就是一种坚定的信念和舍我其谁的顽强精神。泰德·特纳曾说：“我就像是一棵小草，某一天，我也许会被人们踩倒，但是第二天，我就会再次挺立起来……失败只不过是让我们学习如何才能赢得成功的另一种方式而已。”

对于自己的成就，泰德·特纳的评价是：“我是世界上最伟大的帆船运动员。我只差一点，就成了世界上最强大的企业家和最伟大的生态学家。我试图打破一项纪录，那就是成为一生中完成了最多事业的人。我的竞争对手是亚历山大、拿破仑、甘地、基督、穆罕默德、释迦牟尼、乔治·华盛顿……”他这样不懈追求的动力究竟又是什么？他的前妻简·方曾达这样回答道："他从没想过躺在功劳簿上睡大觉，他从不认为一次胜利就可以一劳永逸。"

支撑泰德·特纳不断向前的东西就是不断的冒险精神，他将人生看成一场光荣的冒险之旅。当泰德·特纳的父亲实现了自己的三大梦想——成为百万富翁、拥有一艘大帆船和一个种植园之后，就再也没有看到希望，然后选择了自杀。晚年的泰德·特纳认为父亲之所以会自杀，就是因为他的人生目标过于狭隘。于是，他选择了继续冒险，为自己设定更大的梦想，甚至是难以实现的梦想。他将自己的大部分财富用于各种大事：拯救地球环境，控制人口，治疗疾病，消减核武器，拯救联合国，消除被特纳称为"恐怖主义滋生场所"的人类悲惨处境。

不过，当泰德·特纳的个人财产大幅缩水之初，他也一度失去一直怀有的梦想，因为他曾以为他的钱财可以让他单枪匹马地拯救世界。不过，这并未改变他要向联合国捐款10亿美元的承诺，此时的泰德·特纳认为虽然自己失去了金钱，但并没有失去了拯救人类的能力，毅然选择了担当。

泰德·特纳也经常对人们说，正是那些难于实现的梦想使他对生活充满了热爱，所以他总是给自己定下难以达到的目标。今天，泰德·特纳最大的梦想就是能够实现世界和平、消除核武器和保护濒危物种，这或许就是他为什么能快乐地生活着的最主要的原因。

在非洲大地上，每年九十月份，雨季唤醒了马赛马拉大草原，上百万头角马追随绿草从北迁至此。狮子、鳄鱼循声而至，开始一年中成果最丰硕的猎杀，然而，迁徙是角马种群生存的不二选择，它们必须在尼罗鳄的尖牙利齿中寻求生存机遇，明知道要冒被猎杀的危险，也不得不每年两回冒险涉河。这群一望无际的角马，每年都按照同样的排列，沿着一成不变的路径，一次次上演蔚为壮观的光荣之旅。长期与大自然相处，使角马群养成了一种挑战危险的本能，每年都会在相同的时间和相同的地点集中起来过河，因为实践告诉它们，这样做是正确的。吼叫、践踏、奋勇向前，它们永远在滚滚不息中维持着强者生存的逻辑。

其实，人生何尝不如此？可以说，人生也是一场光荣的冒险。无论我们生活得快乐还是悲伤，最终都要归于尘土，而这中间的过程就是生命存在的意义。为此，我们尽可以去追逐自己想要的东西，按自己的方式生活，这是一种“冒险”，更是一种“光荣”，它是生命的高贵所在，生命的价值所在，也是生命的责任所在，因为人活着没有结果，只有体验过程。

敢于承担责任的世界公民

泰德·特纳始终把自己看作世界公民，在他的生命中努力使整个世界更加美好，他的一切作为表明他没有轻视自己的责任。正如泰德自己所说：“如果我们对人、自然友善，人们和自然就会对我们友善。”

在曾经的英雄时代里，个人是自由的，个人的意志就是道德法律，心灵是无限自由的，正是在这样一个理想的一般世界情况下，诞生了人类自我认识漫长里程上的第一个“人”——阿喀琉斯。史诗中的阿喀琉斯所表现出来的所有性情性格都有一个本源的起点，那就是他幼年对人生的选择：据说，阿喀琉斯是佩留斯与忒提斯婚后生下的儿子，按照神谕，他将来的命运有两种选择，要么默默无闻长寿平安，要么光荣冒险战死沙场。阿喀琉斯明知战场上有死神等待却毫不犹豫选择征战沙场。

选择人生就是让人生生发出意义和价值，让生的每一刻成为再生。阿喀琉斯选择迎向死亡的冒险就是选择生的奇迹。宁可在短暂的冲突中实现伟大而壮丽的人生，也不愿在长久而平庸的虚度中苟活终生。

在远离了英雄年代的今天，在经济主导一切的今天，这种伟大的精神并没有消亡，而依然在延续。那些富可敌国的人为了让自己的人生具有意义，让贫苦的人每一刻都能远离战争、饥饿、疾病，毅然选择了承担。如钢铁大王安德鲁·卡内基、世界首富比尔·盖茨、心怀救世梦想的乔治·索罗斯……在这些人中，自然也有泰德·特纳。虽然这位传媒界的亚历山大大帝的荣耀大都属于20世纪，他的经营生涯也留下诸多遗憾，就连他自己也感叹道："作为曾经的媒体帝王，一生却未拥有一个电视网。"但他仍会因对慈善事业的投入，而被载入史册。因为泰德·特纳为维护世界和平、改变人类命运作出的一切，已经远远超过了他创立CNN时的成就。

更可贵的是，泰德·特纳还是新的慈善风尚引领者。他是世界上第一个建议列出慈善排行榜的人，正如多年前他向人们解释的那样，许多富人不想捐钱是因为他们不想冒险失去自己在最富裕人名单的排名。如果有一个捐赠人的排行存在，他们就不会介意之前的排行而会看重另外一个排行。因此，在他个人财富严重缩水之时，仍坚持成立自己的基金会，向联合国捐赠了10亿美元，这笔捐款至今仍是世界上向联合国个人捐助最多的。泰德·特纳也受到全世界人的敬佩，曾经的联合国秘书长安南就曾说他是"世界上最慷慨的农夫"。

泰德·特纳的义举不仅为世人作出了榜样，与此同时，他也在用一种特殊的方式影响着自己的家人。如今，泰德·特纳的"慈善王朝"已经跨越了三代人。正如泰德·特纳在创办特纳基金会时所说，不仅要保护环境，而且还要教导他的子女在大项目上的共同合作，以及做慈善时的创造力和独立思维。他和两任妻子所生的5个子女都通过自己的努力活跃在慈善领域。

泰德·特纳始终把自己看作世界公民，在他的生命中努力使整个世界更加美好，他的一切作为表明了他没有轻视自己的责任。正如宇航员施威卡特所说："我们不是地球这只飞船的乘客，我们是其中一员。我们不只是居住在这颗星球，我们是公民。两者的区别在于责任。"

霍英东

HUOYINGDONG

与时代共进退的无双国士

（1923 — 2006）

……

从一无所有到一代商业枭雄，从亿万家产到千金散去，

霍英东这位人富心美的商业大师，

怀着一颗关怀苍生的赤诚心灵，

为我们展示了他问心无愧的一生。

他的拳拳爱国之心，聚散财富之道。

斗米自足、回馈社会的人生哲学，

都闪现着动人的光辉。

霍英东值得我们尊敬的一个最重要的理由就是：

人活在世上，做人做事都要无愧于心。

从两手空空到资产亿万，霍英东的独到眼光和经营艺术，在香港富豪中，除李嘉诚与其比肩而立，再无出其右者。作为一名创业大师，他的传奇发家史，被世人所津津乐道。他是一位杰出的政治领袖，是一位艰苦创业的商业翘楚，也是一位慷慨无私、热心公益的慈善家。“穷则独善其身，达则兼济天下”是他一生最真切的写照，也彰显了他对财富的深刻认识。

作为一个人，霍英东是一面镜子。这个7岁以前连鞋子都没有穿过的穷孩子，一个家庭屡遭灾难性打击的人，却凭借自强不息的精神白手起家，最终成为一名亿万富豪，创造了一个人生传奇和财富传奇。作为一个富人，霍英东是一个榜样。他不仅是一代商业枭雄，更是一个高贵的富人，他怀着一颗关怀苍生的赤诚心灵，捐献财富，回报社会，在取与舍的平衡中凸显出高尚的人格，因此有人尊称他为“一代商佛”。作为一个中国人，霍英东是国人的骄傲。他有一颗赤诚的爱国之心，用实际行动诠释了“爱国”的深刻含义。正如他自己所说：“投资与捐赠的目的只有一个，就是希望国家兴旺，民族富强。”

作为亿万富翁，霍英东始终没有忘记自己的贫苦出身。虽然身价上亿，但从没有追求奢华的生活，而是终其一生保持着节俭的习惯，可谓“富不忘本”。霍英东一生捐出150多亿元人民币，却自谦“一滴水”；只有拥有人生大格局的人，才能拥有这样博大的“一份心意”。霍英东的前半生，是一部“白手兴家”的致富传奇。从出身寒微的“穷小子”、渡轮上的加煤工，到发明房产预售的“土地爷”、坐拥数百亿资产的大富豪。如此聚集财富的成功故事，足以成为发家致富的行动指南。他的后半生，是一个“千金散去”的慈善经典。从“一公斤黄金重奖奥运冠军”、捐资兴建体育医疗教育设施，到成立慈善基金会、策划数以百计的资助项目。如此散出钱财的动人故事，已经足以成为所有人的楷模。

有人曾问霍英东："假如人生满分是100分，你给自己打多少分？""不止100分，起码100多分！"霍英东脱口而出。他的解释是："我不单只是自己赚钱，还帮别人赚钱""我敢说，我从来没有负过任何人！"霍英东的坦率和自信，正是源于他高尚的人品。

红色慈善家

他出身贫寒，早年丧父，只读过几年书，后来做过渡轮加煤工、机场苦力、修车学徒、铆工等。同样是他，这个有些倔强，一身傲骨的毛头小子，当他挥手离开人间的时候，已成为香港十大富豪之一，坐拥 290 亿人民币身家，可以和李嘉诚比肩的华人巨子。他就是被媒体誉为红色慈善家的霍英东。然而，老人留给世界的，不仅是让人艳羡的万贯家财，更是他顶天立地的做人风范。

霍英东，1923年出生于香港。他的祖父霍达潮曾从事过一些货运生意，但霍英东降生之时，家族生意早已衰败。一家人全靠父亲租船驳运货物维持生活，生活极为艰辛。据霍英东回忆，当时他们全家穷得连鞋都穿不上，无论寒冬酷暑，都是赤脚行走。

霍英东有两个兄长，但在一次台风中沉船丧生。他的母亲有幸被叔父救起，但不久他的叔父也在风浪中翻船淹死。大约在霍英东7岁那年，父亲患病不幸去世，年仅40多岁。父亲去世以后，霍英东一家的生活更加困难。那时，他有一个9岁的姐姐，一个5岁的妹妹，生活的重担全落在母亲身上。霍英东的母亲是一位顽强、刻苦、勤奋的人，在那多灾多难的日子里，她没有被生活的重压折服，而是挺直腰杆，辛苦操劳，把丈夫遗留下来的驳运生意继续经营下去。因为霍英东父亲在世时人缘很好，母亲又豁达得体，多数的货主和舢板客都颇为同情这一家孤儿寡母，日子倒也还能勉强维持下去。

霍英东的母亲虽然目不识丁，但希望自己的儿女能够读书。她将6岁的霍英东送到皇仁书院读书，他在那里接受了比较系统的教育，除了完成学校规定的学业之外，他还广泛阅读文学作品，如《金银岛》《鲁滨孙漂流记》等。但随着太平洋战争的爆发，日本军队侵占香港，霍英东的学业也被迫结束了。为了度日，霍英东找到了一个铲煤的工作，这也是他的第一个职业，那时他才18岁。此后，他又做过各种艰苦的工作，基本上都是苦力。

1942年，母亲倾其所有和其他13个人合股，在湾仔鹅颈街开了间杂货店，取名“有如”。霍英东亲自管理这家杂货店，在那段日子里，霍英东起早贪黑，奔波劳碌。由于他细心精明的经营，杂货店的生意日渐兴隆。这段生活，对霍英东是很好的磨炼，他从中获得经营管理的良好训练，培养了坚强的意志和灵活的处事方法。

随着战争的结束，霍英东和他母亲准备重操旧业，毅然将杂货店卖掉。当时的香港只有一种生意好做，就是处理战后大量物资和沉船。他非常注意《宪报》上关于战后物资拍卖的消息，及时标购那些只需小修的小艇、廉价的舢板、海军的机器等，然后迅速转卖出去。由于他缺乏资金，难以放手大干。

有一次，他看准一批海军机器，并且以18000元中标。他兴高采烈回家请母亲凑钱交款。想不到母亲断然拒绝。霍英东借贷无门，眼看到手的一笔大买卖落空了。他急中生智，找到一位工厂老板，商量租借其仓库存放机器，老板看了机器，同意了霍英东的请求；霍英东看老板对机器很心动，提出可以卖给老板，老板开口愿出4万元，霍英东当然是求之不得，迅速成交。1945年至1948年，霍英东净赚22000元。这是他在拍卖剩余物资的数年内赚的一笔大钱。回忆这段往事，他不无感慨地说，这确是很好的机遇，如果那时我有足够的资金，还会赚得更多。

人生的第一桶金的价值高于以后取得的任何财富。确实如此，恰恰是这几万元钱改变了霍英东的一生。当时的香港经济很不景气，社会问题严重，尤其是住房问题，香港人口由原来的30万在数年之间增长到300万，但是居住条件很差，甚至很多人拥挤在楼道根本没有住房。霍英东认为房地产业是最有前途的行业，于是将辛苦赚到的所有财富投资建设房屋，后来开始投资真正的房地产业。

霍英东的伟大在于创造了一个行业的营销方式，炒楼牌和卖楼花。现在这些方式是众所周知的，但是在当时还没有这样的运营方式，无疑霍英东获得了巨大成功，他的楼盘销售速度远远胜过其他房地产商。后来他又采用了分期付款购楼的模式，使生意蒸蒸日上，最终成为香港最大的房地产商。这时的霍英东由连7分钱地铁也坐不起的穷人一跃跻身香港富豪行列。而他的脚步并没有停止，他说过他的一生没有给自己放过一天假，所有重要的事都是自己来做，这样认真谨慎的精神也是他最终成为香港巨富的重要原因。

在霍英东投资房地产的同时，他开始投资其他领域，力排众议建设了中国内地第一个五星级酒店——白天鹅，兴建了当时香港最大的洗浴中心。在当时，没有人会做这样的投资，而他却以与生俱来的惊人商业眼光预见到了未来的收益。确实如此，几年后，这些项目给霍英东赚到了数以十亿计的财富。

日本侵华时期，帝国主义国家对中国实行经济封锁，香港只有霍英东冒着生命危险给大陆运送物资。后来，他也成了香港商界与大陆之间的联系桥梁。其实在当时，很少有人会投资大陆，而他却以满腔爱国热情和对商业的独具慧眼毅然将大部分的资本投入中国大陆，最后收益更是无数。

商业的成功是霍英东人生辉煌的一方面，而另一方面就是收获的荣誉和尊敬。霍英东虽然不是香港最有钱的人，可是他却是为慈善事业捐款最多的人，在他的一生中，一共捐赠了150亿港元。他出于对家乡的热爱，先后投资重建了多所大学，同时还成立霍英东基金会捐赠教育和体育事业，将博彩业收入全部捐资助学，捐资修建洛溪大桥，晚年在广州一片荒芜萧条的土地上投资几百亿建设一座类似香港的城市——小南沙，这些都表现了他对祖国的热爱。

霍英东最痛恨的是“东亚病夫”的污辱，为此他专门创办了体育基金，一直致力于推动中国体育事业的发展。他说：“捐赠体育项目，并非仅仅由于我本人喜欢体育运动，而是基于体育运动本身对于国家进步、民族兴盛的重要作用。”从1984年洛杉矶奥运会开始，霍英东向夺得金牌的运动员每人赠予一枚重达1公斤的纯金金牌及8万美元奖金。2004年1月，霍英东又捐资2亿港币用于国家游泳中心水立方的建设。

除了体育事业，霍英东还十分关注祖国大陆的医疗、卫生、经济领域等其他方面。但是，谁也想象不到，这位坐拥290亿人民币的一代巨商，平时最喜欢吃的就是煮玉米；他的鞋子坏了，也会让人拿去补补再穿。他也是全香港唯一一位不带保镖的富豪。

在霍英东的心里，“钱并不是最重要的，吃，一个人吃得也不多，我们看到国家的强大，人民生活的改善，是一个中国人，是一个炎黄子孙应该做的”。霍英东对自己的一生很满意，他生前给自己的分数超过100分。熟悉霍英东的人说，他给人的感觉首先是严肃的，然后是认真的，然而，最重要的，他是一个始终把国家和民族命运跟自己密切联系在一起的爱国实业家。

一个真正富有的人

霍英东是中国文化传统上能负大责任、有大担当的人物，就是孟子所说“天降大任”的人物。霍英东的思维，超越了时尚或传统的模式。他是有理想、有决心的人。他主要的出发点不是为个人一时的名利，而是为社会长期的发展。他不为只求结果而走捷径，而要以耕耘的过程去收成。他要用践履笃行的方式，去领导社会并净化社会的风气。

霍英东的一生充满传奇，有人说他是“天生商人”，白手起家最终成为亿万富翁，有人说他是“红顶巨贾”，由“水上人”到步入政坛。他的成功不仅体现了他的创业能力，与此同时，他的人品，人格魅力与他的创业能力并驾齐驱，堪称一个完善的人。

在霍英东60岁的时候确诊身患癌症，从此这位老人受到病魔的长期折磨，霍英东一直活到84岁，与癌症整整战斗了20多年。霍英东的癌症始发于1983年，当时的他终于摆脱了繁忙的工作，能够静下心来思量人生的意义。似乎就在这次病中，他的人生观、价值观发生了很大的转变，这场病给了他最大的启迪是：人活着，就要回馈社会。

霍英东在病后的一次演讲中就说道：“对人生祸福得失，我不敢说看得很透，‘人生易老，天难老’，‘人寿几何’，能毫无所感？个人生活的需要，老天爷是有尺寸的，不能多占多用，不管心里怎样想，生理有个极限，真是‘万顷良田一斗米，千间房屋半张床’，我的胃口还算不错的了，自问一顿吃不下一斗米。到我这样年纪的人，人世间许多事都看过，今天虽然事业薄有所成，也懂得财富是来自社会，也应该回报于社会。社会的进步发展，是一代又一代人奋斗积累的结果，从个人来说也希望为桑梓造福，为子孙积德，历史长河就是这样延续发展向前的。”

不善言辞的他道出自己命运的偈语，“红色慈善家”给自己的红注入了别样光辉，慈善和捐赠成了他生命中最重要的工作。在2005年召开的首届中华慈善大会上，霍英东膺列其中。可能是因为散财之广、之多，当记者问他一共向内地捐赠了多少钱时，霍英东一时竟回答不出来，只是谦虚地说：“我的捐款，就好比大海里的一滴水，作用是很小的，说不上是贡献，这只是我的一份心意！”

尽管身家数百亿，霍英东朴素的生活习惯并没太大改变。他常帮衬巷里的小铺，花一二十元叫师傅做一双皮鞋，平时喜欢脚踩着鞋后跟把皮鞋当拖鞋穿，衬衫也是普通的衬衫。在北京他甚至没有自己的写字楼。他总是拎着一只布兜子，里面装着材料，走到哪儿看到哪儿，人们说这只布兜子就是他的办公室。这位顶级富豪的节俭也令人难以置信：夜宵是参加晚宴打包回来的食物。鞋子坏了，也会让人拿去补补再穿。他还是香港唯一一个没有保镖的亿万富翁，他总是喜欢独来独往。当被人问起是否担心被绑架时，霍英东笑着说：“从来没担心过。做人做事，关键是问心无愧，要有本心，不要做伤天害理的事。”

霍英东一生与人为善，但同时也坚守着自己的做人底线与原则。人们常说，一滴雨露可以折射整个世界，一件小事便能检验人的品格。霍英东的身价与人品等值，这才是真正的富有者。霍先生一生历险无数，尝遍人情冷暖却从未放弃，靠的就是这股不服输、不低头的血性。

在子女们眼中，霍英东是一位严父。平时，他与孩子们话语不多，却用自己的行动告诉他们，成功在于勇敢、勤奋、诚实、信用，“更在于坚持，哪怕濒于绝望境地”。在别人眼里笼罩着富豪光环的霍英东，对金钱却有另一番解读。他经常教诲子女拥有金钱是给了你一个选择的机会，你可以挥霍一空，也可以为社会做更多的事，在于你选择怎样的人生目标和价值观。正如他所说：“回馈、贡献社会才是金钱最大的价值。”

霍英东临终前并没有留下什么特别的遗言，而在我们看来，他对世人的忠告一直没有改变过，他更是用自己人生的经历和举动，告诉我们人生在世，要做一个什么样的人。

问心无愧

无愧于心不仅应是我们缘于心底的一种诉求，更应是我们执着追求的一种人生境界。霍英东留下的不仅是金钱和桥梁、工厂、医院、学校、体育场……他的拳拳爱国之心、聚散财富之道、斗米自足、回馈社会的人生哲学，都闪现着动人的光辉。他值得我们尊敬的一个看似寻常的理由就是：他活在世上，做人做事都无愧于心。

在香港，霍英东是唯一一个没有雇用保镖的亿万富翁，他曾说过“做人做事，关键是问心无愧”。从霍英东的身上我们不难看出，因功利而履职，必会有虚伪之举；为大爱而负责，才会做到无愧于心。只有内心保持着一种对社会的深沉之爱，才会甘当责任的仆人，不做名利的俘虏。

问心无愧反映出一个人的品格。在这里，个人的良知成为衡量的标准。良心是每一个人最公正的审判官，你骗得了别人，却永远骗不了你自己的良心。

曾经有一位善于绘画的禅师，他每次作画前必坚持让购买者先行付款，否则决不动笔，这种作风，使社会人士颇有微词。

一次，一位家境丰裕的女士邀请禅师到家中作画，禅师问道：“你能付多少酬劳？”

“你要多少就付多少！”那女子很痛快地回答道。

禅师点头答应。

当时女子家中正在宴客，禅师画好了画之后，拿了酬劳正想离开。女子突然站起来对着客人说道：“这位画家只知要钱，他的画虽画得很好，但心地肮脏；金钱污染了他的善美。出自这种污秽心灵的作品是不宜挂在客厅的，它只能装饰我的一条裙子。”说着便将一条破烂的裙子递给禅师，要求他在上面作画。

禅师并未回绝，只是轻轻问道：“你出多少钱？”

女士答道：“随便你要多少。”

禅师开了一个特别昂贵的价格，然后依照那位女士的要求画了一幅画，画毕立即离开。很多人怀疑，为什么只要有钱就好？受到任何侮辱都无所谓的禅师，心里又是何想法？原来，这位禅师居住的地方常年发生灾荒，富人不肯出钱救助穷人，他因此建了一座仓库，贮存稻谷以供赈济之需。又因他的师父生前发愿建寺一座，但不幸其志未成而身亡，禅师要完成其志愿。当禅师完成其愿望后，立即抛弃画笔，退隐山林，从此不复再画。

在人们的印象里，出家人出入尘世间通常都是行脚化缘，没有见过专门做买卖的。一个不食人间烟火的禅师，走街串巷，卖画赚钱，确实有点不可思议。所以禅师被人当众羞辱也就不足为奇了，但他没有任何辩驳，甚至没有说任何话。他的心里只有慈悲，只有苍生，没有荣辱，没有喜忧。不顾世俗见地，不忌人间毁誉，做到了问心无愧，这正是禅师的可贵之处。

今天，又有多少人敢说自己凡事都做到问心无愧？问心无愧强调的是一种责任感，一种自我约束的能力。一个能自律的人，绝不是仅能在公众面前作秀而已，更需要检验的是，在无人知道的地方，在无人知晓的时候，行事乃至思想是否仍能抵挡私欲的诱惑，仍能坚持原则，无愧于自己的良心。这就是古人所说的“君子慎独”以及“君子不欺暗室”的道理。一个善于自律的人，时时会提醒自己不要放纵，不要迷失本心。更重要的是，它使人们认识到了责任与承担。

《史记·吴太伯世家》中有这样一个故事，吴国公子季札出使途中，路过徐国时拜会徐国国君。徐国国君很喜欢季札所佩的宝剑，季札深知其意，但他作为使者必须佩剑，所以无法马上解剑相赠。一年后季札出使返回。再到徐国时，徐国国君已经去世。季札非常悲痛，要将宝剑赠给徐国的新君。新君回答：“先君无命，孤不敢受剑。”季札只好来到徐国国君的墓前，解下宝剑，挂在松树上。随行的人不解地问道：“徐国国君已经死了，为何还要将宝剑给他呢？”季札回答说：“当初在心里已经许诺要把宝剑赠予徐国国君了，怎能因徐国国君的死而背弃自己的初衷呢！”为了纪念季札践诺守信的高尚之举，徐国的人作了一首歌“延陵季子兮不忘故，脱千金之剑兮带丘墓”，并在徐国国君墓前筑起一座高台，名叫“挂剑台”。

季札的品行一直为历代所称颂。季札以剑践约，并不是出于现实的考虑，为的只是无愧于心！这种责任感只能是源于一种深入骨髓，发自内心的真诚，在这种真诚的推动下，践约便成了生命意义的一种实现。

无愧于心不仅应是我们心底的一种诉求，更应是我们执着追求的一种人生境界。霍英东作为香港“红色慈善家”的代表人物之一，他晚年出席一些公开活动，亦商亦政，其象征意义是不言而喻的。他的离去，意味着那一代人的陆续谢幕。当他成为历史之后，他的财富神话与人生传奇仍值得每一个人深思，他留下的不仅是金钱和桥梁、工厂、医院、学校、体育场……他的拳拳爱国之心、聚散财富之道、斗米自足、回馈社会的人生哲学，都闪现着动人的光辉。霍英东值得我们尊敬的一个最重要的理由就是：他活在世上，做人做事都无愧于心。

阿尔瓦利德·本·塔拉尔

AL-WALEED BIN TALAL

每个人都有价码，关键看你给自己标上多少

（1955— ）

……

拥有一个著名的姓氏，显赫的家庭背景，

需要承受多大的压力？

也许没有一个人能比阿尔瓦利德·本·塔拉尔更清楚。

人们钦佩阿尔瓦利德，并非他的“王子”头衔，

也不是他那富可敌国的财富。

恰恰相反，阿尔瓦利德获得世人的赞许和尊敬，

除了来自他为这个世界所做的一切，

还有他自我达成的成功精神。

正如他自己所说：

“王室背景只是我的一个标签，其价码却是我自己写上去的。”

阿尔瓦利德·本·塔拉尔是一个曾被沙特王室冷落而无法继承王位的王子，但他却仅凭1.5万美元走上了“财富王座”，数年雄踞“阿拉伯世界首富”位置岿然不动。这位从遍地黑金的石油王国沙特走出的男人，并没有靠石油发家，他那惊人的财富主要来自对花旗、可口可乐、迪士尼、摩托罗拉、时代华纳、福特、亚马逊等西方跨国公司的投资，他也因此而成为继沃伦·巴菲特之后世界上最伟大的投资家。

《时代》周刊称他是“阿拉伯世界的巴菲特”，《福布斯》则把他描绘成世界上最精明的投资者之一。就连美国股神沃伦·巴菲特本人在给阿尔瓦利德的信中也表示：“在奥马哈，人们管我叫美国的阿尔瓦利德。”

阿尔瓦利德·本·塔拉尔过着令全世界人羡慕的奢华生活，但他的生活却不过分奢靡。他毫无争议地是这个世界上工作最努力的亿万富翁，他清楚自己银行账户上到底存着多少钱，而且知道每一分钱都来自哪里，将用于何处。他曾在媒体上公开表示，自己所赚到的每一分钱都不是通过投机取巧得来的。为此，他说：“我一点也不内疚。这些钱是我辛辛苦苦赚来的。不是继承的，也不是别人给我的，所以面对别人的质疑我心安理得。我用每一笔钱都是有规划的。”

阿尔瓦利德王子是一位成功的商人，是一位富有同情心的慈善家，还是一位公民权利的坚定支持者。他在消除贫困、提高妇女权利、教育和健康事业方面作出了很大的贡献，他在协助卡特中心加强美国和阿拉伯世界与伊斯兰世界的关系中发挥了很大作用。尤其是他对慈善事业的极大投入，让他赢得了全世界的尊敬。他每年用于慈善事业上的钱大约是1亿美元，甚至更多。他说：“我认为如果一个人不顾身边的社会、身边的穷人，一心只想赚钱的话，那样会很累。如果一个人眼里只有钱没有其他的话，那么往往会适得其反。这种事不会发生在我身上，因为我是一个努力工作的人。我按照信仰的指示做事，我会把我的一部分财富贡献给社会，以及穷苦的人们。”这就是一个沙特王子的精神，一种令我们感动的精神。他的创富绝不是为了追求金钱，而是在创富的过程中努力成为一个有良知、有社会责任、有价值的人。

沙特的“巴菲特”

阿尔瓦利德·本·塔拉尔是一位富有传奇色彩的人物，很少有人能像他那样独特。他是美国经济最大的国外个人投资商，他的投资领域几乎涉及美国生活的每一个层面，也涉及诸多世界著名品牌。像世界投资巨头沃伦·巴菲特一样，阿尔瓦利德通过连续进行富有策略性的高端投资获得了巨大成功，赢得了美国华尔街的称赞。

阿尔瓦利德·本·塔拉尔的家庭背景十分显赫，他是沙特阿拉伯国王阿卜杜拉的侄子。他的父亲塔拉尔王子思想比较开放，背离王室传统，娶了一个名为扎哈尔的黎巴嫩女子为妻，并在1955年产下一名男婴，他就是阿尔瓦利德·本·塔拉尔。父亲的行为触动了沙特王室敏感的神经，夫妻二人想在沙特阿拉伯王室立足就变得极为艰难，因此阿尔瓦利德·本·塔拉尔刚一出生就被认定为血统不纯，而被剥夺了继承沙特王位的可能。由于与国内保守势力不和，阿尔瓦利德的父亲一度被流放到埃及。后来，父亲与母亲离异，阿尔瓦利德跟随母亲长期居住在黎巴嫩。

虽然名义上是沙特王子，但阿尔瓦利德·本·塔拉尔并没有享受到任何王子该有的特权，反而像一个平民家的孩子那样快乐地生活着。与那些在王宫中长大的王子不同，阿尔瓦利德·本·塔拉尔在少年时期极为叛逆，从小不仅学会了逃学，而且还经常不回家。他曾在自己的自传中这样写道："即使是个王子，我也会在街上睡觉，而且总在街上寻找没上锁的汽车，只要找到门没锁的车，就会钻进去睡在后座上。"

13岁那年，他的父亲终于意识到问题的严重性，在父亲看来，阿尔瓦利德丝毫没有一个王子的样子，如果让他一直这样按着自己的想法发展下去，肯定会带来更多的麻烦。于是，他的父亲决定把阿尔瓦利德带回沙特利雅得，让他到军校读书，希望军校里的生活改变这个桀骜不驯的孩子。

可以说，阿尔瓦利德在军校的那段时间里，确实收敛了许多。在那里，他和普通的孩子一样，打扫马桶、浴室，早上6点自己做早餐，晚上6点准时睡觉。阿尔瓦利德自己也说："那段生活确实改变了我的一生，也是我人生中的第一个关键阶段，从军校出来后，我性格中的优柔寡断和迟疑不决都被一扫而光。"

从军校毕业之后，阿尔瓦利德·本·塔拉尔开始对商业产生兴趣。从15岁起，他每天开始坚持听BBC电台的新闻，学习商业知识，阅读时政杂志和报纸。1976年，阿尔瓦利德·本·塔拉尔作出了一个决定，他要去美国攻读经济学硕士学位。不过，他的父亲却认为阿尔瓦利德去美国读书未必是件好事，因为这个孩子对学习的态度太难以让人放心，但最后他还是答应了阿尔瓦利德的请求。

就在阿尔瓦利德求学期间，父亲还特意派了一名"使者"去看看儿子在美国究竟做些什么，令父亲感到欣慰的是，阿尔瓦利德每天都在埋头苦读。这也是阿尔瓦利德人生中的第二个关键阶段，他曾回忆说："独自去美国的经历让我树立了自信。"

1979年，阿尔瓦利德学成之后回到沙特，开始涉足商界。然而，他的父亲只给了他1.5万美元的启动资金，不过这对阿尔瓦利德已经足够了，他马上组建了一家公司——也就是王国公司。在当时，石油产业的兴旺给沙特带来了繁荣，许多人靠着石油发了大财。然而，阿尔瓦利德却没打算靠“喝油”赚钱，而是做起了贸易代理和承包生意。

创业之初，阿尔瓦利德的公司没有沾上一点“王族的灵气”，可以说这家公司与其他公司没有什么区别，每天早上8点半上班，而且整个公司只有7名员工。当时公司举步维艰，尤其是当阿尔瓦利德看到父亲给他的那点启动资金所剩无几时，他就更不敢乱花钱了。直到签订了韩国建筑合同之后，公司的财政压力才得以缓解。接着，阿尔瓦利德及时预见到政府依靠石油美元实施的高福利政策，将大大刺激国内的房地产市场。他果断出手在首都利雅得买下大片地产，为他日后成为当地最大的私有地产业主打下了牢固的基础。

随着阿尔瓦利德在建筑和房地产业的成功，他的财富以“滚雪球”式地增长。他建立了“王国控股公司”，并把触角伸向其他领域。1986年，他成为连年亏损的沙特阿拉伯联合银行最大股东，并在1989年将该银行转变为沙特盈利最好的商业银行。此后，阿尔瓦利德先后购买了大通曼哈顿银行、花旗银行集团、汉华银行的股份，其价值约为2.5亿美元。不过他最终选择了花旗银行作为主要投资对象，这次奇迹般的投资让阿尔瓦利德一举成名，不仅拯救了花旗银行的危机，也为自己赚取了巨额财富。当时花旗银行的董事长约翰·里德对这位王子感激涕零，称赞他是“极有耐心的投资家”。西方商界将阿尔瓦利德看作一个“拯救者”。正如《经济学家》所说的，“假如一家公司陷入资金不足的危机，他是世界上仅有的几个能轻易地开出上亿美元支票的私人投资者之一”。

阿尔瓦利德在自己的投资生涯里，先后斥巨资购入国际知名企业的股票，投资领域几乎涉及美国生活的每一个层面，除了花旗银行，他参股的公司还有可口可乐、百事可乐、麦当劳、迪士尼、摩托罗拉、时代华纳、福特、亚马逊、eBay、柯达、四季酒店等一系列国际知名企业。现在，他仍是美国经济最大的国外个人投资商。

《纽约时报》有一篇文章把阿尔瓦利德描述成“阿拉伯世界的巴菲特”。王子本人也看到了这篇文章，他开心地笑起来。这之后，王子就经常在媒体对他的采访中提到这个比喻，并且说，能与这么一位令人敬重的投资家相提并论，他感到非常自豪。王子还专门给巴菲特写了一份短笺叙述这件事，让王子吃惊的是，他竟然收到了巴菲特的回信。巴菲特给阿尔瓦利德回信说：“在奥马哈，人们把我称为‘美国的阿尔瓦利德’——这是对我很大的称赞。”

阿尔瓦利德在生活上是极为奢华，他和子女住在位于利雅得北部的行宫里，这座造价1.3亿美元的建筑是沙特所有王室人员的行宫中最奢华的。阿尔瓦利德还是空客A380世界首位私人买主；对于儿女的要求，阿尔瓦利德也会尽可能地满足。

然而，巨大的财富和奢华的生活并未给这位沙特王子带来任何骄奢之气，他和当年创业之时一样，每天的工作日程都安排得极其有序和饱满。他本人经常工作到早晨，只休息几个小时就又起来继续工作。整整一天下来，他看上去都毫无倦意。他的表弟里亚德·阿萨德对此并不吃惊。他说：“他总是这样。在我的记忆里他每天的睡眠时间从来没有超过5个或6个小时，但精力却异常旺盛。”

不论是白天还是黑夜，也不论在什么地方——有可能是在他的专机里、游艇里，甚至在他的沙漠营地里，只要一有时间，阿尔瓦利德就会阅读大量的财经资料，对于他来说，时间就是金钱，他依靠节省时间而获得财富。阿尔瓦利德认为，放松就等于要切断所有工作的做法“简直就是一个神话”。

阿尔瓦利德王子不仅是一位勤奋的商人，还是一位富有同情心的慈善家。当阿尔瓦利德·本·塔拉尔被问及“拥有大量财富是否使您感到快乐”这个问题时，他作出了这样的回答：“有时候，钱确实会让人快乐，尤其是在我看着自己的财富一天天增长时，但这种快乐却不能让你赢得尊重。实际上，只在当你将财富赠给别人时才会得到尊重。”接着他表示，“当巴基斯坦发生灾难时，我是全球捐赠最多的个人。我亲自去了巴基斯坦。巴基斯坦总理对我说了一句话，确实让我感到了快乐，他说：‘王子，您的来访比您给我们的捐赠更为重要。’”

拥有巨额财富的阿尔瓦利德·本·塔拉尔的工作态度始终很认真，有人曾这样描述他：“他不仅雷厉风行，而且有条不紊，是中东和西方投资者的独特混合体……可以说，他是地球上工作最努力的亿万富翁。”除此之外，阿尔瓦利德还将大部分时间用于改善中东与西方世界的关系，美国前总统吉米·卡特就说：“在慈善事业方面的贡献，以及对中东地区民主体制的支持，让阿尔瓦利德成功地在东西方之间架起了一座文化沟通的桥梁。”

自我达成的精神

这个世界只为两种人提供成功的机会：一种是有着坚强意志的人，另一种是不断追求卓越的人。想改变环境加给你的不平等，需要的是主动精神，始终用最积极的内在驱动力支配和控制自己的人生。阿尔瓦利德·本·塔拉尔的经历就是最好的证明。他告诉我们，成功并非都来自显赫的家族背景，有时候真正靠的是自己。正如他自己所说：“王室背景只是我的一个标签，其价码却是我自己写上去的。”

“人人生而平等”是出自托马斯·杰斐逊起草的《独立宣言》，是殖民地奴隶们听到的最幸福的一段话。然而，《独立宣言》关于平等的表述是就政治层面说的，从社会学的角度看，人与人更多的是生而不平等。有时候，一个人一出生，很多问题就已经注定了。有的人，一生下来就已经注定要享受锦衣玉食；而有的人，一生下来就已经注定要为自己最起码的生计而焦头烂额。许多人都梦想着成为第一种人，然而，拥有一个著名的姓氏，需要承受多大的压力？实际上，我们和这些名门后代一样，最容易的是“平庸”，最容易受指责的是“叛逆”，而最难的却是“杰出”，就像戴维·洛克菲勒说的那样：“一生都挣扎着要配得上自己的名字和继承的遗产。”

阿尔瓦利德·本·塔拉尔，这位富裕而神秘的沙特王子的经历，如阿拉伯神话《一千零一夜》的故事那样富有传奇色彩。阿尔瓦利德出生在一个有特殊背景的富裕家庭，他甚至终生不用劳作也可衣食无忧，然而，这位叛逆的王子从小的经历和自己的秉性，让其确定了人生的信念：追求自己的成功。在这种强大信念的支撑之下，他找到了证实自我价值的道路。

如果说编织一张上流社会关系网是很多人无法做到的，那“寻找机会”的权利，总是人人平等的。阿尔瓦利德·本·塔拉尔不仅是这方面的天才，而且比大多数人做得出色很多。事实上，阿尔瓦利德·本·塔拉尔的成功，除了特殊的家庭背景之外，更多的是建立在自己对机会的寻找和把握之上，无论是拯救花旗银行，还是投资陷入困境的苹果公司，阿尔瓦利德总是能化腐朽为神奇，总是能将那些摇摇欲坠的企业变成他的赚钱机器。他也似乎是为利润以外的动机而投资，著名的投资者很少会这样做。正如他在收购乔治五世酒店时说的那样：“乔治五世酒店当初几乎就是垃圾。我收购的时候，如果你点意大利面，他们会说，‘我们没有意大利面，给您米饭吧。’看看发生了什么：收购、关闭，然后整顿。猜猜怎么样了：它连续5年被评为全球最佳酒店。”就这样，经过几次如魔术般的表演后，阿尔瓦利德被资本市场奉为“在毁灭中寻找机会的神奇投资人”。从阿尔瓦利德·本·塔拉尔的经历中，我们不仅可以看到一位不折不扣的“投资狂人”，还看到一个勇于追求自己人生价值，并善于捕捉机会的猎手。

每个人都有追求人生价值的权利，阿尔瓦利德·本·塔拉尔真正的成就就在于此。他是一个拥有内驱力的人，拥有一种自我达成的成功精神。绝大多数人之所以平庸一生，之所以只能在人生的舞台上扮演无足轻重的次要角色，究其原因并不是他们没有显赫的家庭背景，而在于他们缺乏内心的力量。他们只受外在力量的驱使，为工作而工作、被动应付了事。

回溯历史，我们不难发现，每一个伟大的建树、每一项杰出的成就都是由那些志向高远的人所创造的。他们拒绝接受中庸之道，他们追求卓越，所以他们功成名就。这就是精华法则：最优秀的将会上升到金字塔的顶部。但实际上，那些成功者无论是智力还是外貌，与我们并无大的区别，在资质方面也很普通，上天也没有对他们格外地眷顾。只因为他们懂得让好习惯帮助他们创造好运。

成功者和其他人中间有一条明显的界限。这条成功者的边界，只是标示着两者人生态度的不同，无关其他。这个边界并非标示特殊环境或具有高智商，也不是高等教育或天赋差异的归类，更不是靠时来运转。对于一个渴望在这个世界上立身、成就一番事业的人来说，任何东西都不是他前进的障碍；不管他所处的环境是多么的恶劣，也不管他面临怎样的艰难险阻，他总是能通过内心的力量驱动自己，脱颖而出，勇往直前。

这个世界只为两种人提供成功的机会：一种是有着坚强意志的人，另一种是不断追求卓越的人。想改变环境加给你的不平等，需要的是主动精神，始终用最积极的内在驱动力支配和控制自己的人生。阿尔瓦利德·本·塔拉尔的经历就是最好的证明。他告诉我们，成功并非都来自显赫的家族背景，有时候靠的是自己。

财富是一种品质

阿尔瓦利德·本·塔拉尔的成功绝不仅仅是对金钱的追求，而是在创富的过程中努力成为一个有价值的人。他一面尽情享受自己的成功，一面将自己的钱用得其所。在他的眼中，财富不只是钱，更代表着一种做人的品质。他坚信任何一个忠诚于美德与信仰的人，绝不会为了钱而创富，而是为了良知与责任而努力工作。

马克斯·韦伯指出，一个真正有德行的人应该对财富具备健康、成熟的判断。一是要有对财富来源的认知，即认为财富源于上帝的恩赐、社会的给予、他人的帮助还是个人的奋斗；二是取得财富的手段，即是以最有效率、最合理、最公平、最职业的方式来创造财富还是通过巧取豪夺、坑蒙拐骗谋取财富；三是财富的应用，是用于满足个人不断膨胀的欲望还是回馈社会、捐助穷人。

可以说，阿尔瓦利德·本·塔拉尔是马克斯·韦伯这个理论的最好践行者。阿尔瓦利德·本·塔拉尔这位中东最富有的人，其所拥有的财富观，恐怕对每一个人都不无启迪。与那些勤俭持家的富翁们不同，他不仅是一个最会赚钱的商业家，还是一个最能花钱的富翁。他本人拥有4架私人飞机，除此之外，阿尔瓦利德还向当时的美国地产大亨唐纳德·特朗普购买了一艘超级豪华游艇，并将其命名为“5-KR”号。阿尔瓦利德的住处更是尽奢华之能事，整个建筑造价就高达1.3亿美元，室内的居住面积达到4公顷。虽然阿尔瓦利德是一个严格的父亲，但对于儿女的要求，他一般会毫不吝啬地满足。他在儿子16岁时为他买了一辆价值25万美元的兰博基尼“迪亚博罗”跑车，送给女儿的生日礼物是价值2000万美元的Donna Karan时装品牌的股份。除掉以上这些开销之外，阿尔瓦利德·本·塔拉尔每月高达8万美元的电话费就足以让人瞠目结舌的了。

但是巨大的财富和奢华的生活并未给阿尔瓦利德·本·塔拉尔带来任何骄奢之气，他和当年创业之时一样，每天仍坚持努力地工作着。他认为拥有巨额财富所带给他的乐趣远远没有财富增长的过程更有趣，而这一过程就是工作的结果。除了享受着工作的乐趣之外，他还对慈善事业情有独钟。为此，他专门成立了一个团队来处理慈善事业，用来支持伊斯兰慈善事业，此外还用于沙特的社会服务体系。他每年都有约1亿美元的资金用于慈善事业上。

不仅如此，在黎巴嫩、摩洛哥与阿尔及利亚，都可以听到这个沙特王子的善举。开罗火车事故夺走了373条生命，阿尔瓦利德为此痛心不已，并决定给每一个受难者的家庭2200美元的捐助，这一数字比埃及政府所提供的还要高。叙利亚一个小村庄的水坝决堤，造成了22人死亡，数千人流离失所。阿尔瓦利德得知此事后，帮这些无家可归的人重建了家园，他甚至还挨家挨户地将钱送给那些穷人。

关于如何支配财富，培根曾说：“财富应当用正当的手段去谋求，应当慎重地使用，应当慷慨地用以济世。”他指出，一个人的财产达到了某种限度后，便不是他能消受得起的。他可以储藏财富，也可以分配或赠送它，或者用它换取富翁的名声，但对于他本人，这种巨大的财产只是身外之物，是没有什么用处的。阿尔瓦利德很清楚地知道怎样使用自己的财富，他说：“如果一个人眼里只有钱没有其他的话，那么往往会适得其反。这种事不会发生在我身上，因为我是一个努力工作的穆斯林。我按照信仰的指示做事，我会把我的一部分财富贡献给社会，以及穷苦的人们。”

古人云：“乐人之乐者，人亦乐其乐；忧人之忧者，人亦忧其忧。”阿尔瓦利德·本·塔拉尔面对中东首富的人生处境，并没有被财富弄昏头脑而忘乎所以，跟其健康达观的财富观不无关系。他一方面尽情地享受着自己的成功，另一方面不忘救济他人。他深知，假若一个富人没有起码的济世热情和悲悯情怀，实际上就无异于在制造某种“速朽”和死亡。

在很多人看来，沙特这个国家好像并不存在贫穷的地方，但阿尔瓦利德所做的一切恰恰证明了这样的地方确实存在。在每一个斋月，阿尔瓦利德都会准备上万个信封，每一个信封里都装着5000里亚尔（沙特阿拉伯货币），这些钱足够生活在贫民区的百姓一年的房租。因为时间有限，所以并不是每个人都有机会站到王子面前接受救济，但是，每一份请求资料都会上交到阿尔瓦利德的手中，而他也会认真地处理好每一个请求。阿尔瓦利德的私人助理麦克·詹森就曾说道：“给我印象最深的就是王子一边忙于做生意，一边还不忘做慈善事业的情景。他自己就好像一台取款机，专门成立了一个团队处理慈善事业。他很清楚地知道怎样使用自己的财富。举个例子，在沙特，王子不会一年内捐助同一个家庭两次，这样他就可以尽可能多地帮助别人。他乐善好施的品格就如同他在生意场上的挥放自如一样，令人敬佩。”

一个人拥有的财富观如何，是检验其做人良知与社会责任感的一块试金石。一个人如何获取财富，又如何支配财富，常常使其自身人品之优劣和人生境界之高低暴露无遗。西塞罗评论罗马人波斯玛斯曾说：“他追求财富，但并不是为满足私欲，而是要得到一种行善的工具。”可以说，财富不是钱，而代表着一种品质。

实际上，在成熟的社会，创富的过程不仅仅意味着对金钱的追求，也意味着在创富的过程中成为一个有价值的人。

史蒂夫·乔布斯

STEVE JOBS

就是爱你所做的事 成就伟大的方法

（1955—2011）

……

他是一个具有完美主义倾向的理想主义者、

一个能把技术与品位结合的商业艺术家，

他的人生像过山车一样，

从山峰一直俯冲到谷底，又从谷底直冲上天。

巨大的成功让他盲目自大而惨遭失败，

沉默了12年之后他东山再起，重返追逐梦想的道路。

12年的积淀与自省让他懂得了如何尊重失败，

明白了梦想要变成现实所需付出的代价。

这一次，他获得了长久而牢固的成功。

他就是史蒂夫·乔布斯，

一个尊重失败的商业精神领袖。

因为苹果，让人们了解了古希腊神话中的特洛伊战争；因为苹果，让人们知道了牛顿这个物理学巨擘；到了20世纪80年代，又是因为苹果，让人们认识了一个伟大的商业狂人——史蒂夫·乔布斯。史蒂夫·乔布斯这个名字注定要在世界商业历史上写下浓重的一笔。

史蒂夫·乔布斯这个非凡的“电子神童”，从一个默默无闻的中学生成长为苹果公司的重量级人物和计算机革命的弄潮儿。25岁时，他就成了一个亿万富翁。然而，乔布斯曾因盲目自大而众叛亲离，被自己创建的公司扫地出门，甚至完全脱离了电脑世界。美国著名作家斯科特·菲茨杰拉德曾经说过，在美国，没有一个人能有第二次创业的经历。但他显然没有预料到史蒂夫·乔布斯会上演一次漂亮的东山再起。被赶出自己亲手创建的苹果公司12年之后，史蒂夫·乔布斯卷土重来，并再一次执掌了苹果公司的大权。毫无疑问，这是乔布斯在数字化时代的尘嚣中所作出的最巨大、最让人佩服的成就。他不仅将科技革新变成了一种艺术，还因他认识到自己作为一个企业家，有责任帮助伤痕累累的苹果公司走出困境，从而实现改变世界的梦想。

史蒂夫·乔布斯，这个具有“不仅无法与他人苟同，甚至对他人愿望和奇想都丝毫不予考虑”的性格，并希望“这个星球因为他的诞生而从此改换新颜”的人，在沉寂10多年后完成了一次最彻底也最让人敬佩的蜕变。他不再渴求个人的不朽与成功，而是将内心深处的傲慢与高人一等的优越感一并消除，与那些世界上最有天赋的人一起工作，共同改变世界。

《时代周刊》杂志曾对乔布斯和盖茨进行对比评价：“在某种意义上，乔布斯是比尔·盖茨的对抗者：他是一个硬件大师，而不是一个软件大师；他是一个开拓者，而不是一个跟随者；他是一个创造者，而不是一个克隆者；他是一个提倡打破旧习的人，而不是行业标准的统合者。”事实也是如此，史蒂夫·乔布斯曾经通过改变人类家庭中的电脑之精髓而改变了20世纪，现在通过改变人类口袋中的手机之精髓而获得了改变21世纪的机会。

乔布斯通过完成前人从未完成的事而铸就了一个新的乔布斯——通过将电脑视作一面镜子而不仅仅是一个计算工具，通过将科技化作卓越的象征而不仅仅是卓越的源泉。他对产品所苛求的美学，并非那种在企业标志下所表现出的华而不实，而是他对自己人生所苛求的美学。这种美的哲学是对某些事物——某些极其个人化的事物的体现，这使它们始终神秘并且无法复制。如同史蒂夫·沃兹尼亚克所言：“就像所有产品都能映出他的影子一样。”

重返苹果的乔布斯，仍是12年前的那个具有完美主义倾向的理想主义者，一个能把技术与品位结合的商业艺术家，但他不再是那个兼具火的热烈与冰的冷峻的“暴君”。他因尊重失败，并从中得到教训，而最终成了一个伟大的商业精神领袖。未来，他也必将和苹果公司一道被载入历史。

苹果帝国的“暴君”和拯救之神

史蒂夫·乔布斯被称为“天使与魔鬼结合体”的商业奇才，跻身于计算机、音乐和动画电影三大产业界。他创造了诸如 iMac、iPod、iPhone 等一系列改变人们生活并引领这个时代风尚的产品。乔布斯的人生是不可复制的，就连他的坏毛病都会成为他人生传奇的一部分。他是苹果帝国的“暴君”，也是这个伟大公司的拯救之神。

史蒂夫·乔布斯于1955年2月24日出生在美国加利福尼亚州。他的父亲是大学教授，母亲是艺术家，两个年轻人并没有准备好迎接小生命，乔布斯就降生了，随后即被遗弃。幸运的是，他被好心的保罗夫妇收养了。

保罗夫妇待乔布斯如亲生儿子一样，乔布斯在加利福尼亚州完成了高中学业，随后进入里德学院就读，但他并不喜欢这个学校。17岁那年，只念了一个学期的乔布斯便选择了辍学，成为雅达利电视游戏机公司的一名职员。更让人惊讶的是，没工作多久的他又对印度佛学产生了兴趣，那段时间，他主要的工作目的成了存钱去印度。随后，乔布斯辞去了工作，和自己的里德学院同学丹尼尔漂洋过海去了印度，诵经念佛寻找精神上的启示。回国的时候，吃尽苦头的乔布斯剃了个光头，身穿印度僧侣的传统服装。是的，这就是乔布斯。从年轻时起，他就展现出一种不同于常人的面对世界的方式。

为了维持生计，他重新返回雅达利公司做了一名工程师。乔布斯的邻居们大都是惠普公司的职员，在这些人的影响下，乔布斯迷恋上了这份职业。一个惠普的工程师看他如此痴迷，推荐他参加惠普公司的“发现者俱乐部”。这是个专门为年轻工程师举办的聚会，每星期二晚上在公司的餐厅中举行，就是在这些聚会中，乔布斯第一次见到了电脑，对计算机有了朦胧的认识。一次聚会上，乔布斯结识了比他年长5岁的沃兹尼亚克，对方是学校电子俱乐部的会长，对电子也有很大的兴趣。两个年轻人一见如故，并在此后成了重要的合作伙伴。1976年他们创办了苹果电脑公司。

当时的乔布斯只有22岁，但他已经展现出过人的商业天赋。虽然在技术方面，乔布斯没有史蒂夫·沃兹尼亚克那种超越软硬件的天才创造力，他甚至连程序也不会写，但乔布斯对技术有着超乎常人的理解力和洞察力，这让他知道什么技术有商业价值，也正因如此，他才会竭力说服史蒂夫·沃兹尼亚克创立苹果公司。许多人回忆起当年的乔布斯，总会说他在演说、沟通方面很有天赋，再加上他那近乎“厚颜无耻”的坚韧性格，几乎没有什么他得不到的。

苹果电脑公司仅用一年多的时间便获得了巨大成功，1977年4月，美国有史以来的第一次计算机展览会在西海岸开幕了。为了在展览会上打出名声，乔布斯四处奔走，花费巨资，在展览会上弄到了最大最好的摊位。最引人注目的当然是苹果电脑样机，它一改过去个人电脑沉重粗笨、设计复杂、难以操作的形象，以小巧轻便、操作简便和可以安放在家中使用等鲜明特点，紧紧抓住了观众的心。它只有12磅（英制重量单位，1磅约为0.45千克）重，仅用10只螺钉组装，塑胶外壳美观大方，看上去就像一部漂亮的打字机。所有看到这部打印机的人都不敢相信这部小机器竟能在大荧光屏上连续显示出壮观的、如同万花筒般的各种色彩，苹果电脑在展览会上一鸣惊人，几千名用户拥向展台，观看、试用，订单也纷纷而来。

经过几年的发展，乔布斯的苹果电脑公司一跃成为当时美国最知名的企业。1980年，《华尔街日报》的全页广告写着“苹果电脑就是21世纪人类的自行车”，并登有乔布斯的巨幅照片。他的优势是年轻，在一个全新的行业，青涩是可接受的。在今天，绝大多数人在35岁才能做到产品经理，而乔布斯在25岁时已经是一家呼风唤雨的上市公司的创始人之一了。因为事业上的巨大成功，乔布斯在1985年获得了由里根总统授予的国家级技术勋章。然而，成功来得太快，过多的荣誉背后隐藏着巨大的危机。

乔布斯一边给办公室铺了红木地板，在大厅装了螺旋楼梯，买了安塞尔·亚当斯那些纯净而雄壮的风景摄影作内饰，甚至厨房的台面都是上好的花岗岩……他希望打造一个有品位的工作环境，不计成本。此时，“蓝色巨人”IBM公司也推出了个人电脑。为了抢占大片市场，乔布斯更是不惜成本开发新电脑，可惜苹果电脑却在市场上节节败退。史蒂夫·乔布斯万万没有想到，最后竟然被自己亲手创立的苹果公司扫地出门。

落寞的乔布斯心有不甘，他很快自己创办了NeXT电脑公司。这一次，他一人分饰三角，同时承担技术先知、管理者和公司灵魂的角色。事实证明，这三个身份难以调和。毫无疑问，即使强大如乔布斯者也无法做到这一点。当一心改变世界的理想主义者乔布斯拥有公司技术方向的决定权时，他的完美主义倾向就如决堤之水，无法控制。NeXT电脑公司产品销量十分有限，乔布斯又一次遭遇了失败，他那从不选择自我修正的性格把他带到了山穷水尽的绝境。然而，几乎被放弃的动画公司“皮克斯”，让乔布斯绝处逢生，同时他也将这个烂摊子公司带上了回天之路。

接连的挫败证明，乔布斯的理念是有瑕疵的。他曾想凭经验把苹果早期的成功复制到NeXT和“皮克斯”上，可惜的是，苹果那种一飞冲天的崛起几乎是不可复制的——那时的它恰好在一个即将腾飞的庞大市场前沿——NeXT已经是个迟到者，无论乔布斯怎样费尽心机，也难以在夹缝中打开生路；而“皮克斯”则处在一个过度细分的专业市场，无法降低成本、规模化。如果说NeXT让乔布斯从头开始修炼管理学的基础知识，“皮克斯”则拓宽了他的道路。在把公司的硬件、软件部门缩减到不能再小后，他被迫走上了第三条道路：让“皮克斯”生产电脑动画。这种选择不仅是乔布斯一只脚踏入好莱坞的开始，更是他再造辉煌的开始。

当时，乔布斯正准备卖掉皮克斯公司，但当他看到《玩具总动员》

的时候，立即就改变了主意。同时在他的脑子里出现了一个疯狂的想法：让皮克斯上市。1995年11月22日，《玩具总动员》上映，轻松地获得全美票房冠军。一周后，皮克斯上市。乔布斯在这一天，终于成了亿万富翁，他的财富远远超过了10年前离开苹果公司的时候。此后，皮克斯团队几乎以一年一部的速度推出了《海底总动员》《汽车总动员》《料理鼠王》《瓦力》《飞屋历险记》等，乔布斯的成功也被塑造成一个完美的神话。

此时的苹果公司却举步维艰，几乎濒临绝境。1996年，苹果公司决定重新雇用乔布斯作为其兼职顾问。不到一年，乔布斯重新坐在了苹果公司首席执行官的位置上。这让“苹果之父”感触颇深，他说：“当我重返苹果公司时，情况远比我想象的糟糕。苹果的职员被认为是一群失败者，他们几乎放弃了所有的努力。在头6个月里，我也经常想到认输。在我一生中，从来没有这么疲倦过，我晚上10点钟回到家里，径直上床一觉睡到第二天早晨6点，然后起床、冲澡、上班。妻子给了我很大的支持，再怎么赞扬她也不过分。”

重回苹果公司的乔布斯，已经不是那个年轻气盛、特立独行的理想主义者，事业上的坎坷经历让他的性情变得和善许多，但雷厉风行的作风依然没有改变。面对奄奄一息的苹果公司，他进行大刀阔斧的公司改组和一连串新产品降价促销的措施。他迅速砍掉了那些没有特色的业务，用一切办法给这个臃肿的苹果“瘦身”。他告诉同僚，不必保证每个决定都是正确的，只要大多数的决定正确即可，因此不必害怕。然后他又作出一件令人们瞠目结舌的大事——抛弃旧怨，与苹果公司的宿敌微软公司握手言欢，缔结了举世瞩目的“世纪之盟”，达成战略性的全面交叉授权协议。

在他领导下，苹果公司以不可思议的10个月时间就开发出了塑料外壳包装、极具个性化风格的iMac电脑，这无疑是一种商业上的飞跃与奇迹。为了设计出独特的外形，他甚至向糖果公司的包装专家讨教。iMac电脑的出现震惊了整个电脑界，并在市场上大获青睐，沉寂已久的苹果电脑终于重放光彩。1997年，重振苹果的乔布斯再度登上《时代周刊》的封面。

乔布斯刚上任时，苹果公司的亏损高达10亿美元，一年后却奇迹般盈利3.09亿美元。如今，苹果公司重新站立起来，乔布斯被评为“最成功的管理者”。越来越多的业界同人也认同了此观点，甚至连当初将乔布斯挤出苹果公司的斯卡利面对起死回生的苹果公司焕发的活力时，也情不自禁地赞叹：“苹果的逆转不是骗局，乔布斯干得绝对出色。苹果又开始回到原来的轨道。”

尊重失败的乔布斯

如果你尊重失败，并从中吸取教训，你就不曾真的失败。伤痕累累的乔布斯回来了，他将苹果转变为一个“尊重失败”的地方，而不再将其看成一个永远追逐成功的地方。回归苹果之后的乔布斯深切地意识到，无论多么伟大的成就都是众人辛勤工作的结果，而绝非一个人的功劳。他认为自己的回归绝不是单单为了自己，也是为了苹果公司，甚至是为了全世界的个人电脑产业。

年轻时乔布斯思想独特而混乱，特立独行，年少便成为身价亿万的富豪。在管理公司团队上，以雷厉风行、火暴的管理风格著称。史蒂夫·沃兹尼亚克就说，乔布斯是那种一心要成为人群中领袖的人。不过更恰当的描述来自科技记者罗伯特·克林利的比喻，他将乔布斯比喻成了萨达姆："乔布斯希望控制世界。他一点也不在乎巩固战略优势，他只想着攻击……乔布斯不在乎是有十几家还是上百家公司跟自己对着干，他也不在乎有什么阻碍他成功。像萨达姆一样，他根本不在乎自己可能输多大。"克林利对乔布斯的形容很到位。可以说，早年的乔布斯是一个沟通大师，一个技术鉴别力和美术鉴赏力的混血儿、一心想改变世界的偏执狂。

性格决定命运，史蒂夫·乔布斯就是这句话的最好证明。他靠着永不服输的精神开创了一个伟大的公司，但天才人物往往也是极具个性而不易相处的。他的专制作风和粗暴、不近人情也同时被广为传播。未离开苹果之前，他喜怒无常，常常因一言不合而解雇员工，以至于苹果的员工们不敢和他同乘电梯，生怕一下电梯自己就被解雇了。而他对员工不信任时，竟会大失总裁风度地偷看员工的电子邮件。乔布斯是一个具有完美主义倾向的理想主义者，也正因为他太追逐完美而遭遇惨败，自大的乔布斯还是尝到了苦果，他对掌控的嗜好、对产品不计成本的开发最终迫使他不得不离开自己一手创建的苹果公司，而走上了一条"流放之路"。

史蒂夫·乔布斯成功得太快了，他还不知道怎样让一家公司有效运转，不知道如何让一款产品在合适的时间以合适的价位切入市场，更准确地说，他不知道失败为何物。离开苹果后的乔布斯，一气之下卖掉了他持有的苹果公司的所有股票。此时他的人生就像过山车一样，从山峰一直俯冲到谷底，但当时的他根本没有意识到自己因为什么失败，于是这个电子神童把全部聪明才智用于寻找逃避现实的方法：他打电话问美国国家航天航空局，能不能把自己扔到挑战者号飞船上；他去了苏联，想在那里开设电脑学校；他甚至跑到法国南部，试图以"孤独的艺术家"身份申请移民……

幸运的是，史蒂夫·乔布斯并未就此停止脚步。他相信自己一定会再次成功，事实是他又一次尝到了失败。即使是买下皮克斯公司之后，乔布斯也曾数度被影业大亨杰弗瑞·卡森伯格羞辱。甚至在自己的公司，也很少能得到员工们的尊敬，即使有那也是十分有限的。

对于一向被硅谷溺爱的乔布斯，这实在是锻造人格的机会。不过，更重要的是，皮克斯公司就像一道穿透乌云的光芒，向他呈现出一种全新的可能。这对于乔布斯来说，或许是一次醍醐灌顶的点拨。在此之前，他执着于产品的细节，而在这之后，他终于清楚，他所销售的并非电脑或消费电子产品，而是一个具有文化认同感的物品。这时40岁的乔布斯，和20年前一样，他依然重视科技的未来及产品的品位，但他终于超越了“见山是山”的瓶颈，从一个更宏观的角度理解、使用科技。而那些曾经是他短板的商业技能，也在连续的挫败中被逐一补足。更重要的是，在经历过3次失败后，皮克斯的上市及日后连绵不绝的成功让这个狂妄却饱受打击的人，重新捡回了自信。重新振作起来的史蒂夫·乔布斯变得更加强大，他仿佛孤狼一样在“荒野”之中整整待了12年，这期间，他的内心世界发生了翻天覆地的变化，那是一种更加人性化的转变。

如果你尊重失败，并从中吸取教训，你就不曾真的失败。伤痕累累的乔布斯回来了，他将苹果公司也变成一个“尊重失败”的地方，而不再将其看成一个永远追逐成功的地方。人们感觉乔布斯变了，他不再是苹果公司里那个骄纵、任性、被塞给一个玩具就不能出声的“小儿子”了。他不再以救世主自居，也不再是那个蔑视一切流程、少年得志的天才人物，没有人再想去指出乔布斯是个“可恶的浑蛋”或者“彻底的恶人”。他开始以平易近人的处世风格面对众人，他用绝妙的创意，高瞻远瞩的战略目光，坚韧老道的商业运作重新铸就了苹果企业文化的核心内容，苹果公司再度站在起飞的跑道上。

重回苹果后，乔布斯没有重复过去的错误。他深切地体会到，苹果公司是一个团队。尽管他还可能像以前一样只相信自己的决断，但重要的是，他已经意识到工作是大部分人做的。乔布斯沉寂的十几年间，他就像一个手拿凿子的石匠，按着自己的想法努力地创作，却挫折连连。与其说他在创作，不如说他在寻找。所幸的是，这场人生的豪赌最终以喜剧收场：他证明了自己的创作是值得的。甚至，在他55岁时就被评为《财富》10年最佳CEO。在过去10年中，他从根本上改变了三大行业的秩序：音乐、电影和手机。可以说，史蒂夫·乔布斯的努力使科学技术在每个人面前都充满了希望，他让自己的产品充满了艺术感，而其他人是做不到这一点的。

回归苹果的乔布斯并没有改变自己的性格，但他比以往更加脚踏实地。回归后的乔布斯是他20岁时的“升级版本”：财富和名望让他获得了更大的说服力，以至于人们说他拥有“扭曲现实”的能力；而在技术方面，他累积的资源更是让人叹为观止：硅谷一些最重要的企业家乃至商业领袖，如英特尔创始人鲍勃·诺伊斯、惠普创始人戴维·帕卡德都是他的导师。

更重要的是，史蒂夫·乔布斯学会了如何尊重失败，不再一意孤行，他完全清楚是什么使一件事物赏心悦目，又是什么使之糟糕透顶。他的回归绝不是单单为了自己，也是为了苹果公司，甚至是为了全世界的个人电脑产业。毫无疑问，史蒂夫·乔布斯也有这个能力。

梦想到底有多贵

苹果公司是由一群有远大抱负的人组建的，这群人相互支撑，走过了一条漫长而曲折的道路，历经了千辛万苦，最终把自己的理想变成了现实。对史蒂夫·乔布斯本人，这个意义更是非凡的。在成功变现之前，没有人知道梦想有多贵。回首自己沉默的那 12 年，史蒂夫·乔布斯现在终于明白了梦想被实现的价值，至于它到底有多贵，也许只有他自己才知道。

乔布斯的好友、甲骨文CEO劳伦斯·埃里森表示，乔布斯并不是受金钱利益推动的人，他的一切行为更多是出于对苹果的热爱，以及通过苹果给世界带来改变的理想。正如乔布斯自己所说：“我很幸运，当计算机还是个年轻产业的时候，我进入了这个领域。当时拥有计算机学位的人不多，从业人员都是从物理、音乐、动物学等领域半途出家的优秀人才。他们对此有浓厚兴趣，没有哪一个人是为了钱进入计算机这个行业的。”

事实也是如此，但史蒂夫·乔布斯在没迎来真正的成功之时，他并不知道自己的梦想到底有多贵。他的人生就像过山车一样，从山峰一直俯冲到谷底，又从谷底直冲上天。这是一段漫长、孤独、充满考验的旅程。

旅程的“起点”，是电闪雷鸣般的天才早成。短短的8年间，他和沃兹尼亚克开启了个人电脑时代的幕布，创造了福特汽车上市之后最大的IPO（全称Initial Public Offering。指某公司首次向社会公众公开招股的发行方式，通常为“普通股”），并开发出一台将人类拉入图形界面时代的电脑——Macintosh。而旅途另一端的“终点”，则是烈火燎原式的重整河山。1997年之后，乔布斯在业界更是大放异彩，他如魔术师般从袖筒里取出一款又一款令观者惊叹、随后改变商业世界的电子产品：果冻质感的电脑、冰块一样的台式机、晶莹剔透的iPod以及魔力无穷的手机iPhone。

从未有人否定过乔布斯是天才，但这个曾被自己创建的公司开除的人，凭借什么能够回到梦想的出生地，并让其更强大的？秘密就在那段失落的时光里。足足12年，乔布斯人生中最关键的变化被外界忽略了。这是他的蜕变时期，那个天真、专横、激烈、横冲直撞的乔布斯，在巨大的挫败和长期不见起色的二度创业中被抛光磨亮，回归苹果之后的乔布斯才是一个真正的成功者。

创业之初的乔布斯在加利福尼亚州库柏提诺的车库中组装了第一台苹果电脑，苹果电脑的成功几乎是一夜之间让这个天才走向了财富的巅峰。本来就不可一世的乔布斯更加专制，他站在苹果销售人员面前，破口大骂他们是“一群窝囊废”；任何异议在他那里几乎是瞬间被击溃，他总是指着同人说：“听着，我知道你是谁，我知道你在想什么，我也知道你将会想些什么，你错就错在这里。你知道，我也知道，所以别让我们浪费对方的时间。”一意孤行的乔布斯，渐渐地走向一条自取灭亡之路。

在经历过史无前例的失败之后，史蒂夫·乔布斯开始重新审视自己。于是，他作出了改变。如今，没有人妄图凭借自己对“现实”片面的理解去挑战史蒂夫·乔布斯了，因为没有一个人比他更能抓住市场，没有一个人比他更能诠释苹果产品的意义。

每一台苹果电脑、每一台iPod和每一台iPhone，都被史蒂夫·乔布斯签上了自己的名字——尽管不是在字面意义上。抹去这个签名，抹去他那满载生机的主人翁精神，它们便少了些什么，它们成了电子产品，而苹果公司也只是一个时尚的电子产品公司。但只要乔布斯还在，苹果就远远不止是一家电子产品公司，远远不止是一家电脑公司——甚至就远远不止是这些的总和。它已经成为人类与机器关系不断发展的历史长河中不可割舍的一部分。

史蒂夫·乔布斯向世人表明，自己关于科技革新的想法不再单单是技术上的革新，而是更趋于人性化的设计，他将科技革新变成了满足不断增长的大众期望的艺术。从那一刻起，乔布斯极其成功地证明技术革新即是设计标准的定义，甚至成功地使人们开始对科学技术产生质疑：原来它们毫不美丽。他将如此行事，他将反复如此行事，他将永远如此行事。

乔布斯因如此行事而获得了巨大的成功，2001年推出了个人数字影音播放器iPod成为苹果公司全面翻身的一支奇兵。2004年全球iPod销量额突破45亿美元，到2005年下半年，苹果公司已经销售出去2200万个iPod数字音乐播放器，而通过其iTunes音乐店销售的音乐数量则高达5亿首，在美国所有的合法音乐下载服务当中，苹果公司的iTunes音乐下载服务占据了其中的82%。美国《商业周刊》撰文指出：自从2001年以来，凭借iPod，苹果创造了148%的销售增长。iPhone手机的出现，更改变了世界。没有台式电脑的人们不会再为台式电脑烦心，他们甚至不会为笔记本烦心。他们只需弄一部iPhone，而这就是他们的第一台电脑。

与史蒂夫·乔布斯一同创业的沃兹尼亚克说他不是一个乌托邦主义者，他从未被创造一个更加美好的世界的梦想所驱动，驱动他的是一个以其自身为世界主导的梦想。他渴望制造一个带动世界前进的设备，从而使人类走得更远。他渴望建造一个并不存在的现实，他渴望成为伟人中的一员，他也确实做到了。曾经，他通过改变人类家庭中的电脑之精髓而改变了20世纪；现在，他通过改变人类口袋中的手机之精髓而获得了改变21世纪的机会。

现今，年过半百的史蒂夫·乔布斯一改当年的专制，他认为苹果公司是由一群有远大抱负的人组建的，这群人相互支撑，走过了一条漫长而曲折的道路，历经了千辛万苦，最终把自己的理想变成了现实。

对史蒂夫·乔布斯本人，这个意义更是非凡的。在成功变现之前，没有人知道梦想有多贵。回首自己沉默的那12年，史蒂夫·乔布斯现在终于明白了梦想被实现的价值，至于它到底有多贵，也许只有他自己才知道。

买到通往成功的车票

成功并不是失败的积累，而是对失败的总结与超越。如不认识这一点，就会导致“失败越多越成功”的荒谬结论。失败是成功之母只是一条客观规律，但真要把失败向成功转化由可能变为必然，还必须从失败中吸取教训。失败是成功的前站，但你首先要买到上车的票。

美国考皮尔公司前总裁F.比伦曾经提出一个著名的定律，人们称其为“比伦定律”。它是这样的：若是你在一年中不曾有过失败的记载，你就未曾勇于尝试各种应该把握的机会。实际上，美国考皮尔公司前总裁F.比伦向我们展示了一个再平常不过的道理：成功的机会存在于失败之中。

你若是真正领会了“比伦定律”的思想内涵，它应该是可以给你一种勇于探索、不畏挫折的精神的，因为用挫折、失败换取机会、成功总是划得来的。如果一个人没有失败的记录，就等于丧失了成功的机遇，这比什么错误都要严重。正如美国管理学家彼得·杜拉克所言，无论是谁，做什么工作，都是在犯错误中学会的，经历的错误越多，人越能进步，这是因为他能从中学到许多经验。杜拉克甚至认为，没有犯过错误的人，绝不能将他升为主管。日本企业家本田先生也说：“很多人都梦想成功。可是我认为，只有经过反复的失败和反思，才会达到成功。实际上，成功只代表你的努力的1%，它只能是另外99%的被称为失败的东西的结晶。”

汽车工业是个“全球性”工业，20世纪60年代末，日本企业大规模向外发展，是从汽车开始的。但日本汽车第一次尝试进军美国市场，却以失败告终。面对失败，他们不埋怨、不相互指责，而是举国一致、重新部署，反复斟酌查找失败的原因，在总结经验教训的基础上他们重新确定了向美国提供油耗低、质量好、符合美国人的操作习惯、具有美国风格的美式汽车的战略。实践证明，他们的新战略是可行的。

长久以来，IBM就是计算机的代名词。IBM无论在美国国内，还是在世界上，都取得了极大的成功，有着极其深远的影响。IBM的历史就是一部计算机的历史。美国《时代周刊》称：“IBM的企业精神是人类有史以来无人堪与匹敌的……没有任何企业会像IBM公司这样给世界产业和人类生活方式带来和将要带来如此巨大的影响。”一次，IBM公司的一位高级负责人曾由于工作严重失误，造成了1000万美元的损失，他为此异常紧张，以为要被开除或至少受到重大处分。但是，这位负责人并没有被开除，反而得到了提升。他惊讶地问董事长为什么没把他开除，得到的回答却是：要是我开除你，那又何必在你身上花1000万美元的学费？

对企业而言，出现一些失败产品在所难免，问题是，面对失败是文过饰非、遮短护短、高枕无忧还是吸取教训、找出病根？其实“成功”

与“失败”虽然是两个截然相反的词，但两者并非不可逾越。成功的前面可能有无数次的失败，而失败的后面总会有成功。

对于个人而言，失败又会带给我们什么？世界著名导演詹姆斯·卡梅隆在一次演讲中这样说道：“不要给自己划定界限。别人会为你去划边界，但你自己千万别去。你要去冒险。失败是你的一个选项，但畏惧不是。从来没有一次探险是在有完全安全保障的情况下完成的。你必须愿意承担这些风险。”害怕失败，即等于拒绝成功。

让我们再来看看苹果公司的CEO史蒂夫·乔布斯，失败带给他内心一次巨大的转变，这个曾经完全依照自己的思想行事的人，因巨大成功而被人疯狂崇拜，尽管这是一种盲目的崇拜。当初的苹果公司也一直因以他为中心而引以为豪，但后果是史无前例的惨败。经过12年的自省，史蒂夫·乔布斯浴火重生，他再也没有重复过去的错误。他接纳了自己的错误，并成就了今天的苹果公司。

在美国纽约有一个非常特别的展览馆，人们管它叫“失败博物馆”。这里共有8万多件不受消费者欢迎的产品，这些“残废婴儿”或因质量低劣，或因价格昂贵，或因毫无用处而被消费者冷落、抛弃。不过那些生产失败产品的厂商们，却是满脸虔诚地面对参观者，向他们征询投诉意见、建议和需求，以获得改进的机会。这种求真精神非常令人感动，一个企业必须要有一种从错误中走向成熟的管理机制，这样才能做大做强。

在现实中，成功并不是失败的积累，而是对失败的总结与超越。如不认识这一点，就会导致“失败越多越成功”的荒谬结论。自从平行公理问世以来，一直遭到人们的怀疑。几千年来，无数数学家致力于求证平行公理，但都失败了。数学家波里埃终身从事平行公理的证明却毫无成就，最终在绝望中痛苦地死去。正当这个问题像无底洞一般吞噬着人们的智慧而不给予任何回报时，罗巴切夫斯基在经过7年求证而毫无结果时，最终找出了失败的原因，从而取得了成功。“失败是成功之母”是一条客观规律，但真要把失败向成功转化由可能变为必然，还必须从失败中吸取教训。失败是成功的前站，但你首先要买到上车的票。

盛田昭夫

AKIO MORITA

日本制造精神的倡导者

（1921 — 1999）

……

盛田昭夫最伟大的成就并不在于他缔造了一个索尼帝国，

而在于他捍卫了一个国家的声誉，

树立了日本的国际形象，

并为人们重新诠释了“日本制造”的真正含义。

这种胜利绝非仅凭坚韧、意志就能取得的，

它不仅是盛田昭夫自我责任感的胜利，

更是民族责任感创造的奇迹。

盛田昭夫本可以继承自己家族产业而富甲日本，但他却作出了一个违背家族的决定：自我创业。日本从战后的废墟经历高速成长期而变为世界经济大国的过程中，作为索尼公司的创立者盛田昭夫在世界各地奔走创业，他从零开始，把一个街道小企业做成了跨国公司，并最终缔造了索尼神话！

在那个饥不择食的时代，盛田昭夫时刻谨记全球化品牌经营的思维，在背负巨大亏损的创业初期，执着于自主知识产权这个核心竞争力的打造，终于发现并回归到支撑品牌的精神原点。他大力推行“品牌责任”的概念，让索尼成为时尚电子科技的定义者和领跑者。在他的努力和领导下，索尼跃身为最早的跨国运营企业之一，他本人也成为世界商界最推崇的传奇企业家之一。

盛田昭夫不仅是一位管理大师，更是日本公司国际化的先驱。他是一位充满活力的经理人，极力宣扬日式的管理风格并倡导学历无用论。他也是日本早期少数去美国学习西方管理精神的企业家，东西方管理文化的精华在他的手中发扬光大。盛田昭夫以旺盛的活力、可亲的品行在日本国内和世界各地都形成了广泛的个人关系基础。他为日本与世界各国架起了交流的桥梁，尤其是努力帮助日本建立广泛的经济关系，为日本成为国际社会的一员，作出了巨大贡献。盛田昭夫先生以坦诚和平易近人的方式清晰地表明了自己的信仰，他也是为数不多的在世界舞台上发挥主导作用的几个日本人之一。1998年，作为唯一的亚洲人，盛田昭夫被美国《时代周刊》评选为20世纪20位最有影响的商业人士之一，由此可见其具有的重要商业地位。

作为索尼公司的精神领袖，盛田昭夫遗留下来的创新精神永远鼓励着公司的员工。日本媒体称，随着盛田昭夫的辞世，日本企业界的“偶像时代”已落下最后一幕。盛田昭夫不仅创造了索尼，而且他的经营理念和勇于创新的精神代表了那个时代日本经济理念和现实的缩影。更重要的是，他捍卫了一个国家的声誉，树立了日本的国际形象，并为人们重新诠释了“日本制造”的真正含义。盛田昭夫用行动证明了，世界想要超越日本需要的不是钱和技术，而是一种深入骨髓的精神。

日本商业精神的灵魂

盛田昭夫是日本商业的领袖，是西方企业掌门人熟悉和青睐的日本企业大师。他塑造了索尼独一无二但并非完全日本化的角色，与此同时，也创造了日本的商业精神。在许多人看来，盛田昭夫不仅是一个伟大的商人，更是全世界商界新价值观的灵魂人物。

盛田昭夫的家族是一个有着300多年历史的酿酒世家，他是该家族第十五代长子。可以说，他出身于名门望族。不过，到了盛田昭夫的父亲盛田久左卫门接手家族生意时，财务上的问题十分严重，公司也面临破产。幸运的是，盛田昭夫的父亲盛田久左卫门是一个管理天才，经过他的努力经营，家族的事业慢慢复苏，重新恢复了豪门望族的气派。因此，盛田昭夫少年时家道富厚，生活无忧无虑。据他的回忆，当时自己的家中不仅有美国通用电气公司生产的洗衣机和美国威斯汀豪斯电气公司生产的冰箱，甚至花园里还有网球场。一到星期天，全家人会坐在福特T型的敞篷汽车里一起外出，在名古屋一流的饭店进餐。

当时，“父为子纲”的教育观念在日本根深蒂固，而盛田昭夫从小就有一种叛逆的性格，经常与父亲争执。父亲对这种争执并不生气，反倒很享受。实际上，这是盛田久左卫门对儿子一种独特的教育方法，他不仅使盛田昭夫学会了有逻辑地说理和表达自己的论点，还告诉盛田昭夫如何保持主见。在父亲的教导下，盛田昭夫并不像其他大户人家的孩子那样，在严格家规的束缚下礼仪周全而顺从无能。盛田昭夫认为，父亲给自己的影响颇深，他是一个温和、慷慨的慈父，他的全部休闲时间都是与孩子们一起度过的，他教自己游泳、钓鱼、徒步旅游，掌握各种生活技能。

盛田昭夫从小就被父亲灌输这样一个观念：不要忘记他是家中长子，从一出生就是企业老板，就是一社之长，因此必须为承担家族的生意而做好准备。盛田昭夫10岁半时就被带到公司办公室和酿酒厂去见习生意，长时间地坐在股东会上旁听。有时久左卫门甚至直接把经理们请到家里来汇报和参加会议，并坚持让正在玩耍的儿子停下来旁听。渐渐地，小昭夫对父亲的生意从原先的索然无味变得津津乐道了。

不过，盛田昭夫后来并没有成为家族事业的继承人，而是他的弟弟盛田一秋接管了家族的生意。据盛田一秋说："哥哥并不想继承家族事业，而是想自己去外面闯荡。我想父亲对此并没有生气，因为哥哥不想坐享其成。"事实上，盛田久左卫门得知盛田昭夫上大学时毅然选择物理学专业，就已经有了预感。

1944年大学毕业后，盛田昭夫被征召入伍。这期间，他认识了日本精密仪器会社的总工程师、比他大13岁的井深大，两人由此建立了长达40年的合伙关系，并共同创建了索尼公司。作为家族长子，不继承自己的家业而与别人合伙开办公司，是大逆不道的行为，而父亲从出生时就一直以一个继承人的标准来严格要求盛田的。为了说服父亲，井深大和盛田昭夫一起与盛田久左卫门商谈此事。出乎意料的是，他们刚说明来意，早就明白来意的父亲便爽快地说："我确实盼望昭夫能接我的班，掌管家业。但如果孩子为了事业的发达和发挥他的才干，而决心从事别的工作的话，我也认为他应该去干。”然后他笑着对盛田昭夫说：“你放心去干你最喜欢的事业吧。”从此，盛田昭夫开始了自己艰难的创业之路。

1946年，在东京市区一家被炸毁的名为“白木屋”的百货商店楼上，盛田昭夫和井深大靠借来的527美元为资本，雇来了20名帮手，成立了东京通讯工业公司，这就是当今日本最大的电子公司——索尼公司的前身。

创业之初，盛田昭夫与井深大面临着极大的困难，不仅人手少，工资也发不出来。他们自己研制的磁带录音机及磁带根本没有人感兴趣，更没有人愿意掏钱购买，因为大家有一个相同的感觉：“这玩意儿好是好，不过作为娱乐品，似乎太贵了。”一个偶然的机会，他获知法院的书记员紧缺，不得不超负荷地工作。盛田昭夫立即带着他的产品上门推销，仅日本高等法院就购置了20台，其他法院也纷纷效仿，带去的产品很快销售一空。

此后，盛田昭夫和井深大又设计制造了一种价格更低廉、体积更小、更适合学校使用的磁带录音机。在广告中，他们强调这种收音机小到可以放在衬衫口袋里。实际上，这种当时世界上最小的收音机还是比标准的男衬衣口袋大一点。为此，盛田要求公司所有推销员都穿上特制的衬衫，口袋比普通衬衣的大一点，刚好可以放下这种收音机。他们给这种收音机取名为“SONY”。从此，盛田和井深大创办的“东京通讯工业公司”也正式更名为“SONY公司”，即“索尼株式会社”。即使这样，人们也没有预料到SONY后来会成为一个如此有影响力的商业品牌。

虽然索尼半导体收音机在日本获得了成功，但盛田昭夫并不满足于此，他有着更大的梦想，就是将索尼这个品牌推向全世界。这时幸运女神向他走来，盛田昭夫接到一位美国商家的巨大订单，要求索尼提供10万台半导体收音机，但有一个条件就是必须以经销商布罗瓦的名义销售。在当时，这笔大订单的价值超过了索尼公司当时的总资本。索尼的董事会一致意见是盛田不能拒绝这笔订单，井深大禁不住这个巨大的诱惑，几次给盛田打电话，强调应该接受布罗瓦的条件。盛田昭夫毅然作出了自己的决定：拒绝这份订单。甚至告知董事会，如果再行相逼，他就辞去董事职务。董事会所有成员都被盛田昭夫如此决绝的态度气疯了。若干年后，盛田说：拒绝10万台的订单是他在职业生涯中所作的最英明的决定。

当时，这家美国公司的负责人大惑不解："你们为什么不利用我们的好名声赚一大笔钱呢？"盛田有自己的见解："10万台的订货量的确很有诱惑力。如果接受这笔生意，索尼的经营现状就会大大改善。但我拒绝了，因为我今天带来的新产品正是为了我们公司的SONY商标在50年后能风行全世界，能像你们的招牌一样成为金字招牌。如果按你们的条件用OEM商标的话，我的这个梦想就永远不能实现了。"

几年后，当带有"SONY"商标的收音机、电视机、录像机充斥美国市场时，人们不得不佩服盛田当年的做法。这家公司的董事长约翰·尼温对此赞叹不已："如果他接受了那个条件，索尼这个名字在美国就无人知晓了。"

"日本制造"始终是盛田昭夫的梦想，为了实现这个梦想他在1960年2月正式创建了"美国索尼公司"。1961年6月，索尼公司在美国市场上发行200万股股票，成为第一家在美国股票市场上市的日本企业。1974年，索尼又在英国的布里金德开办了彩电工厂。接着，在美国亚拉巴马州的多桑开办了音频、视频磁带厂。1981年在法国的贝思尼创建了一家磁带厂……就这样，"索尼"成了日本的代名词，成为盛田昭夫精神的体现，他在全球企业界树立了以往任何一位日本企业家从未有过的威望。20世纪70年代至80年代，盛田昭夫是日本最抢眼、最富魅力的首席执行官。

随着索尼的成功，盛田昭夫也获得了巨大财富。但他并未将自己一手创立的索尼公司传给自己的子女，而是将总裁的位置传给大贺典雄。盛田昭夫的行为，获得了股东们的一致赞扬。尽管从总裁的位置上退下来，盛田昭夫仍是索尼公司真正的领袖，在盛田和大贺的共同努力下，索尼公司取得了突飞猛进的发展。在1988年以34亿美元收购了美国哥伦比亚影片公司，从而以咄咄逼人之势闯入了好莱坞。

为了实现“世界的索尼”的梦想，盛田昭夫晚年仍四处奔波着。他就像一只不知疲倦的蜜蜂，在世界各地飞来飞去，了解各国的市场行情和推销产品，累计飞行里程达5000多万公里，等于绕地球130周。正是在这种精神的带领下，整个索尼上下形成了一股强大的动力，把索尼的产品推向了世界，把索尼推向了世界公司五百强。

1993年11月30日，盛田昭夫因中风住进了医院。在医院持续4个小时的手术后，医生从他的大脑里取出了一块高尔夫球大小的凝血块。他的左半边脸和身体已经瘫痪，并丧失了说话能力，但意识清醒。盛田昭夫从此再没有重返索尼公司，1999年10月3日，这位从不崇拜金钱、一生为实现“世界的索尼”这一梦想而奋斗的传奇老人离开了人世，享年78岁。

“日本制造”的精神

无论是在艰难创业的初期，还是在已经拥有“世界最大数码制造商”称号的今天，由盛田昭夫一手创立的索尼始终高扬着“日本制造”的大旗。拒绝成为其他品牌的附属品牌，是盛田昭夫一生中最伟大的胜利，他不仅捍卫了自我，更捍卫了自己国家的形象，让全世界都认识到了“日本制造”的精神。

松下幸之助是日本老一代企业家的典范，代表着忠诚、诚实、正直和公正的美德，并将这些深深植入商业的肌体之中。可以说，松下幸之助一生最伟大的成就就是他在人类商业史所投射的那道永恒的人性光芒。作为20世纪的商人典范，日本新一代企业家盛田昭夫则更多地代表了一种对自我责任的捍卫精神，而他也将这种精神注入索尼之中。

半个多世纪以来，由他一手创造的索尼帝国无论是在艰难创业的初期，还是在已经拥有“世界最大数码制造商”称号的时候，都始终高扬着“日本制造”的大旗。人们说索尼之所以如此成功，最主要的原因就是有一群对索尼品牌怀着无比热爱之情的人，他们拒绝成为其他品牌的附属品牌，而这种精神正是来自盛田昭夫。

日本是一个等级观念极强的国家，尤其是男性的长辈绝对是一家之主，其地位更是不可动摇的。日本人从小就开始培养等级意识，父母会教小孩子各种各样的礼仪，盛田昭夫也不例外。不过，看似严厉的父亲对生性叛逆的盛田昭夫采取了不同的教育方法，这让盛田昭夫从小就有了很强的自我意识。有人就这样评价他：盛田昭夫是最善于在复杂的“名分”网络中把握自己方位的人。

正是这种强烈的自我意识，驱使年轻时的盛田昭夫作出了一个惊人的决定：不继承家族产业而选择自己创业。同时，也为他培养了强烈的自我责任感，这种责任感绝不同于为家族争光的责任感。在日本人传统观念中，忠于自己的家族是压倒一切的义务，也是他们活着的意义。而盛田昭夫却不同，他渴望创造自己、实现自己，这才是他活着的意义。

如果说创业之初的盛田昭夫是一个努力要实现自我的人，那么创立索尼公司之后的他则成为一名捍卫自我的战士。更为可贵的是，他不仅捍卫了自我，更捍卫了自己国家的形象，让全世界都认识到了“日本制造”的精神。

当盛田昭夫第一次去美国时，他被满街的汽车、宽阔的道路和高耸入云的建筑震撼了。随后他又去了德国，参观了奔驰、西门子等公司，他感到十分沮丧。在一家餐馆里吃冰激凌时，他看到冰激凌上面插着有点日本风格的小纸伞，服务员善意地告诉盛田这个小摆设是日本制造的。

看到冰激凌上劣质的小太阳伞模型，盛田昭夫首先想到的是，全世界的消费者是将“日本制造”与小装饰品和廉价仿制品联系在一起，他说：“我永远都不会忘记那一刻产生的懊恼。”但这种极强的懊恼撞击，更让他坚信，树立全球性品牌是索尼走出美国阴影的唯一道路！当盛田昭夫后来到了荷兰参观飞利浦公司时，他惊奇地发现这个闻名世界的大企业集团总部，竟然设在古镇艾恩德霍枫，这里的规模和生活节奏使他备感欣慰。飞利浦启发了他：公司地点不重要，建立一个国际知名品牌至关重要。

1955年，盛田昭夫带着索尼的产品，再次来到美国。在最艰难的开始期，盛田始终坚决要求用索尼的品牌销售产品，而不同意打上别人的牌子。当时面对10万台订单的巨大诱惑，他毅然拒绝了美国商家的要求，将这种捍卫精神进行到底。即使在20世纪60年代日本企业界尚满足于为美欧大企业贴牌生产时，盛田昭夫领导下的索尼也没有随波逐流，而是率先把“日本制造”的形象由廉价的模仿品提升为低成本高质量的代名词。到20世纪70年代，索尼凭借10年卧薪尝胆式的努力终于步入国际市场的殿堂，取得世界性的成就。可以说，如果没有盛田昭夫这种捍卫，就没有今天庞大的索尼帝国。

盛田昭夫最伟大的成就并不在于他缔造了一个索尼帝国，而在于他捍卫了一个国家的声誉，树立了日本的国际形象，并为人们重新诠释了“日本制造”的真正含义。这种胜利绝非仅用坚韧、意志就能取得的，它不仅是盛田昭夫自我责任感的胜利，更是民族责任感创造的奇迹。

责任是上天留给世人的考验

责任绝不是一个甜美的字眼，它有的是岩石般的冷峻。责任的存在，是上天留给世人的一种考验。对于成人来说，责任是一个不得不付出一切去呵护的孩子，而它给予你的往往只是灵魂与肉体上感到的痛苦，但最终会带给你人类的财富——人格的伟大。

莎士比亚曾说：“生存还是毁灭，这是一个问题。”在盛田昭夫看来，要钱还是要品牌，也是一个类似的问题。作为索尼的总裁，盛田昭夫在创业之初就面临“要利益还是要品牌”的抉择，而在他看来，品牌才是一个有志于长期发展的企业的生命。当盛田昭夫拒绝了美国商家的订单之后，他这样说道：“尽管索尼现在还没有名气，但我可以向你许诺，再过50年，我们公司会比你们更有名。”将索尼打造成世界品牌的强烈责任，让盛田昭夫作出了一个伟大的决定。

无论是个人，还是企业的成长，都会强烈地感受到责任不动声色的推动力。唯有重视责任，才会成就自己，才会锻造出企业的品牌，并使品牌走向世界而立于不败。对于企业来说，自身的品牌不仅代表着商品，更代表着一个国家的声誉，一个民族对责任的认知。

意大利的一位哲学家曾说过这样的话：“我们必须找到一项比任何理论都优越的教育原则，用它指导人们向美好的方向发展，教育他们树立坚贞不渝的自我牺牲精神，这个原则就是责任，这种责任是他们终生的责任。”20世纪初的一位美国意大利移民曾为人类精神历史写下灿烂光辉的一笔。他叫弗兰克，经过艰苦的积蓄开办了一家小银行，但一次银行遭到抢劫导致了他不平凡的经历。他破产了，储户失去了存款。当他带着妻子和4个儿女从头开始的时候，他决定偿还那笔天文数字般的存款。所有的人都劝他：“你为什么要这样做呢？这件事你是没有责任的。”但他回答：“是的，在法律上也许我没有责任，但在道义上，我有责任，我应该还钱。”偿还的代价是30年的艰苦生活，寄出最后一笔“债款”时，他轻叹：“现在我终于无债一身轻了。”他用一生的辛酸和汗水完成了他的责任，而给世界留下了一笔真正的财富。

每个人生活在社会上，都必须有自己的责任。对于教师而言，“一年之计，莫如树谷；十年之计，莫如树木；终身之计，莫如树人”——塑造灵魂这一神圣的使命就是他们的责任；对于律师而言，肩负着让社会民主化法制化的历史使命就是他们的责任；对于医生来说，无条件的救死扶伤就是他们的责任；对于企业家而言，提高员工的福利待遇、领导企业不断发展、为社会创造价值就是他们的责任……

历史上伟大的企业家都是有着深深责任感的人。如松下电器公司的松下幸之助、索尼的盛田昭夫、福特汽车的亨利·福特……然而，许多人在利益与责任面前，选择了逃避责任。2006年在英国举行的一项针对品牌社会责任的消费者调查显示，世界快餐业老大麦当劳由于被指提供“垃圾食品”，而成为英国消费者心中“最没有道德”的品牌。此外，石油巨头壳牌和英国石油公司由于饱受环保人士抨击而不幸上榜；耐克则是因为在东南亚设置“血汗工厂”被媒体曝光而遭到广泛批评；而雀巢在中国等发展中国家销售不合格奶粉，更招致了消费者的不满……而近两年在我们身边发生的诸多事件，不得不让人们想到这样一个问题：谁又是中国消费者心目中最没有道德的品牌呢？

歌德曾说：“责任就是对自己要求去做的事情有一种爱。”可以说，没有爱就没有责任！一些专家分析索尼成功的原因，其中第一条就是“对索尼品牌的无比热爱；拒绝成为其他品牌的附属品牌”。20世纪70年代，盛田昭夫一直坚持用索尼这个品牌打开美国市场，而绝不考虑货币交易。他告诉索尼的员工：“不要考虑数字，那些毫无意义。我们要做的就是勇往直前，即便未来几年有财政困难也要把工厂项目搞下去，因为这可以让全世界的人都能看到‘Made in Japan’的索尼。”

正是在盛田昭夫的感召之下，索尼改变了，甚至整个日本也随之改变了。日本驻洛杉矶总领事就说：“盛田昭夫不仅在建设他的公司，而且在树立日本的国际形象和全球‘口碑价值’方面都起到了推动作用。至少可以说，对于他的公司能够生产什么，日本能够生产什么，他是有远见卓识的。我认为，他的成功改变了世界对日本的成见。至少在美国人看来，日本已经不再是那个只生产劣质产品的国家了。”

对比中国和日本，我们又看到了什么？日本在短短30年间，涌现了一大批世界级的企业家如松下幸之助、盛田昭夫等，以及一大批享誉世界的品牌如松下、丰田、索尼等，而中国却鲜有世界级的企业家和企业出现，更少有世界级的品牌。造成这种情况的原因，也许只用“责任”两个字就可以说明问题了。著名教授王育琨曾说：“企业家的梦想和痴醉是可以改变世界的。关键是，企业家怀有怎样的梦想。”也就是说，这个梦想是否建立在责任之上，企业的发展是否依循责任。在利益与责任面前，是否会义无反顾地选择责任。

责任不是说出来的，是用行动来体现的！20多年前，当海尔总裁张瑞敏抡起铁锤，砸向质量不合格冰箱的那一瞬间，他肯定没有想到，20多年后，他手中的铁锤，会成为中国国家博物馆的馆藏文物。没有责任，张瑞敏永远不会成功，海尔永远不会成为中国的知名品牌。

责任绝不是一个甜美的字眼，它有的是岩石般的冷峻。责任的存在，是上天留给世人的一种考验。对于成人来说，责任是一个不得不付出一切去呵护的孩子，而它给予你的往往只是灵魂与肉体上感到的痛苦，但最终会带给你人类的财富——人格的伟大。

肯尼斯·贝林

KENNETH E. BEHRING

在给予中寻找幸福的人

(1928—)

……

肯尼斯·贝林是一个在给予中寻找自己幸福的人，

而那些残疾人也帮助他找到了生活的目标。

肯尼斯·贝林这种

“一手给予帮助、一手给予尊重”的慈善行为，

不仅让其赢得了人们的尊重，

还让所有人都认识到给予是一种美德。

20世纪90年代，肯尼斯·贝林曾3次入选《福布斯》全球富豪排行榜。这个成长于大衰退时代的穷小孩，凭借着自己的努力一跃成为美国最富有的人之一。渴望成功的雄心伴随肯尼斯·贝林的一生，并不断激励他更加努力地去工作，去获取更多。为此，他说道："我雄心勃勃。当你没有什么的时候，就会更加渴望——渴望成就、渴望物质、渴望成功，这种雄心伴随我一生。只要有雄心，我知道没有什么是不可能的。"最终，他站在了财富之巅。

成为亿万富翁后的肯尼斯·贝林可以随时在他的私人飞机上带着家乡的奶酪，飞往世界上任何一个国家。他拥有顶级豪宅，几百辆世界顶级老爷车，甚至还拥有西雅图海鹰橄榄球队。贝林似乎什么都不缺了，但是，他总觉得自己生命中缺少了某样东西。肯尼斯·贝林的人生并没有因为拥有这些物质财富而圆满。晚年的他找到了比赚钱更有意义的人生目标——去帮助那些需要帮助的人。

从此，肯尼斯·贝林收获了自己人生中真正的幸福。在他看来，这才是富有的意义。他在加州的伯克利大学建立了贝林教育学校，专门培训出色的小学教师，使他们有资格成为中部及落后地区的小学校长；他收购西雅图海鹰橄榄球队后成立了基金会，帮助那些肌肉萎缩症患者；他用自己的飞机，把许多书籍、医疗用品、衣服捐赠给非洲贫困的人……如今，这位已经90岁的老人满世界地飞来飞去，哪里最需要轮椅，哪里就有这个慈眉善目的老人的身影。美国前总统布什、前副总统切尼盛赞他"满怀仁爱的精神体现了美利坚的伟大特质"。

肯尼斯·贝林曾是一个成功的企业家，而现在则是一个成功的慈善家。成功的企业家固然容易以数字来衡量，而成功的慈善事业却更多地意味着责任、尊严和快乐。走遍世界的他给无数需要帮助的人送去了希望和尊严，同时也收获了快乐。正如肯尼斯·贝林自己所说："给予，是我人生的最大快乐。”

以收获快乐为荣的亿万富豪

肯尼斯·贝林的一生充满传奇。他曾是大萧条时期威斯康星农村的穷人，凭借自己的能力成为全世界最富有的400个富翁之一。他曾拥有数栋豪宅，不计其数的老爷车，一架飞机，还有他自己的橄榄球队，但是他自己意识到，有些东西却在消失。从贫穷的非洲和东欧医院，到阿富汗战场，贝林却发现赠予一辆普通的轮椅，不仅改变了受赠人的生活，而且改变了他自己的生活。

肯尼斯·贝林是“美国梦”的最佳演绎者，从白手起家，到拥有豪宅、游艇、私人飞机乃至橄榄球队，过亿的身家并不是最终的诉求。在其自传中，贝林不厌其烦地讲述着捐赠轮椅所带来的快乐感受，他说：“我的故事说的是一个在物质上获得非凡成功的普通人，做了一些简单的事，通过事态的无意转变，发现了真正的快乐之源。”这位已经90岁的老人并不忌谈死亡，也不掩饰豪情，他依然心怀梦想和下一个目标，那就是慈善。

肯尼斯·贝林于1928年6月13日出生在美国伊利诺伊州弗里波特，在威斯康星州的小镇门罗长大。父母除了带给他生命，没有带给他任何物质上的享受，幼年家境贫寒，饭桌上几乎天天只有炸土豆和黄瓜，包括在家洗个热水澡对他来说也是遥不可及的奢侈。当时，贝林的父亲一小时只能挣到25美分，母亲帮别人洗衣服、打扫卫生，两人用微薄的收入支撑整个家庭。

但贝林“不喜欢当穷人”，肯尼斯·贝林曾回忆说：“那时候全家几乎没有新衣服，屋里没有暖气，也没有厕所。我憎恨贫穷，我不愿像父母那样生活。”为此，他打过各种零工：7岁时送过报，每卖掉一份报纸，他就能挣1美分。此后，他又帮别人装卸牛奶、修剪草坪，并在木场、乳酪厂和杂货店等地方工作。夏天搬运沉重的水泥，满身都是泥和汗；冬天在零下20多摄氏度的暴风雪天躺在地下修车，水顺着袖子边流边结冰。贝林始终带着梦想拼命工作，他永不满足现状，因为他要追求物质上的“更多、更好、与众不同”。

1949年，“贝林汽车”在一间鸡舍里诞生，白手起家的贝林，第一单生意是用几百美元买了辆二手车拆装后成功地销售出去。1953年，“贝林汽车”变成了“贝林·林肯·水星”公司，3年后，他的资产就已经超过了百万美元。

30岁时，肯尼斯·贝林毅然放弃了红红火火的汽车生意，进军房地产领域。随着塔玛拉克在1962年落成，贝林成为一名房地产开发商，他被称为“城市之父”，他负责建造了美国国内第一批共管式独立产权公寓。之后，贝林的公司还成功制造出预制装备式房屋，一时轰动世界。1972年，贝林卖掉了公司，不久便开始开发黑鹰社区，这是加利福尼亚魔鬼山附近的一个高档社区，在与政府和环境保护组织的斡旋后，这个地产项目达到了“三赢”。贝林自己的家也在这里，面积达到3万平方英尺（1平方英尺约为0.09平方米），可以眺望整个乡村俱乐部。1988年，因为对橄榄球运动的狂热，贝林买下了一支职业橄榄球队——西雅图海鹰队，于是看球时不得不出动警察护送他到国王穹顶体育场的老板包厢。

肯尼斯·贝林似乎并不在意于创造一个传世的品牌，每过10年，他便会改弦易辙一番，总是有新的项目新的创意让他为之心动。他相信“每一种生活总是与非同寻常的冒险事业结伴而来，全新的追求可以让事业保持生机，让头脑敏锐，让厌倦与无聊无处藏身”。这是一个不安分的人，因其雄心勃勃，他爬上了所谓“成功的巅峰”。20世纪90年代，他被《福布斯》评为全美最富有的人之一。

由于销售二手汽车起家，肯尼斯·贝林特别钟情各种老爷车。他收集了多辆价值不菲的老爷车，并在黑鹰博物馆里展出。克拉克·盖博的1935年款杜伊斯堡敞篷小客车、富兰克林·罗斯福的1938年款帕克加德敞篷旅游车、丽塔·海沃斯的1953年款凯迪拉克双门轿车（全球仅两辆），还有伊丽莎白女王的1954年款戴姆勒豪华驾车都曾在黑鹰博物馆展出过。他也热衷于狩猎，多次前往非洲，以一种负责任的方法享受狩猎的乐趣。贝林加入了国际游猎俱乐部（SCI），老布什也是该俱乐部的终身名誉会员。

橄榄球、老爷车、狩猎这些爱好让肯尼斯·贝林结识了众多名流，而他与各国政要首脑的相识几乎都是源自他的慈善义举。1997年，肯尼斯·贝林将自己的橄榄球队——西雅图海鹰队卖给了微软创始人之一保罗·艾伦。肯尼斯·贝林回忆起当时的感受，说道：“我已爬上成功的巅峰，却发现那里什么都没有。”

真正改变肯尼斯·贝林人生轨迹是在1999年，他受圣徒慈爱协会的委托来到罗马尼亚，为当地的一家医院送去6辆轮椅。由于当地的医疗条件极为恶劣，残疾人普遍遭受歧视。贝林亲手将一位中风而无法行走的老人扶上轮椅，老人涕泪纵横地说：“现在，我可以走出院子，和邻居们一起抽袋烟了。”此事深深打动了贝林，他意识到这是一件“真实、有意义”的事，甚至可以“帮助一个人获得新生”，于是成立轮椅基金会成了影响贝林一生的转折点。

如今，由肯尼斯·贝林一手创立的世界轮椅基金会，已经为全世界的残障人士发放了744316辆轮椅（截至2009年1月10日）。这个数字自2000年开始累积，并一直在不断增加，其中向中国捐赠了242833辆轮椅，超过其向全世界捐赠总数的30%。贝林和基金会的轮椅已经到过世界上150多个国家和地区，尤其在非洲、亚洲一些经济条件极为落后的国家和地区，贝林的轮椅带去的不仅仅是一个钢铁的辅助工具，更是一种自由行动带来的尊严。世界各地的残障人士因为获赠轮椅而摆脱了纸箱里、木板上的生活，他们的快乐如此真实，而这也是肯尼斯·贝林的快乐所在。

其实，早在开发黑鹰社区时，肯尼斯·贝林就已经开始了他的慈善事业。因为热衷教育，他在伯克利大学建立了贝林教育学校，并曾捐出1亿美金给史密森学会，创建了该学会历年捐赠之最。他将自己狩猎到的哺乳动物制成的标本捐赠给史密森自然历史博物馆，也捐赠给中国上海、北京、大连和扬州的自然历史博物馆，2006年中国上海科技馆的“动物世界”展厅开幕，其中价值1500万美元的142件珍稀野生动物标本全部由肯尼斯·贝林捐赠。此外，肯尼斯·贝林和环球健康与教育基金会还发起了“关爱无限，净水清源”项目，这个项目旨在净化水质，让贫困地区也有安全的饮用水，并且通过建设净化水站提供工作，让慈善也可持续发展。

1989年肯尼斯·贝林被美国成就学会吸收为会员，1992年被记入加州名人厅，1994年被记入海湾地区运动中心名人厅。肯尼斯·贝林与老布什、克林顿均私交甚笃，西班牙国王胡安·卡洛斯更是他的至交好友。每到一地捐赠轮椅，当地的政府首脑、王室成员都会给肯尼斯·贝林以热情的接待，在南非是曼德拉先生和夫人格拉萨·马歇尔，在坦桑尼亚是第一夫人安娜·姆卡帕，在刚果是总统约瑟夫·卡比拉，在泰国是国王普密蓬·阿杜德，在中国，肯尼斯·贝林则认识了时任残联主席邓朴方。慈善是联结这些金字塔顶尖的人们的纽带，在世界轮椅基金会的合作伙伴名单中包括了世界各地的慈善机构、基金会和知名企业，而国际顾问委员会更是集结了世界政要名流。

肯尼斯·贝林在他的自传《为富之道》中这样写道：“回首事业上的所有辉煌，我意识到，较之真正意义上的成功，事业上的建树要来得更容易——找到生活的目标要高于赚钱本身。目标是这样一种东西，需要你付出心血、时间、爱心，还有金钱，为人类创造更美好的生活才能达到——而不求任何回报……

“我曾经很自私，以为‘物质’可以给予我快乐，要是我早一点懂得并且体会到了目标的意义该多好……

“我开始意识到它的出现是在2000年，当时，我把一个越南小姑娘从地上抱起来，放在一辆轮椅上。一刹那，她仿佛看到了希望。一刹那，我也看到了事情的发生：一个被残疾禁锢的身躯终于可以活动了。我看到这个小姑娘开始展望她原本不敢奢求的未来。她绽开了笑容，眼睛就如正午的天空一样明亮。我知道，为了那一刻她的所有改变，我已改变了很多。

“我记得，平生第一次，我感受到了快乐。为了保持那种感受，我愿意尽我所能去做任何事……我为自己在找到目标以前虚度了那么多年的光阴而深深遗憾——并非因为我不渴望去寻觅，而是我起初以为钱挣得多就是目标。事实就是，我把梯子靠错了墙，爬到顶了才发现错了，我不由自主地想，物质上获得成功之后，我竟然不知道去何处找寻真正的幸福了。

“我的故事说的是一个在物质上获得非凡成功的普通人，做了一些简单的事，通过事态的无意转变，发现了真正的快乐之源。”

巅峰上的喜悦

肯尼斯·贝林经历了追求财富的几个基本阶段，在实现这几个基本阶段的目标后，他真正把握了“为富之道”的意义。如果说他获取财富的秘诀是拼命工作，永不满足现状，那么他真正的幸福就从给予那一刻开始。

在肯尼斯·贝林的助理眼里，他是一个极为简单的、朴实的人。他对国王和平民的态度是一样的。他对物质生活的要求简单得不能再简单了，衣服永远是同样的式样，40多年都穿100美元一双的同一品牌的鞋。有一次衬衫领子破了，该换一件了。他说，再穿一次吧。这就是肯尼斯·贝林，他获取财富的秘诀是：拼命工作，永不满足现状；他真正的幸福从赠送轮椅那一刻开始。

在别人看来，肯尼斯·贝林已经实现了“美国梦”并且攀登到了顶峰。就连他自己也说，“我的钱财比我小时候所梦想的还要多”。27岁时他就成了百万富翁，肯尼斯·贝林也开始按照《美国的名人和富豪》的生活方式来生活。他收集几百辆世界顶级老爷车，收购一支全美橄榄球联盟的球队，拥有一艘私人游艇和一架DC-9私人飞机。肯尼斯·贝林在回忆那段日子时说：“我希望生活中我能赢得更多，如果我想要什么，我必须自己白手起家创造。这就是我当时的生活目标。”

功成名就的肯尼斯·贝林，突然感觉自己很孤独，“我还可以往哪里爬呢？”他开始意识到，该是他回馈社会的时候了，“我的一生很幸运，但前半生很自私，都在考虑如何赚钱。现在该帮助其他人了”。但当时的肯尼斯·贝林并不知道该怎样去做。由于经常在非洲狩猎，使他有很多机会与当地的穷苦人接触。这在一定程度上唤起他童年时期对贫穷的回忆，并开始去帮助他们。也就是在那个时候，肯尼斯·贝林开始了自己的慈善生涯。他说："也就是那个时候，我的生活也被改变了。"回首自己事业上的成功，晚年的肯尼斯·贝林开始意识到，真正的成功是一种不求回报的成就。

在帮助非洲穷人的那段时间里，他开始接触到那些双腿有残疾的人，他们的生活状态让他震撼了。一个偶然的机会，肯尼斯·贝林在匈牙利的一个难民营，一个医生告诉他，在那里一个残疾人的生活是悲哀的——他们的家人会以他为耻，他们经常被关在屋子的角落里，一天一顿饭、一杯水就打发掉了。"我对这样的人充满同情，他们没有尊严可言，没有行动性可言。"

肯尼斯·贝林开始关注这些残疾人，并于2000年成立了世界轮椅基金会，并任这个基金会的主席。他的生活重心开始从"赚钱"向"花钱"转移，他的足迹遍布了全球各地，给全球150个国家的残疾人捐献了70多万辆轮椅——这个数字还在迅速增长，许多人的人生因为他的捐献而改变了。

肯尼斯·贝林的慈善事业，绝不是简单的捐助，而是在捐献的同时也为别人的生活带来了尊严。曾经有一个人因为车祸造成腰部以下全部瘫痪，有一天，他得到了肯尼斯·贝林捐赠的一辆轮椅。后来，这个人成了第一个横渡英吉利海峡的残障人士，他寄给了肯尼斯·贝林一张卡片，上面写道，"我值得这份捐赠"。因为慈善，肯尼斯·贝林也渐渐放弃了以前那些奢侈的爱好，他将自己多年收集的几百辆老爷车拍卖，并将所得也捐献出去。

在其自传《为富之道》中，肯尼斯·贝林这样写道："当你死了，如果有人想起你，并不是因为你有多少钱，多少名车和豪宅，他们谈论的是，这个人帮助过多少人，他做过什么让这个世界更美妙！我的故事说的是一个在物质上获得非凡成功的普通人，做了一些简单的事，通过事态的无意转变，发现了真正的快乐之源。”他说，一些人毕生都在追逐金钱，绝大多数时间却一无所获。另一些人挣的钱多得花不了，自己却活不过他们开的那些公司。这两种人都在为他们所认为的幸福不停地劳作，但是他们都错了。肯尼斯·贝林认为，许多人捐赠是因为觉得这项事业是善举，但他们并没有用心去给予，而他自己则觉得，付出不是责任，给钱也不是目标，而是快乐。他说：“其实，富人和穷人都可以做慈善，除了捐助多少的区别外，心都是一样的。”

贝林在接受伯明翰大学授予其荣誉博士时，鼓励学生们“去发现需要帮助的人”。他说：“如果说我有任何明智的地方值得你们授予我荣誉博士，那就是：‘付出不只是责任，而是快乐。’”

从肯尼斯·贝林72岁生日那天开始，这个白发苍苍的老人就马不停蹄地和时间赛跑，一年中有270多天，带着轮椅在世界各地飞来飞去。在他的身上，我们看不出一点富翁的架子，即使问他打算如何处理遗产这样隐私的问题，肯尼斯·贝林也是乐呵呵地回答：“我希望过世时把自己最后的一分钱都捐光。”肯尼斯·贝林用自己的一生告诉所有人，帮助他人是多么的重要，这种满足感是用金钱买不来的，这是一种巅峰上的喜悦。

平等的慈善

慈善的目的绝不是良心发现时偶尔的施舍和恩赐，而是每个人从内心深处发出的对他人的同情与关爱。更重要的是，慈善是赋予受助人以尊严。从这一方面讲，肯尼斯·贝林就是一个在给予中不断寻找自己幸福的人。

慈善绝不是良心发现时偶尔的施舍和恩赐，而是每个人从内心深处发出的对他人的同情与关爱。弗洛姆在《爱的艺术》中也曾这样说道：“爱主要是‘给予’，而不是‘接受’。‘给予’是潜力的最高表现。正是在‘给予’的行为中，我体会到自己的强大、富有、能干。给予使我备感快乐。我感到自己精力充沛，勇于奉献，充满活力，因此也欢欣愉悦。‘给予’比‘接受’更令人快乐，这并不是因为‘给予’是丧失、舍弃，而是因为我存在的价值正在于‘给予’的行为。”

肯尼斯·贝林给无数需要的人送去了希望和尊严。他说，别人夸他仁爱比夸他聪明更能使他开心，因为仁爱是健康纯洁的心灵所必备的。更重要的是，肯尼斯·贝林在这种给予中，不知不觉地使别人身上某些东西得到新生，这种新生的东西反过来又给自己带来了新的希望；给予暗示了让对方也成为给予者；双方共同分享他们已使某些东西得到新生的快乐。这意味着给予是一种能产生爱的力量，没有这种力量就不会产生爱。

肯尼斯·贝林的所有慈善行为，都是建立在一种平等关系之上的。他知道，尊重是帮助受助人的最高原则。对此，肯尼斯·贝林深有体会。他说：“对于千百万残疾人来说，轮椅可以让他们活动、上学和工作。最重要的是，它是尊严。当一个人趴在地上时，他是没有尊严的，而当他坐上了轮椅，可以和别人一起交流时，他的生命里就有了希望。”肯尼斯·贝林诚恳地说出了慈善的真意。

在肯尼斯·贝林的心中，不论身份、地位、贫富，人和人都是平等的，人人都应该尊重他人，同时获得尊重。他认为做慈善不仅仅是因为受助者需要帮助，更重要的是响应自己心灵的召唤，通过行善可以获得心灵的愉悦感。也就是说，肯尼斯·贝林把做慈善看成自己心灵的需要。所以，在他捐献出第一辆轮椅之后，平生第一次感受到了快乐。为了保持那种感受，肯尼斯·贝林愿意尽自己所能去做任何事。

对自己的善举，肯尼斯·贝林有着自己的看法。他并不觉得自己作出多么伟大的事情，认为自己只不过是“一个简单的人，在人生道路上学到了一个简单的道理”罢了，相反，肯尼斯·贝林十分感谢那些接受过他帮助的人，在《为富之道》中他就曾这样写道：“这些人帮助我找到了生活的目标。”正是他这种“一手给予帮助、一手给予尊重”的慈善行为，让其赢得了人们的尊重。

爱心是奉献，也是回报。在奉献仁爱之心时，会感受到自我力量的强大、财富的丰盈以及潜能的巨大。你会感到无比快乐，随之而来的是社会责任感的构建，不知不觉超越了自我，这是心理上的一种重建。就在付出忘我的、不求回报的仁爱的过程中，我们获得了一种难以言表的幸福感。可以说，肯尼斯·贝林就是一个在给予中寻找自己幸福的人。

劳伦斯·埃里森

LAWRENCE ELLISON

硅谷的坏男孩

（1944—　）

……

他是史上“最不知天高地厚”的亿万富翁，

也是这个世界上最想“干掉”比尔·盖茨的人。

为了扳倒微软这个“参天的巨人”，

劳伦斯·埃里森凭借着一种无法言喻的精神不断前行，

他所走过的路一片“狼藉”，

但那是他极具挑战个性留下的辉煌战绩；

为了对付这个终极“天敌”，

劳伦斯·埃里森用行动证明着，

无论对手多么伟大，也要竭尽所能去超越他、去击败他。

如果你要问上帝和劳伦斯·埃里森有什么不同，那就是上帝从来不认为他自己名叫劳伦斯·埃里森。事实上，张狂的埃里森却不这么认为，因为他觉得自己和上帝是同一阵营的。

在许多人的眼中，劳伦斯·埃里森是一个玩世不恭的亿万富翁，他被称为“硅谷的花花公子”。他长得不算英俊，却很结实，脸上长着络腮胡，为其增添了不少成熟男人的魅力。他性格孤僻高傲，独来独往，但周围又聚集着许多优秀的人才；他喜欢吹牛，放空炮，但又脚踏实地；他是个典型的“好色之徒”，结过3次婚却花心依旧，身边总有美女陪伴；他从未接受传统的智慧，也没有得到一个学位，但他绝顶聪明，承袭了犹太人的优良因子；与他拥有巨大财富一同被广泛流传的是他的“硅谷坏男孩”的绰号。然而，就是这样一个与主流社会格格不入的叛逆者，却获得了巨大的成功。

如果有人问这世界上谁对世界首富的宝座觊觎得最久，那么这些垂涎者排起来会绕地球好几圈。而站在最前面的那位，肯定是劳伦斯·埃里森，他是这个世界上最想“干掉”比尔·盖茨的人。每当提起微软，或者比尔·盖茨，他总会这样说：“比尔·盖茨？那可是一种非常有名的病毒”“我不介意坐着自己的喷气式战斗机在微软总部扔下一枚导弹”。只要坚持积极的理想，就能产生奋斗的勇气。劳伦斯·埃里森显然就是这样一个积极的又“不知天高地厚的人”。

“罗马帝国都会垮掉，凭什么微软不会？”劳伦斯·埃里森的话语是那样的掷地有声，扳倒微软是他人生的终极目标。他说。“成功本身并不重要，重要的是其他所有人都失败了，那时我才是真正的成功。”就这样，劳伦斯·埃里森仍在继续着他前进的脚步。《财富》杂志也把埃里森说成是软件界唯一一个能与比尔·盖茨一较高下的另一个亿万富豪，认为“盖茨和微软公司也许是计算机业界中能与埃里森和甲骨文公司在进取精神、胆识魄力、坚强果断、高傲自信等方面相媲美的唯一的首席执行官和公司”。

如果有人问劳伦斯·埃里森凭借什么走上财富的巅峰，一位美国的讽刺专栏作家为埃里森杜撰的那篇演讲词也许会告诉我们答案。劳伦斯·埃里森在耶鲁大学2000届毕业典礼上的演讲，被评为历史上最肆无忌惮的演讲，这位不可一世的大亨在演讲词中大肆宣扬“读书无用论”，最终被保安撵下台。埃里森把自己由上天得到的启示抛向听众，那就是做一个前人经验、行业规矩、通行准则、个人资历、关系网络、权威视野等一切都左右不了的敢于追求自我成功的人。

在商业方面，劳伦斯·埃里森被公认为一个狂人，敢作敢为，永不退缩；而在慈善事业方面，劳伦斯·埃里森却显得十分低调，他在不为人知的情况下已经默默向教育、医学领域捐赠了数亿美元。当沃伦·巴菲特发起一项名为“给予承诺”的慈善活动中，他的狂人本色再次显露，因为他同样不愿在慈善事业上输给自己的老对手比尔·盖茨。这就是劳伦斯·埃里森，一个最不知天高地厚的、又脚踏实地的亿万富豪。

最想“干掉”比尔·盖茨的人

劳伦斯·埃里森藐视传统，挑战权威，他发现了关系数据库的商业价值。连IBM这样的业内巨头都认为商业前景暗淡的事，名不见经传的埃里森却敢于尝试，并为他创造上百亿资产点燃了助推器。这位自信的时代英雄，敢于尝试，突破传统，坚持自我，永远做别人想不到也不敢做的事情。

出生在美国曼哈顿的劳伦斯·埃里森是个孤儿，准确地说，在他只有9个月大时就被生母遗弃，也从未见过自己的父亲。他的养父路易·埃里森是一名俄国移民，本来在房地产业中干得相当出色，可是大萧条却使他一贫如洗。

劳伦斯·埃里森从小生性叛逆，与大人顶嘴早已习以为常。在学校里，他不是一个好学生。他高中时代的好友瑞克·罗森费尔德这样描述他："我从未发现埃里森对学习有什么真正的爱好。不过，我一直相信他不会只是个普通人。他非常有热情，而且很有主见，不论谈论什么都声调极高，而且对于任何问题都有自己的看法。"埃里森曾先后在伊利诺伊大学、芝加哥大学和西北大学读书，却没有得到一个文凭。唯一感兴趣的就是计算机，但在这方面，他绝不是像比尔·盖茨那样的天才。关于学位，埃里森这样说道："大学学位是有用的，我想每个人都应该去获得一个或者更多，但我在大学没有得到学位，我从来没有上过一堂计算机课，但我却成了程序员。我完全是从书本自学编程的。"

1966年他来到加利福尼亚州，准备就读研究生，同时开始工作赚钱，为此他学习了电脑编程，主要为IBM大型电脑开发软件。当时的他并不想投身于高科技，只不过想赚点生活费。在旧金山的伯克莱，埃里森认识了主修中国历史的艾达·奎恩，他们很快就结了婚。当时的埃里森不停地更换工作，虽然挣钱不多，花钱却十分大方。当时夫妇俩月收入合起来有1600美元左右，但埃里森却借了3000美元去买一条帆船，同时还分期付款购买了另一条小帆船。埃里森是一个完美主义者，他从来不担心账单，但这些奎恩却无法忍受，于是，他们在1974年离了婚。离婚前埃里森曾对奎恩说："我会成为百万富翁的，如果你和我在一起，你可以得到你想要的任何东西。"但奎恩不相信，并最终选择了离开。

几年间埃里森换了许多公司，几经波折最终落脚在一家名叫安培的公司，这是硅谷一家生产影像设备的公司。由于工作出色，埃里森很快成为公司的重要人物。这个时候，安培公司接受了一项工作——设计一个大型计算机数据库。这项工程代号Oracle（神谕），埃里森是主要的设计者。在安培公司，埃里森认识了他一生中最重要的两个人：鲍勃·迈纳和爱德华·奥茨，当时他俩正在研究如何有效存储和读取海量的数字信息并使之商业化，但最终那个项目还是失败了。埃里森将其归咎于管理不善，“我比公司的头儿们懂技术，也比他们懂市场；如果他们能经营公司，我也能”。就这样埃里森动了自己办公司的念头。

1977年6月，埃里森与鲍勃·迈纳和爱德华·奥茨3个人合伙出资2000美元成立了软件开发研究公司（SDL），公司中埃里森拥有60%的股份。埃里森之所以占这么大的比例，完全因为他出的这个主意。当时的劳伦斯·埃里森已经32岁了。虽说起步有点晚，但这并不重要。甲骨文公司开业的资金是非常少的，几乎是一无所有，但甲骨文公司从1977年创立到1990年，销售额却保持着每年高于100%的增长。埃里森的传奇始于IBM对一份论文的漫不经心。当时IBM的研究员埃德加·考特发表了名为《大型共享数据库数据的关系模型》的论文，尽管IBM很早就已经掌握了这一理论，但并没有及时推出产品，而这也给了埃里森可乘之机。

埃里森和同伴们马上开发出了一个毛病百出的产品，最初他们把这个产品命名为Oracle。Oracle有“神谕、预言”的意思。1983年，为了突出公司的核心产品，SDL正式更名为Oracle。尽管埃里森的产品存在诸多漏洞，但销售相当成功，这完全是埃里森的功劳。

从某种角度上讲，埃里森的成功在很大程度上不是作为一个技术专家而是市场推销专家。劳伦斯·埃里森还打造出了一支优缺点都很明显的销售队伍。这支销售团队中有许多人曾是美国海军陆战队队员。在快速发展时期，甲骨文公司实行“重赏之下必有勇夫”的销售方针，其咄咄逼人的销售大军所向披靡。埃里森对自己的销售能力非常自信，他经常对员工说，只要采用他的市场策略，你们都会成为百万富翁。事实也是如此，许多早期的销售员工基本上都达到了这一目标，公司的停车场里总是停着许多员工的名贵跑车。到20世纪80年代中期，甲骨文已是硅谷有史以来最成功的软件公司之一，埃里森本人也是身价猛涨，许多年来他都用绿墨水在信上签名，因为那是美国钞票的颜色。

劳伦斯·埃里森获得巨大成功的同时，仍不忘时刻宣传自己和公司。他被人称为硅谷里最成功的“骗子”，因为他总是在媒体面前夸大自己的经营业绩，夸大自己员工的数量，夸大他们的产品，在他对外宣布他们有ERP（基于信息技术的管理平台）产品的时候，事实上是两年以后他们才有了真正的ERP产品。当他宣布公司有2000多人的时候，事实上公司只有100多人。当他宣布公司的营业额有数十亿美元的时候，事实上他们只有几亿美元。但奇怪的是，两到三年以后，劳伦斯·埃里森所讲的一切都被验证了。为此，劳伦斯·埃里森骄傲地说：“我只是提前两到三年把我看到的一些讲给你们，你们认为我在撒谎，最后可以看看我有没有撒谎。”

伟人异于常人的最大区别是，伟人比我们看得更远，望得更高。连IBM这样的业内巨头都认为商业前景暗淡的事，名不见经传的埃里森却敢于尝试，一切都源于他的自信，正如他自己所说：“虽然这种自信在外人看来也许毫无根据，但这一切就是从这里开始的！”

1986年3月12日，甲骨文公司以每股15美元公开上市，公司市值2.7亿美元。有趣的是，隔日微软即以每股21美元的发行价上市，公司市值达到7亿美元，远远超过了甲骨文。微软和盖茨成功的巨大光环遮盖了甲骨文和埃里森的光芒，这可能也是埃里森敌视微软的开始。虽然公司业务增长迅速，但财务和销售管理一片混乱，销售人员为了完成任务得到提成，大量签订无法收款的合同，甚至有人弄虚作假，合同执行情况也无人过问，现金流量是负值。劳伦斯·埃里森也深受影响，他原先拥有价值近10亿美元的股票，不到一年的时间就缩水至1.6亿美元。经过两三年的治理，公司终于摆脱了种种麻烦，重新走上了健康发展的道路，销售额也从1992年的15亿美元变为4年后的42亿美元。

到了20世纪90年代，劳伦斯·埃里森不再负责日常工作，只是规划甲骨文未来的发展方向。这段时期，劳伦斯·埃里森经常驾驶自己的“莎优娜拉”号出海兜风，在1995年他还夺得悉尼帆船比赛的冠军。每隔两年，他才会在百无聊赖时跑去关心一下公司的发展情况。但董事会对此不但没有异议，还对他的这种知人善任、用人不疑的做法大加赞赏。然而，人们没想到，劳伦斯·埃里森在2000年7月作出了足以让华尔街震动的决定，他把自己亲选的赖恩“扫地出门”，并宣布自己要重掌权柄。有人曾问埃里森：有那么多钱，有那么多事情可做，干吗还要继续执掌甲骨文呢？埃里森的回答是：“因为甲骨文正在参加的这场比赛更加刺激，规模更大，它比悉尼帆船赛更让人兴奋。”

回到公司的劳伦斯·埃里森赢得了同行和整个商业界的尊敬，公司的经营状况比以往任何时候都要好。在日常工作中他会亲自改写合同，不断制定新的价格标准，甚至像个小生意人那样与对手讨价还价。在表面乖张的背后，是细致入微的精明。

埃里森用一系列并购，实现着甲骨文公司的又一次飞跃。在成功收购仁科后，又完成软件业史上金额最大的一宗收购案，将People Soft纳入囊中。2005年3月甲骨文吞下了企业应用软件公司Retek。时隔不到4个月，一家名为Profit Logic的公司在大约2亿美元的代价之下，又成为甲骨文的囊中之物。同一个月，又有消息称甲骨文正在与花旗集团谈判，收购后者持有的印度i-flex解决方案公司43%的股份，最终甲骨文将控股i-flex。i-flex是印度最大的企业应用软件公司，也是世界上最大的金融软件公司之一。该公司董事长拉杰什·胡库声称超过450家银行是其客户。2005年9月，甲骨文收购西贝尔系统公司，从而一跃成为全球最大的CRM软件供应商。

让华尔街都感到吃惊的是，埃里森明确表示，甲骨文的并购步伐不会就此停下。因为，他的终极梦想是要击败一个真正的庞然大物——微软，不管结果怎样，都值得我们期待。

桀骜不驯的牛虻

劳伦斯·埃里森是个十足的“坏孩子”，也是一个“疯狂的孩子”，他不断地用生命去冒险，来确认自己仍然活着。他的个性与天才完全无法学习和模仿，他的成功也无法复制。他的狂傲不羁的个性和无所畏惧的作风，却能让我们对一个伟大创业者产生景仰。

和温和有礼的比尔·盖茨相比，劳伦斯·埃里森是个十足的“坏孩子”。他以乐于享受、傲慢自大而出名，而且在生活上也极尽奢侈。当然，你也可以认为他是一个疯狂的孩子，因为他有一个梦想，希望能得到他梦寐以求的俄罗斯米格战斗机，然后驾驶着它从比尔·盖茨的屋顶上方俯冲而下。尽管这样，英特尔公司前首席执行官安迪·格鲁夫还是对这个“坏孩子”作出了客观的评价：“尽管他表面上是一副坏男孩的形象，但工作起来却非常卖力。”

作为甲骨文的CEO，关于劳伦斯·埃里森的流言蜚语永远比他的钞票还要多。他那张极具魅力和侵略性的脸再加上桀骜不驯的性格与狂放不羁的生活作风，使他频频登上八卦杂志。他为人不可一世、傲慢、有才气、邋遢、滑稽、不动感情和六亲不认。有人说他是个有名望的亿万富翁，也有人说他是个无赖，而他自己的财务总监则称他为独裁者。当然，下属对他的正面评价更为广泛流传，比如“脑中的点子永远比别人至少快18个月”“他是一个地地道道的武士，既是一个破坏者，同时又是一个改良者”。一位早期加入甲骨文公司的女性雇员这样评价埃里森：“埃里森特别以自我为中心，公司里每件事都围着他转，但他并不自私。”

劳伦斯·埃里森是一个拥有着极具挑战个性的男人。可以说，没有一个人敢说自己比埃里森更勇于冒险。他骑自行车经过铁轨时不愿减速，结果导致手肘粉碎性骨折；为了体验海上冲浪的快感，他迎着巨浪被推向海底，锁骨及三根肋骨被撞断，后来依靠自己的意志游到岸边捡回了性命；1998年他指挥帆船“Sayonara”号在澳大利亚悉尼到霍巴特帆船赛中闯过鬼门关夺得冠军，而在比赛中遭遇的大风暴使其他比赛的帆船中5条帆船下沉、6人遇难。到现在，埃里森还留着那一年航海三天三夜后获胜的络腮胡子。

劳伦斯·埃里森经常说他就是要不断地用生命去冒险，来确认自己仍然活着。为此，他买了一架拆除了武器的意大利产战斗机，在太平洋上空和别人进行模拟空战。他甚至还想进口一架米格29战斗机，然后亲自驾驶着它去轰炸微软公司。他说：“击败微软，成为世界最大的软件企业是我的一大目标。成功本身并不重要，重要的是其他所有人都失败了，那时我才是真正的成功。”

从1986年开始，劳伦斯·埃里森与比尔·盖茨的较量就已经开始了。有人戏称这是一场加州花花公子与不修边幅的西雅图计算机迷之间的较量，是好色之徒与技术天才的较量。在很长的一段时间里，技术天才占了上风。为了打倒盖茨，埃里森在反垄断案问题上第一次为政府摇旗呐喊，他甚至雇用私家侦探到微软公司的垃圾箱中寻找对微软不利的证据。直到2000年，美国司法部提出的分解微软的详细方案，让微软的股价狂跌、甲骨文的股价狂涨，这一天，埃里森终于尝到了当首富的滋味。“挑选比尔作为我的‘敌人’是精心设计的，因为面对一个强大的对手可以让我更加集中精力。”进入花甲之年后，埃里森会偶尔流露出温和的一面：“比尔是一位天才，不过，我们公司不需要他。”

埃里森很为自己极具挑战性的个性感到自豪，他的个性与行事风格来自他对两个人的崇拜：第一个人就是丘吉尔。埃里森经常将自己的个性与丘吉尔相比，他认为自己和这位英国首相有着很多相同之处，“我认为，他拯救了整个西方文明，他有令人难以置信的勇气，特立独行。而我也恰恰这样”。

劳伦斯·埃里森的另一个崇拜对象就是成吉思汗。他经常说的那句话“其他所有人都失败了，那时我才是真正的成功”，其实真正出于成吉思汗之口。或许，在他的内心深处，他更钦佩成吉思汗率领千军万马驰骋疆场的气势。不过，战场与商场毕竟是两码事。商场上的厮杀虽然不可避免，但你死我活的模式显然并不适用于这里。

幸运的是，经验的沉淀已使埃里森变得温和了许多。在收购西贝尔公司后，埃里森以罕见的温和语气说：“感谢汤姆·西贝尔和我一起推动了这起合并。我希望汤姆能和我们一起共事多年。”埃里森学会了赞美对手，不再像以前那么狂妄。在谈到他曾想置之于死地而后快的老对手微软时，他也能谦虚地说：“在企业应用软件方面，他们将会取得成功。”

不可一世的劳伦斯·埃里森，还保持着一种内在的谦卑，这也是他在甲骨文刚刚创立时就确定的企业文化，他希望这两者能够保持一种

“美妙的平衡”。埃里森从来不知什么是畏惧，但年龄的增长无疑也使他多了一份冷静，这在其令人眼花缭乱的一系列收购行动中体现得特别明显。

此外，劳伦斯·埃里森绝不是只想着取得胜利的富人，和美国其他富翁一样，他一直都在从事慈善事业。尽管慈善排行榜上看不到他的名字，但劳伦斯·埃里森已经在不为人知的情况下向医学研究和教育领域捐赠了数亿美元，而当“股神”沃伦·巴菲特刚刚发起名为“给予承诺”的慈善行动时，埃里森很快作出决定，和比尔·盖茨、沃伦·巴菲特、皮埃尔·奥米迪亚、乔治·卢卡斯等亿万富翁一起，将自身财富的大部分捐赠给慈善事业。为此，埃里森表示他将为其他人“树立榜样”，“感化其他人”去捐赠，同时他也在号召美国更多的富人都能参与到这项行动中来，让更多人受益。

劳伦斯·埃里森就是这样一个与众不同的非凡人物。他的个性与天才完全无法学习和模仿，他的成功也无法被复制，他狂傲不羁的个性和无所畏惧的作风，让我们对一个伟大创业者产生敬仰，他的默默慈善之举，更令我们感动。

对手的力量

想要“干掉”比尔·盖茨，并替代他成为世界首富的人，远不止劳伦斯·埃里森一个。尽管财富还差比尔·盖茨300亿美元，80多岁的美国赌王谢尔登·阿德尔森仍梦想有一天能够超越比尔·盖茨。这就是对手的力量，它是任何一个敢于实现梦想的人前进路上的鞭策和助力。

每个人都应找到一个永远击不倒的对手，然后为超越他而不断努力。这话听起来有些令人费解，既然无法击败对手，努力又有何用？要知道，努力永远有用。劳伦斯·埃里森就是最好的证明，这个一心想要“干掉”比尔·盖茨，甚至恨不能亲自驾驶战斗机去轰炸微软公司的亿万富翁，就凭借“要击败微软、击败比尔·盖茨”这一终极目标一步步地走向成功。

其实，想要“干掉”比尔·盖茨，并替代他成为世界首富的人，远不止劳伦斯·埃里森一个。如今已经80多岁的美国赌王谢尔登·阿德尔森左腿受神经病变所苦，走路得靠一根拐杖，但一讲到财富排名，他马上眼睛发亮不服老地说：“总有一天我的财富要超越比尔·盖茨，变成世界首富。”身边的人带着微笑对这位老人说：“您的财富还差比尔·盖茨300亿美元。”阿德尔森立刻回答道：“为什么不可能？我就是敢做梦，才有了今天的财富。”要知道，谢尔登·阿德尔森在2003年的身价是30亿美元，到2006年却暴增至205亿美元，成为《福布斯》杂志富豪排行榜有史以来财富增长速度最快的人。这意味着他在3年之间，每小时赚进近100万美元财富。照此速度，他很有可能超过比尔·盖茨，而成为世界首富。

人生需要对手。你会发现，真正促使你进步、成功的，真正激励你昂首阔步向前的，不单是自己的能力和顺境，不单是朋友和亲人的鼓励，更多的时候，是你的“对手”激发了你的潜能，促使你不断进步。

一位动物学家对生活在非洲大草原奥兰治河两岸的羚羊群进行过研究。他发现东岸羚羊群的繁殖能力比西岸的强，奔跑速度也要比西岸的羚羊每分钟快13米。而这些羚羊的生存环境和属类都是相同的，饲料来源也一样。于是，他在东西两岸各捉了10只羚羊，把它们送往对岸。结果，运到东岸的10只羚羊一年后繁殖到14只，运到西岸的10只反而因为没有了天敌，而变得懒惰安逸，致使体弱多病，最终只剩下了3只。最后的结果表示：东岸的羚羊之所以强健，是因为在它们附近生活着一个狼群，西岸的羚羊之所以弱小，正是因为缺少了这么一群天敌。

没有天敌的动物往往最先灭绝，有天敌的动物则会逐步繁衍壮大。物竞天择，适者生存！这不仅是所有生物的生存法则，也是人类的生存法则。它已经长进我们的肉体，传承至今。对手的力量会让一个人发挥出巨大的潜能，创造出惊人的成绩。

生活中的许多人总是诅咒对手，或者因为自己遇到了对手而失魂落魄、无所适从。你应该为自己有一个强劲的对手而庆幸，为自己遇到的艰难境遇而庆幸，因为这正是你脱颖而出的机会。对此，劳伦斯·埃里森深有感触，他的终极目标就是将微软这个身躯庞大的巨人扳倒在地。不管这个梦想是否现实，但埃里森从未停止过努力，他以不择手段的经营方式和强力的市场竞争手段，击败了一个又一个对手，最终让甲骨文成为世界上最大的商用软件业者，与消费端软件市场龙头微软站在了同一起跑线上。

这就是对手的力量，它是任何一个敢于实现梦想的人前进路上的鞭策和助力。找一个对手，你就会锐意进取，否则你会甘于平庸，最终庸碌无为，只有等着被吞并、被替代、被淘汰。

30岁就功成身退的「电商教父」

皮埃尔·奥米迪亚

PIERRE OMIDYAR

（1967—　）

……

从慈善实践者到慈善推动者，

“最具号召力的世界慈善家”皮埃尔·奥米迪亚

以自身的慈善之举，

带动越来越多的人投身到慈善事业中。

他认为，慈善绝不是简单的捐钱运动，

而是每个人走向至善的过程，

这代表了一种伟大的精神，

来自对财富与良知的认知与理解。

对常人来说，金钱的诱惑是难以抵御的。能拥有财富并且成为富翁，几乎是人人梦寐以求的。但eBay创始人皮埃尔·奥米迪亚却成功抵御了这种诱惑，面对100亿美元的巨额财富，他并未像人们想象的那样志得意满，相反，却感到浑身都不自在，并发出令人难以理解的呼唤：“不要让它（财富）再增长了。”

为了躲避众人的目光和媒体的追逐，皮埃尔·奥米迪亚回到了巴黎。那段时间他开始思考几乎所有的企业家都会思考的问题——当财富多到已经超过个人所需的时候，还可以做什么？最终，这位世界上最年轻的亿万富翁毅然选择了慈善事业。为此，他说：“我既不爱财富也不爱权力，如果说这100亿美元是上帝对我的恩赐，那么它也将成为改变我自己与世界的机会。”由此，奥米迪亚拿出了一套突破传统的、让人吃惊的慈善计划。

与比尔·盖茨、戈登·摩尔及沃伦·巴菲特这些慈善家的传统行善方式——把钱交给某个慈善机构来发配——不同的是，皮埃尔·奥米迪亚的慈善计划是由下而上的，从某种意义上来说，奥米迪亚甚至不为他的100亿美元选择捐赠方式以及捐赠项目——他把选择的权利给了所有人。

在奥米迪亚的网站上，这位年轻的富翁专门设立了一个聊天室，在那里，他跟全世界的人讨论应该做哪些慈善项目。通过剔除中间人，慈善项目的决策权从专家交给了实践者，奥米迪亚认为这使他的慈善活动变得更高效、更有创意、更具影响力。正如皮埃尔·奥米迪亚所说的“人们在eBay网站上，学会了如何相信陌生人；自然也会在Omidyar.net上，学会如何帮助别人”。

皮埃尔·奥米迪亚不仅把慈善事业通过互联网变成了一个全球性的事业，把奥米迪亚公司变成了一个充满爱和友善的社区，还将100亿美元的个人财产用于帮助别人“发现自己具备让美好事情发生的能力”。因此，皮埃尔·奥米迪亚也成了当今慈善事业的改革者，让更多人参与到慈善事业中去的带头人。他所做的一切都为慈善作出了最为朴实的诠释：慈善是每个人与生俱来的义务，为他人付出其实是自己对自己的恩赐。

eBay神话的缔造者

如果你了解到皮埃尔·奥米迪亚创立eBay是为了让他的女朋友跟别人交换Pez糖盒，你一定会大吃一惊，觉得就像是神话。不过，10年后，这个神话变成了现实。如今，eBay在全球拥有了大约1.5亿注册用户，在该网站买卖的商品价值超过了400亿美元，皮埃尔·奥米迪亚由此成为亿万富翁。

皮埃尔·奥米迪亚1967年出生于巴黎，他的父母都是留学法国的伊朗人。他的父亲是一名医生，母亲则在索邦大学学习语言学。1973年，6岁的皮埃尔·奥米迪亚随父母迁居美国，并在那里长大，成了一个典型的美国男孩。上学期间，皮埃尔·奥米迪亚对计算机产生了浓厚的兴趣，他自学了BASIC编程语言。在高中时，他还帮学校制作了图书馆的索引卡片程序，那是他的第一份工作。出于对计算机的热爱，皮埃尔·奥米迪亚上大学时毅然选择了计算机专业，其间他曾为硅谷一些公司打工，做一些简单的工作。后来，他转学到加利福尼亚大学伯克利分校，并完成了自己的学业。

大学毕业后，皮埃尔·奥米迪业曾在一家软件开发公司担任程序员的职务，后来又与朋友创立一家小公司，专门从事研究开发替代键盘的写字板。今天，写字板已经极为普遍，可在当时，这种产品无人问津，市场并不认可皮埃尔·奥米迪亚的新产品。皮埃尔·奥米迪亚第一次创业失败后，又将目标锁定在线商务的软件工具的开发上，之后又转变为叫作eShop的电子零售公司。1994年，皮埃尔·奥米迪亚离开这家公司，但保留了自己的股份，后来eShop电子公司被微软收购，他也因此成为百万富翁。

皮埃尔·奥米迪亚一直有一个梦想，那就是希望有一个让他做互联网事情的工作，同时又与别人有直接的接触，于是加盟了General Magic。正是在这家公司期间，皮埃尔·奥米迪亚创建了拍卖网。互联网的出现为人们提供了诸多商机，当时硅谷的人们都在密切关注万维网，编程人员和创业者绞尽脑汁思考这一新技术的革命性应用，并试图抢占先机。当时整个互联网到处都充斥着卖书、卖药、卖家具，提供新闻、日用品、宠物用品的网站，所谓的“新经济”也确实造就了不少富翁，但皮埃尔·奥米迪亚认为那些做法并不公平。他想出了一个新点子，就是在线拍卖。

皮埃尔·奥米迪亚从来没有进过拍卖行，对拍卖的运作知之甚少。他只是简单地认为，拍卖是自然产生公平正确价格的有趣的市场机制。他说：“与其贴上广告，说我这有个价值100美元东西要卖，不如贴上告示，标明最低价格。如果多于一人感兴趣，就让他们竞争。竞价结束，卖方得到该物品的市场价格。”由于当时还要上班，皮埃尔·奥米迪亚就利用业余时间为他的完美市场编制程序。成功之后，他将这个网取名为拍卖网，他的程序只允许用户做3件事：列上拍卖物品，查阅待拍项目和投标。由于拍卖网只是个人爱好，因此他提供的服务是免费的。

就这样，皮埃尔·奥米迪亚用业余时间在家里管理这个网页。这一年的春天，他组建了一个咨询公司，取名“EchoBay技术公司”，他想注册EchoBay.com，但已被别人用了。他转而用了eBay.com注册。皮埃尔·奥米迪亚是技术出身，根本不懂营销，除了在Usenet新闻组传递消息之外，没有任何广告预算，也没有任何公共关系。但这并未影响他事业的成功。

当皮埃尔·奥米迪亚的eBay网刚一出现，不到半年的时间就主持了几千件商品的拍卖，竞标人次竟然有几十万。就在这时，皮埃尔·奥米迪亚的服务商抱怨他的网站流量过大，使服务器速度慢了。1996年2月，服务商要他每个月交250美元。为了交这笔费用，他不得不开始向拍卖网的用户收费。基于市场调查，他决定对卖方收取成交价的5%（售价低于25美元）或2.5%（售价高于25美元）。随着收费陆陆续续寄来，到月底出乎意料的是，总数超过250美元，这意味着当月就实现了盈利。

对于拍卖网来说，要做成交易，建立信任和自信是十分关键的。为此，皮埃尔·奥米迪亚为拍卖网社区确立了“伦理原则”。按他的经验，人们一般都是好的。他告诫用户，在网上，每个人都应该按希望别人对待自己的方式来对待别人。整个网站的营运过程基本上按照这一理想的规则进行。在早期，网上的信任程度很高，大家有强烈的社区感。但是，买卖双方总有产生争议的时候。皮埃尔·奥米迪亚提供了渠道，让有异议的双方给他写信，而他并不去当仲裁者，通常把一方的抱怨转递给争议中的另一方，因为他相信，其实大多数人应该有能力自己解决问题。

尽管争执通常是自己解决的，但皮埃尔·奥米迪亚还是不得不设计强化良好行为的机制。他创立了“反馈论坛”，在创办词中写道：“绝大多数人是诚实的，但也有一些人不诚实或搞欺骗。这也是这里的真实情况，生活就是如此。可是，这里不能是那些人的藏身之处，我们要赶走他们，保护其他人免受其害。这一崇高的希望有赖你的积极参与。成为注册用户；使用我们的反馈论坛；赞扬那些值得赞扬的事情；对有些事情给予合适的责备……以你希望别人待你的方式待人。记住，你通常打交道的是和你一样的个体，总会犯些错误。尽管出于善意，但也会不分场合。那就是人。”

1996年，皮埃尔·奥米迪亚将这项业余爱好变成了全职工作。一年以后，这个网站成为当时最红火的公司。这个时候，皮埃尔·奥米迪亚感到自己已经不再是一个小小的程序员了，而成了一个公司的总裁。但他清楚，自己真正需要的是一位具有品牌建设经验的CEO。1998年初，他邀请梅格·惠特曼担任这个职务。从一开始，惠特曼就被eBay公司所拥有的成功商业模式所震撼。正如她后来回忆的：“首先，与许多早先的互联网企业不同，eBay公司确实是一家离开网络就无法生存的企业，我觉得这简直太吸引人了。其次就是eBay公司的用户与网站之间的深厚感情。”1998年3月，惠特曼与奥米迪亚正式合作，并且在6个月之后将公司成功上市。在上市第一个交易日结束时，eBay公司的市值已经接近20亿美元。到了2000年夏天，eBay公司已经拥有了1500万个注册用户，占了网上拍卖企业的90%。一年之后，eBay公司的注册用户总数再次翻了一番。

就连皮埃尔·奥米迪亚也没有想到，平日里的业余爱好竟然让自己成了一个亿万富翁，并成功入选“全球40岁以下富豪排行榜”。突如其来的巨大财富让皮埃尔·奥米迪亚有些手足无措，他每天都会接到各种商务宴会的请柬，那时皮埃尔·奥米迪亚总是酒会上最显眼的人物，人们经常把他围在中间。皮埃尔·奥米迪亚后来表示，自己不断地遭到满脑子商业计划的工商管理硕士们的“骚扰”。

重压之下，皮埃尔·奥米迪亚和妻子选择回到巴黎。这期间，他作出了一个惊人的决定，将自己将近100多亿美元的个人资产全部用于慈善事业。不同的是，他并没有成立自己的基金会，而是建立了奥米迪亚网络公司。该公司不仅把资金用于传统的非营利项目，而且也用于一些赢利项目，这就使奥米迪亚网络公司具有了双重性质，既是慈善组织，也是风险资本机构，只要它们能够产生“积极的社会影响”。

皮埃尔·奥米迪亚不仅对那些小型企业进行小额投资，这些投资项目大部分额度都不太大，但是如果受助组织能够盈利，公司就会增加投资。另外，皮埃尔·奥米迪亚对个人捐助也是公司发展的主要目标。例如，帮助一名妇女购买缝纫机，她因此就能开办一家裁缝店；帮助她买鸡，她可以靠卖鸡蛋为生……奥米迪亚的算盘打得非常精，那些从他这里得到贷款的人不仅会连本带利地还钱，而且会形成一个今后与他继续有金融往来的小企业客户群。

人们称皮埃尔·奥米迪亚发起一次慈善事业的革命，“你能听到破冰的声音”。如今，皮埃尔·奥米迪亚和他的奥米迪亚网络公司，已经成为全球排名前25位慈善家和慈善机构之一。

内心的平静

皮埃尔·奥米迪亚 31 岁时成为亿万富翁，并且是美国最著名的年轻富翁之一。面对巨额财富，他并没有炫耀，而是选择了一条与众不同的慈善之路。他之所以能够作出这样的选择，完全源于他内心的宁静，而这也正是一个有智慧的人应有的选择。

一个真正有智慧的人，一定会在这个竞争激烈的世界获得成功。当然，他们一定不会在花钱这件事情上显示愚钝，因为这也是真正考验智慧的时候。奥米迪亚的经历充分体现了一个拥有商业智慧的人所能展现出来的一切优点。商业上，他通过智慧获得了巨大的成就；精神上，他对金钱的态度赢得了人们的称颂。面对巨额财富，他之所以能够作出这样的选择，完全源于他内心的宁静，而这也正是一个有智慧的人应有的选择。

eBay的成功让皮埃尔·奥米迪亚这个年轻而勇敢的创业者，为拥有财富而感到快乐，但这种成功无法掩饰他内心的焦灼。人们可以从他那段时间放荡不羁的衣着上看出来——松散的马尾辫、山羊胡子、运动短装等。在获得巨大财富后，皮埃尔·奥米迪亚开始思考自己的人生，他没有像那些年轻富翁们一样炫耀自己的财富，而是把精力专注于慈善工作上，同时在美国和发展中国家寻找可投资项目。

如果奥米迪亚仅仅是照搬前辈们的做法，那么最终只能陷入比拼“捐赠百分比”的怪圈。皮埃尔·奥米迪亚选择了一条与众不同的慈善道路，他考虑的不仅是慈善捐款到底有没有发挥它应该发挥的作用；到底是在帮助贫困者站起来，还是在支持他们继续贫困下去等这些问题，奥米迪亚利用互联网的透明提供了一条新的解决之道，而且让更多的人参与到慈善事业中来，正如他自己所说：“慈善，我觉得每个人都可以身体力行，成为一个乐于帮助别人的人。其实，每个人都愿意成为这样的人。至于我，只不过是提供了这样一个平台，就像当初创立eBay一样，我希望通过这个平台让更多的人参与到慈善事业中来，毕竟帮助别人也是一件非常快乐的事情。”皮埃尔·奥米迪亚表示，就和人们喜欢在eBay里面贡献自己的忠诚度一样，在Omidyar.net上，人们同样乐于帮助别人。

在财富、地位和权力面前，也许没有人能够做到像皮埃尔·奥米迪亚这样。当我们身处功利的社会环境里，所有人都不会意识到人类最高的追求就是内心的宁静。所有人追逐的是财富、地位和权力，殊不知这些只能带给人们更多虚荣和伪善。

内心的宁静来自对自我的认知和对外界的掌控。假如对自己有了明晰的了解，假如对外界做到轻松掌控，自然就有属于自身的平衡和内在；要做到对外界的轻松掌控，首要的前提还是对自我的认知，而对自我的认知则来自智慧和执着。千帆过尽，唯吾心未改，总不是痴狂，是宁静；立足自身，不舍不弃，兢兢业业，远离浮躁，也是宁静。这世间有太多的功利了，没有足够的智慧和执着怎能不为所惑呢？怎么会有内心的宁静？很多时候脱离实际的期望就是苦恼的开始，最后的结果就是绝望!

所以，万事皆出自内心，所谓“明心则见性”。当我们用一颗平常心，用平静的心态面对万事万物，必然得到该得到的，自然放弃不该得到的。不论我们面对财富、地位还是权力，均是如此。

美国哲学家莫提默·艾德勒曾说：“一个人缺乏节制，会错误地沉迷于表面的荣誉、耽于一时的快乐。”当我们面对财富，如果缺乏这种节制，自然陷入一个虚荣的泥潭，而不会一心求善。一个追求崇高美德的人，会努力地将多种目标合而为一，正如江河朝着一个方向奔流不息，最终达到入海口。一个人如果想要使自己生活得更具意义，只能朝大家共同利益的发展方向而努力。

慈善不是简单的捐钱运动

慈善的金钱化不仅严重地妨碍着慈善活动的亲身性，还阻碍了慈善事业的健康发展。其实，金钱的投入对慈善事业来说只是附带性的。比金钱更重要的是，那些捐钱的人所具有的精神——为至善创造财富和处置财富。

什么是慈善？慈善是人的良知、良能的自我发动。绝不是一场简单的捐钱运动，它最大的特征就是亲身性。任何人都有条件从事慈善活动，它驱动人付出部分生命，具体地表现为时间的投入、精力的投入，与自己关爱的对象相处，直接帮助他们。

在这一点上，现今的人们却简单地认为参与慈善事业就是捐钱。在那些宏大的官方捐赠场面中，人们往往最关注的就是捐赠的数额，慈善排行榜的排行标准也是金钱数字；另外，媒体也慷慨地把慈善大王的名号授予那些捐助了或只是承诺了大笔金钱的有钱人身上，仿佛谁捐款最多，谁就最有善心。于是，就出现了“裸捐”的血拼，就有了企业加捐的现象。这样过多关注金钱的慈善活动，把慈善变成了富人的特权，或者说，把慈善变成了有钱人的施舍。

人们之所以形成如此扭曲的慈善观，主要的原因就是公众与媒体错误地让慈善承担了它本来不应当承担的社会功能。民众对金钱数额的过度关注，形成了一种捐款的最低标准，凡是捐款达不到这个心理标准的，公众就群起而攻之。一些富人也意识到这种强大的公众舆论压力，不得不在一定特定场合表现得慷慨一些，先承诺一个捐赠数字。事后，由于种种原因无法兑现，结果就出现了中国特有的承诺捐赠却不兑现的怪现状。一旦整个社会仅仅从金钱的视角来看待慈善活动，而遗忘了慈善活动之亲身性，就必然出现上述种种怪现象。

可以说，慈善的金钱化不仅严重地妨碍着慈善活动的亲身性，还阻碍了慈善事业的健康发展。其实，金钱的投入对慈善事业来说只是附带性的。比金钱更重要的是，那些捐钱的人所具有的精神——为至善创造财富和处置财富。一般来说，在一个正常社会，企业家富有更强烈的责任感，富有创新精神，也有较高的组织管理技巧。这些精神、技巧用之于慈善事业，也可大大提高慈善事业的组织化程度与服务效率。一个富人对于慈善事业的真正贡献，并非全部来自他的金钱，而是他的知识与理念。美国富翁皮埃尔·奥米迪亚就是最好的证明，他对人类的整个慈善事业进行了一次伟大的变革，彻底改变了人们对慈善的态度，而让更多的人参与到慈善事业中去。

中国慈善家陈光标慈善捐赠的价值不是金钱数字所能衡量的，因为他在慈善领域不仅仅是一个实践者，还是一个积极推广慈善理念的人。他用自己的行动将“为富不仁者耻，乐善好施者荣”、一定要将“企业应当积极履行社会责任”的理念不断传播开来，因此，陈光标是中国慈善事业的一面旗帜，他每一次的慈善行动都极具社会影响力，给整个社会带来了更为重要的榜样力量，让人们知道什么是“流淌着道德血液的”，“有良知、有道德、有感情、有爱心、有灵魂”的企业家。

华民慈善基金理事卢德之就特别指出，“人类历史上所有伟大的企业家，最终都成了慈善家。伟大企业家不仅是成功的企业家，他是有灵魂、有思想、有精神的企业家，这样伟大的企业家必然的归属就是一个慈善家。看看洛克菲勒、卡内基，还能看到他们在企业家中的身影吗？但是他们的公益基金会现在依然发展得非常好，他们的理念在今天依然受用”。

人类历史上所有伟大的企业家都是值得尊敬的，他们绝不会因民众所谓的标准而决定捐款的数额，他们的身上有一种资本精神——为至善创造财富和处置财富。卢德之认为，至善是人终极的普适的道德理想，是人类理性的制高点，存在于我们灵魂的深处。只有怀抱超然道德理想的人，才能超越自我；只有超越于人的肉体和欲望的至善，才具有无限的创造力和创造财富的神圣激情。那些伟大的企业家“领悟了至善的召唤——获得良知——获得良能——为至善创造财富——为至善处置自己所创造的财富”，这就是有限的人接近无限的至善的过程。

由此可见，慈善绝不是简单的捐钱运动，也不是数字游戏。它有关人们对良知的认知，对良能的自我发动。它让财富具备了精神的力量和道德约束，使那些富有的人褪去动物的野性而趋向人性、神性和至善的境界。总之，慈善精神使人的生命得到超越，给生命赋予了终极意义。它让人们拼命地挣钱，拼命地省钱，拼命地为神圣的目的而花钱。

图书在版编目（CIP）数据

但行好事，莫问前程 / 李鹏著. — 北京：现代出版社，2019.12

ISBN 978-7-5143-6731-7

Ⅰ. ①但… Ⅱ. ①李… Ⅲ. ①人生哲学－通俗读物 Ⅳ. ①B821-49

中国版本图书馆CIP数据核字（2018）第302267号

但行好事，莫问前程

著　　者　李　鹏
责任编辑　赵海燕　阎　欣
出版发行　现代出版社
通信地址　北京市安定门外安华里504号
邮政编码　100011
电　　话　010-64267325　64245264（传真）
网　　址　www.1980xd.com
电子邮箱　xiandai@vip.sina.com
印　　刷　吉林省吉广国际广告股份有限公司
开　　本　880×1230　1/32
字　　数　288千字
印　　张　11.5
版　　次　2019年12月第1版　2019年12月第1次印刷
书　　号　ISBN 978-7-5143-6731-7
定　　价　49.80元